휘어진
시대

1

휘어진 시대

The Curved Period

1

원자시대의 시작과
상대성이론의 탄생

남 영 지음

궁리
KungRee

이 저서는 2018년 대한민국 교육부와 한국연구재단의 지원을 받아 수행된 연구임
(NRF-2018S1A6A4A01035302)

저자의 말

대학에서 과학의 역사와 과학자들의 이야기를 가르친 지도 어느덧 20년의 시간을 바라본다. 그간 맹렬한 열정과 사명감으로 과학도의 꿈을 꾸거나, 탐스러우나 너무 신 과일처럼 과학을 바라보는 학생들 수천 명을 가르쳤다. 그 과정 속에서 과학에 대한 호불호와 상관없이 얼마나 많은 학생들이 과학 자체를 오해하고 있는지 절실히 느껴왔다. 특히 아동용 위인전 속 박제되어 단순화된 과학자들의 이미지가 주는 해악은 상당하다. 그것은 아동용 위인전 탓이 아니다. 일정한 시점이 되어 어른을 위한 과학 이야기를 들어보는 것이 마땅할 터인데, 대부분의 사람들이 중등교육과정과 이후의 사회생활에서 그 기회 자체를 박탈당하고 있기 때문이다.

이런 상황 속에서 최소한 학생들에게 그들이 존경하는 과학자에게 진정 본받고 흉내 내야 할 것이 무엇인지만큼은 제대로 가르쳐주고 싶었다. 그래서 항상 입버릇처럼 충격요법으로 여러 오만한 말을 던졌다. “여러분은 자신이 과학자들을 잘 모른다고 생각할 것이다. 아니다. 전혀 모른다.” 아리송한 말들도 일부러 던져보았다. “과학은 선하거나 악하지 않고 과학자가 선하거나 악할 것이라 생각할 것이다. 그런데 과학자는 선하거나 악하지 않다. 과학이 선하거나 악하다." 전혀 다르게 생각해보기를 바라기 때문이었다. 그렇게 말한 이유들이 이 책을 읽으며 좀 더 선명하게 드러나기를 기대한다. 그리고 "조금 더 깊게. 그러나 질리지는 않게."라는 전작의 슬로건을 지키기 위해서도 노력했다. 현대과학 자체의 난이도로 인해 이번 책에서는 훨씬 어려운 목표였다. 그러면서도 이 책이 감히 마중물이자 디딤돌이 되기 바란다. 컵에 물을 담아주기 위한 생각으로 쓴 책이 아니요, 독자를 업고 과학의 산으로 올라갈 자신도 없지만, 단지 스스로 물을 얻고자 하는 이에게 좀 더 명확한 길을 알려주며, 긴 산행을 시작하려는 이에게 작은 도움이 되길 바랄 뿐이다.

필자의 수업 〈혁신과 잡종의 과학사〉를 책으로 옮긴 『태양을 멈춘 사람들』을 출간한 이후 금방 6년의 시간이 흘렀다. 그간 후속편에 대한 질문을 꽤 받았는데, 이제야 이 책으로 그 답을 한 셈이다. 이번 책도 2013년부터 진행했던 필자의 〈과학자의 리더십〉이라는 수업이 모태가 된 원고다. 〈과학자의 리더십〉은 주로 현대물리학자들의 사례를 통해 현대과학기술을 이해하고 오늘날 새롭게 대두되는 올바른 과학기술자상을 고민해보기 위해 설계했던 교과목이다. 20세기 과학자들의 이야기에는 새로운 덕목들이 떠오른다. 과학이 집단화되고, 공공에의 봉사가 미덕이 되었지만, 동시에 큰돈이 필요해졌고, 비전문가는 더 이상 과학의 구체적 내용에 접근하기가 힘들어졌다. 현대의 과학자들은 집단연구를 위한 고유의 리더십, 후원을 이끌어나가기 위한 다양한 노력이 필요해졌고, 경쟁상황에 대처하면서, 거대한 힘을 가지게 된 과학적 업적과 연구결과를 어떻게 사용하고 도덕적 딜레마들에 어떻게 대처할 것인가를 과거의 과학자들보다 훨씬 더 많이 고민해야 한다. 그래서 지동설 혁명을 다룬 『태양을 멈춘 사람들』과는 조금 다른 과학자의 모습들을 담기 위해 노력하며 수업을 진행했다. 다시 말해 가시밭길을 홀로 걸어가는 과학자들의 모습보다는, 충돌하고 어울리고 후회하면서 함께 움직여간 과학자 사회의 모습이 떠오르길 바라며 수업을 진행했고, 이 책 역시 그러한 목표를 염두에 두고 만들어졌다.

이 책의 배경은 20세기 전반 상대성이론과 양자역학, 그리고 원자물리학이 자리를 잡던 시기다. 하지만 이 책은 상대성이론, 양자역학, 현대원자이론 자체가 주인공이 아니다. 분명히 그것들을 만든 과학자들과 그들의 시대를 다루고자 한 책이다. 그래서 과학자가 더 잘 쓸 수 있는 내용에 분량을 많이 할애하지는 않았다. 과학이론 내부의 세부적이고 친절한 묘사는 다른 책들의 영역으로 맡겨두고 필자는 스스로 무리 없이 표현할 수 있는 부분을 다루고자 했다. 필자가 다루고자 하는 핵심은 과학자들의 업적보다는 그들이 답에 도달하는 과정과 난관과 고민들이다. 더불어 객관적 중요성에 따라 엄밀하게 배분된 공적 역사라기보다는 저자의 주관에 따라 시공의 밀도를 달리하며 버무려진 비빔밥 같은 것임도 알아두기 바란다. 이번에도 필자는 마음이 가는 대로 더 쓰고 싶었던 이야기를 주관에 따라—논문이나 교과서가 아니라—수필처럼 써나갔을 뿐이다. 좀 더 솔직히 표현하면 논문의 규칙적 엄밀성을 떠난 그 일탈을 참으로 즐겼음을 고백해둔다.

• • •

어떻게 구성했는가?

이 책의 배경인 20세기 전반기, 기록된 인류사에 일찍이 없었던 속도로 극소수의 사람들에 의해 빠르고 아름다운 과학의 발전이 전개되었다. 그리고 이 시기만큼 인류사적 비극으로 점철된 시기 또한 일찍이 없었다. 더구나 그 비극과 동시대의 과학 발전은 밀접한 연관을 가지고 있었다. 이 책은 바로 그 몇 십 년간의 과학의 지적 모험과 야합을 다룬 글이다. 이런 이유로 『휘어진 시대』는 전작과 구성방법에서 중요한 차이를 보인다. 전작인 『태양을 멈춘 사람들』에서는 200여 년에 걸친 이야기들이 소수의 주요 등장인물들의 인생을 따라 독립적으로 배열될 수 있었다.

하지만 『휘어진 시대』에 등장하는 인물들은 모두가 동시대인들이다. 그뿐만 아니라 서로가 서로의 업적들에 밀접한 영향을 주고받았다. 실타래처럼 얽혀 있는 이야기들이기에 장의 구분에 많은 고민을 했다. 마냥 각 인물의 인생사 전체를 독립적으로 서술할 수는 없었다. 그것은 단지 여러 위인전의 묶음에 불과하다. 과학자들의 네트워크에 주목해 보기 위해서는 씨줄날줄로 얽힌 그들 간의 관계성이 선명하게 드러날 수 있어야 한다. 그렇다고 연대기 식의 이야기가 되어서도 안 된다. 매년 있었던 일들을 인물들을 오락가락하며 나열해가는 것은 처음 이 이야기에 접하는 독자들의 혼란을 가중시킬 뿐이다. 연대기 식으로 다룰 수도 없지만, 과학자들 한 명씩의 전기적 서술도 옳은 방법은 아니니, 결국 방법을 절충하기로 했다. 그런 고민 끝에 나온 것이 이 책의 차례다. 총 6개로 시대를 구분했고, 각 장의 중심인물들을 설정해서 그들의 해당시기 스토리를 쫓아가는 형식을 취했다. 그래서 같은 사건이 다른 인물의 시각에서 다시 등장하는 경우가 꽤 있다. 결국 머릿속에 구상한 이야기는 세 권의 책 6부의 이야기로 정리되었다.

1권에서는 고전역학의 시대가 끝나고 양자(Quantum)와 방사능(Radioactivity)과 원자(Atom)와 상대성(Relativity)이 전면에 부상한 1896년에서 1919년까지의 시대를 다룬다. 이 시기는 독일의 역사에서 비스마르크 실각 후 호전적인 빌헬름 2세가 통치하던 독일제국 시기와 거의 일치한다. 그리고 이 아름다운 과학혁명의 시대는 제1차 세계대전이라는 미증유의 인류적 재난 속에 빛이 바랬다. 이 19세기 말에서 20세기 전반 20여 년 가량의 기간 퀴리 부부, 톰슨과 러더퍼드, 플랑크와 아인슈타인 등은 엄청난 약진을 이뤄냈다. 또한 이 시기는 프랑스에서 퀴리 부부의 방사능 연구, 영국에서 톰슨과 러더퍼드의 원자 연구, 독일에서 괴팅겐과 카이저 빌헬름 연구소의 결과물 등 국가적 과학 스타일의 토대가 분명히 자리 잡는 시기다. 더욱이 플랑크가 아인슈타인을 발굴하고, 피에르 퀴리가 랑주뱅을 찾아내고, 마리 퀴리는 이렌 퀴리를 양육했고, 톰슨은 러더퍼드를 키우고, 러더퍼드가 보어를 성장시키는 등 과학세대 간의 성공적 순환들도 자연스럽게 이루어졌다. 이 시기 플랑크, 퀴리 부부, 러더퍼드, 아인슈타인 등의 업적은 개별 발견으로도 뛰어났지만 뒤를 이은 거대한 흐름의 방아쇠이기도 했다. 그 결과로 1920년대에는 전혀 새로운 과학이 등장할 수 있었다.

2권에서는 새로운 세대에 의해 새로운 과학이 만개한 1920년대와 그 과학낙원이 붕괴하는 1930년대를 다룬다. 1권에서 다룬 엄청난 업적들은 또 한편 1920년대 양자역학의 대두라는 더 거대한 충격의 전주곡이기도 했다. 그리고 1900~1930년의 단 한 세대의 기간을 지나면서 과학은 더 이상 일반인이 상식으로 이해하기 힘든 형이상학적인 개념들로 가득 차게 되었다. 2권의 주인공은 사실상 양자역학이다. 불확정성, 상보성, 핵분열 등의 새로운 용어들이 과학에 나타났다. 보이지도, 느껴지지도, 설명되지도, 이해되지도 않는 양자역학의 시대는 독일 바이마르 공화국 시기와 겹쳐진다. 그리고 뒤이은 히틀러의 집권은 이 아름다운 과학의 국제네트워크를 붕괴시킨다. 유럽과학의 몰락이 가속화되고 세계과학이 미국을 중심으로 재편되던 1930년대를 지나는 암울한 과정과 그로 인해 잉태된 새로운 정치적 위기까지의 이야기로 2권은 마무리된다.

3권은 1권과 2권의 결과물이라 할 수 있다. 제2차 세계대전과 그 이후 시간들의 짧은 정리로 긴 이야기를 마무리 지었다. 이 시기 가장 순수한 과학자들의 열정적 연구가 가장 끔찍한 결과물로 종합되며 대전쟁이 종결되었다. 이 야합과 몰락의 시기는 독일 제3제국 시절과 겹친다. 그리고 대재앙 이후의 세상은 더 이상 전과 같지 않았고 그렇게 바뀐 세계는 오늘날까지 지속되고 있다. 그래서 특히 3권의 구성은 과학외적인 이야기의 비중이 크게 늘어났다. 『태양을 멈춘 사람들』의 경우까지는 아직 과학사가 사상사와 연계되는 시절이었고, 과학은 정치경제의 영역과는 거리를 두고 있었다. 그리고 『휘어진 시대』 1권과 2권에서도 아직까지 정치나 전쟁의 영역은 과학과 느슨하게 상호작용하고 있었다. 하지만 제2차 세계대전의 시기 과학과 정치의 영역은 완전히 혼재되어 야누스의 모습을 띤다. 전쟁이 과학을 삼키더니, 결국은 과학이 전쟁을 삼켜버렸다. 그래서 나타난 거대과학! 그 또한 과학의 모습이다. 이 시기의 뒤섞여 모호해진 과학을 확인하는 과정이야말로 과학의 본질을 이해하는 중요한 방법이라 필자는 확신한다. 그렇게 어제까지의 과학을 확인하고 나면, 우리는 이 시대를 반추할 힘을 얻고, 오늘 이후 과학의 얼개를 조심스럽게 설계해볼 수 있을 것이다.

인물명칭의 표기에 대하여 —

이 책에 나오는 등장인물들의 성과 이름은 기본적으로 외래어 표기법을 따른다. 하지만 성이 같거나 유사한 발음인 인물이 있는 경우, 기타 문맥상 필요한 경우 독자의 혼란을 줄이기 위해서 이름을 사용하거나 성과 이름을 함께 표기한 경우가 있다.

'톰슨'의 경우 전형적인 사례인데 가장 많이 등장할 조지프 톰슨 외에 그의 아들 조지 톰슨이 있고, 캘빈 경으로 유명한 윌리엄 톰슨이 있다. 이들은 여기저기서 계속 등장하기 때문에 조지프 톰슨만 '톰슨'으로 표기하고 다른 톰슨들은 성과 이름을 항상 함께 표기했다.

반면 수학자 에드문트 란다우와 물리학자 레프 란다우는 함께 등장하는 경우가 거의 없어 혼동의 여지가 별로 없기에 성이 같지만 처음 등장할 때만 빼고는 '란다우'로만 표기했다. 괴팅겐에서의 사건들만 에드문트 란다우의 이야기로 이해하면 된다.

막스 플랑크와 제임스 프랑크는 성이 비슷한 발음인 경우다. 프랑크로만 표기하면 플랑크의 오기라고 오해할 여지가 있을 듯해서 제임스 프랑크는 이름을 병기했고, 제임스 프랑크가 미국으로 망명 간 이후에는 혼동의 여지가 없어 '프랑크'로만 표기했다.

오토 한의 경우는 짧은 성인 '한'이라고만 표현하면 한국어의 문맥에 따라서 사람을 지칭하는 것인지 모호해지는 경우가 있을 수 있다. 그래서 혼동을 줄이기 위해 '오토 한'으로 전체 성명을 표기했다.

성을 쓰는 것이 원칙이나 어쩔 수 없이 이름으로 표기한 경우도 있다. 퀴리 가문의 경우는 전형적인 경우다. 피에르, 마리, 이렌, 이브가 모두 '퀴리'이기 때문에 이들은 이름을 사용해 표기했다. 단 퀴리 가의 사위 '프레데릭 졸리오퀴리'의 경우 관용적으로 졸리오로 부르기 때문에 '졸리오'로 표기했다.

· 일본 '천황'의 경우 '천황'과 '일왕' 중 어떤 표기를 쓸까도 고민했으나 대한민국 외교부의 공식명칭인 '천황'을 사용했다. 천황의 경우 한국에서 어떻게 칭할 것인가 논쟁적인 부분이 있다. 천황이라고 표기하는 것은 당사국 표기를 사용하는 것일 뿐 한자어 천황의 의미와는 당연히 아무런 상관이 없다.
· 책을 마무리하던 2022년 발발한 우크라이나 전쟁으로 인해 갑자기 지명 표기에도 약간의 개량이 필요해졌다. 하지만 2차 대전사에 흔히 등장하던 익숙한 지명들은 고민거리였다. 이 러시아 발음들을 우크라이나어로 고쳐야 하지 않을까 고민하다가 결국 두 명칭을 함께 표기하기로 했고 익숙한 과거의 러시아 발음 옆에 우크라이나 발음으로 병행표기했다.
  예) '키예프(우크라이나어: 키이우)', '크림 반도(우크라이나어: 크름 반도)' 등이 대표적이다.
· 또 필자처럼 '후루쇼프'를 과거 '후르시초프'로 배워온 세대에게는 새로운 표준어 단어가 낯설 수도 있을 것이다. 외래어 표기법이 계속해서 바뀌어왔기에 이런 경우는 여러 세대를 아우를 수 있도록 감안해 병행표기했다.
  예) 후루쇼프(구 표기법: 후르시초프)

각 부별 난이도에 대하여 —

필자가 판단하기에 1부와 2부의 비교적 평탄한 길을 지나 3부의 경사로를 담담하고 차분하게 오르고 나면, 4부와 5부는 롤러코스터를 타듯 쉽고 경쾌하게 미끄러질 수 있을 것이다. 긴 여행에 참조가 되기 바란다.

차례

2부 개화

2권

3권

· 프롤로그 ·

1871년

"부상자들을 데려오너라."

의사인 외젠 퀴리의 말에 두 아들은 거리로 나갔다. 프로이센-프랑스 전쟁(1870~1871)이 프랑스의 패배로 돌아갈 즈음, 파리 시민들은 부패하고 무능한 정부에 반란을 일으켰고, 1871년 3월 28일 파리코뮌이라는 혁명공화국을 세웠다. 두 달 후 프랑스 정부군은 이를 무자비하게 진압하기 시작했다. 일주일간의 '전투' 기간, 정부군은 군인 750명을 잃으며, 3~10만 명 사이의 파리 시민을 죽였다. 정부군은 남녀노소를 가리지 않고 집단학살했고, 때에 따라 화형, 생매장 등의 잔학행위를 동원했다. 외젠 퀴리는 이 끔찍한 시기에 15세의 장남 자크와 12세의 차남 피에르를 위험한 거리에 내보내 '가장 심하게 다친' 시민 부상자들을 집으로 데려오게 했다. 어린 피에르는 긴장과 두려움 속에서도 아버지의 사명감을 피부로 느끼며 배웠을 것이다. 타인에 대한 조건 없는 봉사, 검소함, 겸손, 결사적이라 할 만한 사명감으로 무장한 고결한 가문의 정신은 뿌리가 깊은 것이었고, 이 정신은 아들 피에르에게, 며느리 마리에게, 그리고 손녀들에게도 면면히 이어졌다. 그 결과 퀴리라는 이름은 에펠탑만큼이나 현대 프랑스를 대표하는 상징적 단어가 됐다.

"헤르만 플랑크 군이 전사했습니다."

장남의 전사 소식을 들은 플랑크 가족은 슬픔에 잠겼다. 주변의 축제 분위기가 그들에게 위로가 될 순 없었다. 1871년 프로이센은 전승국이 되었다. 베르사유 궁전에서 프로이센의 빌헬름 국왕은 독일제국의 초대 황제로 추대되었고, 역사 속에 독일이라는 나라가 탄생했다. 프랑스는 수백 년 간 독일민족국가의 탄생을 악착같이 방해해왔었다. 독일의 통일로 오랜 기간 프랑스가 유지했던 유럽에서의 중심적 지위를 뺏길 우려가 있었기 때문이다. 이제 프랑스의 전쟁 패배로 독일통일을 가로막던 장애물이 사라졌다. 프랑스의 우려대로 이제 통일된 독일제국의 힘은 40년간 수직상승해서 다음 세기가 되면 전 세계를 위협할 수준에 이르게 된다. 전쟁은 단기전에 끝났고, 승전국인 독일의 사상자는 많지 않았다. 하지만 그 소수의 전사자 중에는 막스 플랑크의 큰형이 포함되어 있었다. 1871년 13세의 플랑크는 형 헤르만이 오를레앙 전투에서 전사했다는 소식을 멍하니 듣고 있어야 했다. 독일과학의 아버지라 불리게 될 막스 플랑크에게 독일은 그렇게 시작되었다. 플랑크는 평생을 독일인으로 살았음에도 그의 국적은 다섯 번이나 바뀌게 된다. 1858년 프로이센인으로 태어난 플랑크는 독일제국, 바이마르 공화국, 제3제국 시기를 거쳐 영국 점령하의 독일에서 1947년 사망했다. 그 긴 생애 동안 플랑크는 독일과학의 조직가로서 전력을 다해 살았고, 현재 독일을 대표하는 연구소에 자신의 이름을 영구히 남겨놓았다.

"이 어린 학생은 이미 박사학위를 받아도 될 것 같습니다."

프랑스와 독일이 전쟁을 치르던 시기, 영국은 비교적 안정기에 있었다. 빅토리아 시대 영국은 전 세계에 만들어진 광범위한 식민지를 통해 '해가 지지 않는 나라'가 되어 있었다. 대영제국의 기나긴 식민지 명단에는 인도, 캐나다, 오스트레일리아, 뉴질랜드 등이 포함되었고, 영국군이 진주해서 사실상 정치적 실권을 누리는 아프리카와 아시아 지역들을 포함하면 영국의 정치력은 전 세계 면적의 1/3에 미치고 있었다. 세계 최고의 부국인 대영제국의 힘은 모든 면에서 절정에 도달했다. 하지만 과학에 있어서는 전통적 라이벌인 프랑스와 신흥강국인 독일에 비해 분명히 경쟁력을 잃어가고 있었다. 영국의 자연과학을 대표하는 케임브리지 대학은 이 상황을 만회하고 제국의 위상에 걸맞는 과학연구를 위해 새로운 연구소를 설립했다. 케임브리지 캐번디시 연구소는 1870년 공식 시작되었다. 초대 소장은 전자기학의 완성자인 제임스 맥스웰이 맡았다. 1871년에 조지프 톰슨은 15세였고 영재소년으로 촉망받고 있었다. 하지만 자신이 29세의 젊은 나이에 캐번디시 연구소의 소장을 맡게 되고, 34년간 운영하며 새로운 과학의 산실이 될 세계 최고의 연구소로 키워내게 되리라고는 전혀 상상하지 못했을 것이다. 톰슨은 스스로 전자를 발견해 원자 연구의 시대를 열었고, 전 세계에서 몰려온 제자들을 적절히 응원해서 세계적 학자들로 키워냈다.

피에르 퀴리, 막스 플랑크, 조지프 톰슨, 이들은 모두 두세 살 차이 동년배였다. 셋은 각각 프랑스, 독일, 영국을 대표하는 과학자가 되었고, 자기 조국의 과학 관리자로서의 역할도 훌륭하게 수행해냈다. 20세기 초반 화려하게 꽃핀 과학의 중흥기에 이 세 사람은 유럽과학의 중추를 지탱한 인물들이었다. 또한 이들은 현재도 영향력 있는 3개 연구소의 기원이다. 플랑크는 세계에서 제일 크고 영향력 있는 연구소 중 하나에 자신의 이름을 남겼다. 퀴리 부인 사후 퀴리 연구소가 된 라듐 연구소는 파스퇴르 연구소에 통합된 뒤에도 프랑스 물리학에 핵심역할을 수행하고 있다. 톰슨의 캐번디시 연구소 역시 확장되어 오늘날 영국 과학기술의 산실 역할을 하고 있다. 이들은 모두 보수적이고 조용하며 온화한 성격으로 모험적이지 않았다는 공통점이 있다. 하지만 그럼에도 혁명의 시작점이 되었다는 역설적 공통점도 있다.

피에르 퀴리는 부인 마리 퀴리를 비롯해, 제자 폴 랑주뱅, 딸 이렌 퀴리와 사위인 프레데릭 졸리오퀴리로 이어지는 프랑스 과학 명문가의 시작점이었다. 막스 플랑크는 무명의 아인슈타인을 발굴하고, 양자역학의 주요 멤버들을 연결해주었을 뿐만 아니라, 원자 내부의 힘을 찾아나선 눈부신 팀들의 결속을 이끌어냈다. 한 마디로 그는 20세기 과학의 수석 디자이너였다. 네 명의 자식을 모두 먼저 보내는 아픔을 겪었고, 그가 사는 나라의 이름은 다섯 번이나 바뀌었지만, 그는 변함없는 모습으로 자신의 자리를 지켜냈다. 그러기에 독일과학의 아버지라는 수식어는 그에게 손색이 없어 보인다. 조지프 톰슨은 불과 29세의 나이로 캐번디시 연구소의 소장이 되어 34년을 재임하며, 러더퍼드를 비롯한 수많은 후학들을 양성했다. 재기발랄한 제자들을 넉넉히 받아낼 수 있는 성품이었던 그는 이상적인 영국신사의 이미지를 훌륭히 체현해낸 인물이었다. 이 중 피에르 퀴리를 제외한 두 사람의 노년은 양차 세계대전이라는 비극의 시대와 거의 겹친다.—평화주의자였던 피에르 퀴리만이 요절의 대가로 끔찍한 대전쟁을 보지 않을 행운을 누릴 수 있었다.

이들은 찬란하고 서글픈 시대의 첫 주자들이었다. 그들의 생애 내에 세상은 완전히 달라졌다. 황제가 다스리던 제국들 사이에서 식민지 쟁탈전이 이어지고 노예제가 합법이던 시기에 태어났지만, 그들의 노년이 되면 공화정이 보편화되고, 여성들이 투표를 하며, 냉전의 암운이 드리우기 시작했다. 기술의 발전은 마차의 시대에서 무선통신과 해공입체전의 시대로 옮겨갔고, 무엇보다 과학은 뉴턴역학적인 결정론의 시대에서 상대론과 양자역학의 불확실성의 시대로 접어들었다. 모든 것이 난해해져버렸고 그들이 신뢰했던 세계는 붕괴되었다. 어쩌면 그들은 새 시대의 첫 주자라기보다는 옛 시대의 마지막 정리자들이었다. 그래서 구시대의 짐을 떠안으며, 많은 영광을 후세들에게 나눠주는 어렵고 고귀한 역할을 담담히 수행했다. 피에르 퀴리, 막스 플랑크, 조지프 톰슨은 각각 마리 퀴리, 아인슈타인, 러더퍼드를 발굴하고, 격려하고, 성장시켰다. 그들은 곧 스승들보다 더 유명해졌고, 시대 상징으로 각인된다. 그렇게 새로운 과학은 역사의 무대에 나설 준비를 마쳤다.

The Curved Period

1부

여명

19세기 말 막스 플랑크가 박사학위 논문을 쓰던 시절, 그는 지도교수에게서 물리학의 기본법칙들은 이제 거의 완성되어서 더 연구할 것이 별로 남아 있지 않다는 말을 들어야 했다. 하지만 물리학은 갑작스럽게 변하기 시작했다. 1895년 뢴트겐이 엑스선을 발견했다. 1896년 베크렐이 우라늄에서 방사선—아직은 작명되지 않았다—을 발견했다. 1897년 톰슨이 전자를 발견했다. 1898년 퀴리 부부가 방사능을 내뿜는 새로운 원소인 라듐과 폴로늄을 발견했다. 단기간에 촉발된 이런 충격적 발견들로 인해 원자 내부구조에 대한 연구는 피할 수 없게 되었다. 19세기 말부터 시작된 물리학적 세계관의 격변이 1920년대를 거치며 최종적으로 완성되었을 때, 현대물리학은 크게 세 가지의 새로운 자연에 대한 분석틀을 손에 넣었다. 입자(원자)물리학, 상대성이론, 양자역학이다.

입자물리학의 기원은 양자역학과 같다. 19세기 말 갑작스럽게 원자에 대한 새로운 개념정리가 필요해졌다. 뢴트겐, 퀴리 부부 등 익숙한 이름들이 주도한—음극선 연구와 방사능이라는 새로운 현상—연구결과의 설명과정에서 물리학은 큰 벽에 부딪혔다. 화학적으로는 설명할 수 없는 현상들을 설명하기 위해서 '나눌 수 없는' 근본입자로서의 원자라는 개념을 포기해야 하는 상황에 직면한 것이다. 러더퍼드 등이 이 난관에 적극 대응하며 원자 속 구조를 탐구하기 시작하자 원자 내부의 구조에 대한 지식이 선물처럼 주어졌다. 원자의 세계를 기술하는 전혀 새로운 용어들이 무더기로 탄생했다. 방사능, 전자, 양성자, 중성자, 중간자, 중성미자 등 존재하지 않았던 새로운 단어들이 과학용어사전에 추가되어야 했다.

양자역학은 미시세계 혹은 원자세계를 이해하기 위한 과정에서 만들어진 역학이다. 원자가 내는 고유의 선 스펙트럼의 종류와 세기와 특징을 설명하고, 새로운 주기율표가 만들어지는 이유를 설명하기 위한 노력의 결과로 얻어진 것이다.—중등교육에서 배우는 주기율표의 최종적 완성과 관련이 있다.—이 양자역학의 세계는 우리가 오감으로 경험하고 보편적 사유로 직관하고 있는 세계와는 완전히 다르다. 그래서 우리가 경험한 세계에 대해 기술하는 언어들로는 미시세계를 표현하기 어렵거나(아인슈타인의 생각) 아니면 불가능(보어의 생각)하다. 그래서 어떤 말로 설명해도 어렵게 느껴지는 것은 어쩔 수 없다. 양자역학을 우리가 이해한 것인지 이해할 수 없고, 양자역학을 완전히 이해한다는 것은 이해가 무엇인지 우리가 이해하게 되었음을 의미하는 것일 수 있다.

상대성이론은 고전역학과 전자기학 사이의 모순을 해결하려는 노력들 속에서 잉태되었다. 아인슈타인이 광속불변의 원칙을 전제하자, 우리의 시간과 공간에 대한 이해를 근본적으로 바꾸어야 한다는 사실이 드러났다. 놀라움은 그것으로 그치지 않았다. 전혀 다른 물리학의 두 틀인 질량과 에너지가 상호변환 가능한 본질적 일원임을 보였고, '있음(질량)' 자체에 잠재된 가공할 힘을 예견해냈다. 인식론과 존재론에 대한 철학적 사유에 근본적인 성찰을 제기한 상대성이론은 아인슈타인이라는 단 한 명의 과학자를 언급하는 것으로 거의 설명이 가능하다. 그의 이름은 그래서 과학의 상징이 되었다.

20세기 전반기는 상대론과 양자역학이라는 새로운 과학으로 아름답게 휘어지고, 양차 세계대전이라는 역사의 무게로 처참하게 휘어진 시대였다. 이제 극단의 아름다움과 잔혹함, 고귀함과 저열함이 교차했던, 그 휘어져버린 시대를 살던 과학자들의 이야기를 시작해보자.

1

원자시대의 시작

볼츠만과 마흐의 논쟁

1906년은 과학계에 비극적인 한 해였다. 두 위대한 과학자가 불행한 죽음을 맞았기 때문이다. 하나는 부인 마리 퀴리와 함께 방사능의 비밀을 연구해 온 피에르 퀴리(Pierre Curie, 1859~1906)가 4월에 불의의 사고로 죽은 것이고, 또 하나는 열역학법칙의 성립에 결정적 기여를 한 루트비히 볼츠만(Ludwig Eduard Boltzmann, 1844~1906)이 9월에 자살한 일이다. 오늘날의 관점에서 보면 두 사람 모두 바로 전 해에 약관의 알베르트 아인슈타인(Albert Einstein, 1879~1955)이 자신들의 연구에 큰 뒷받침이 될 뛰어난 연구업적을 만들어냈다는 것을 모른 채 죽었다는 점에서 더욱 안타까운 일이다. 피에르의 죽음은 뒤에 퀴리 부부의 이야기에서 자세히 살펴볼 것이다.

1906년 9월 6일, 빈 대학 물리학 교수였던 볼츠만은 휴가기간을 맞아 이탈리아 해안으로 가족과 휴가를 간 상태였다. 그는 부인과 딸이 해안에서 수영하는 사이 콘도의 방에서 목을 매어 죽음을 선택했다. 오랜 기간 남편이 나타나지 않자 부인은 딸을 보내 아버지를 찾게 했다. 그래서 그 딸은 아빠의 죽음의 첫 목격자가 돼야 했다. 이 불행한 딸은 이후 죽을 때까지 이 일에 대해 입을 열지 않았다. 그가 죽음을 선택한 원인이 구체적으로 알려진 바는 없다. 하지만 많은 사람들은 볼츠만의 자살이 원자의 실재성에 대한 에른스트 마흐(Ernst Mach, 1838~1916)와의 오랜 논쟁이 불러온 우울증 때문이라고 추정했다.

마흐는 뛰어난 과학자이자 과학철학자였다. 우리가 사용하는 음속의 단위는 그의 이름을 딴 것이다. 1895~1901년 사이 빈 대학의 과학철학 주임교수를 맡았던 마흐는 극단적인 실증주의를 주장했다. 그는 자연과학에서 우리가 감각기관을 통해 경험하거나 관찰할 수 없는 모든 개념을 제거해야 한다고 보았다. 마흐가 보기에 수많은 이론적 개념들이 과학을 오염시키고 있었다. 대표적인 것이 '원자(Atom)'였다. 마흐가 보기엔 원자라는 더 이상 나눌 수 없는 극미의 입자로 삼라만상이 구성되어 있다고 주장하는 원자론은 기원전 5세기 고대 그리스의 탁상공론으로 끝났어야 했다. 그런데 19세기에 원자론이 부활한 뒤 최근 화학자들은 이 미심쩍은 원자론으로 화학을 재정립하려는 위험한 시도를 하고 있었다. 원자가 있다는 어떠한 관찰증거도 없었는데 말이다. 마흐에게는 '귀신', '영혼', '원자'가 똑같은 정도의 신빙성을 가진 단어였다. 그리고 마흐는 수학자들이 실험의 결과로 증명된 사실들을 인위적인 수학기호로 바꾸어 상징화해서 실험의 본 모습을 왜곡시킨다고 보았다. 실재를 추상적인 수학모형으로 나타내는 것은 많은 그릇된 오해를 양산할 수 있다. 마흐는 이런 것들에 대해 격렬히 반대했다. 뒤에 살펴보겠지만 20세기 초반 캐번디시 연구소나 코펜하겐 연구소의 수많은 업적들은 마흐가 가장 싫어했던 방법론의 결과로 탄생했다.

반면 볼츠만은 수학적 추상화가 매우 중요한 작업임을 역설했다. 그래야만 주관적인 감각경험에서 벗어나 수학의 세계에서 객관적이고 보편적인 통찰을 얻어 진정한 과학이 만들어질 수 있는 것이다. 실제 볼츠만의 핵심 업적은 '원자의 존재를 전제로' 열역학을 통계적으로 발전시킨 것이었다. 그런데 마흐는 원자 자체를 부정했고 수학적 추상화를 믿을 수 없다고 했으니 볼츠만으로서는 자신의 인생이 부정당하는 셈이었다. 볼츠만과 마흐의 적대감은 아주 컸다. 심지어는 1895년에 마흐가 빈 대학에 부임해 오자 볼츠만은 이론물리학 교수직을 사직하고 라이프치히 대학으로 옮겨갔을 정도다. 하지만 1897년 오스트리아-헝가리 제국물리학회에서 두 숙적은 다시 만났다. 원자론을 전제한 볼츠만의 통계적 열역학에 대한 발표가 끝났을 때, 마흐는 일어나서 "나는 원자의 존재를 믿지 않습니다."라고 크게 외쳤다. 마음의 상처가 심했을 때, 심지어 볼츠만은 라이프치히 대학에서도 오스트발트(Wilhelm Ostwald, 1853~1932)와 논쟁이 발생했다. 자살을 기도했지만 이때는 미수에 그쳤다. 1901년 마흐는 오스트리아-헝가리 제국 국회의원으로 추천되어 빈 대학을 떠났고 그 직후 볼츠만은 마흐의 후임으로 돌아온다. 하지만 마주칠 일이 없어도 두 사람의 논쟁은 계속되었다. 과연 원자는 실체인가, 상상의 산물인가? 과학은 철저하게 오감으로 관찰한 결과에 기초해야 한다는 것이 마흐의 일관된 입장이었다.[1]

1 사실 이것은 뉴턴을 강력히 반대했던 칸트와 괴테의 논리와 유사하다. 마흐의 주장은 독일어권의 지식인들에게는 아주 낯선 이야기가 아니었다.(혁신과 잡종의 과학사1 『태양을 멈춘 사람들』 4부 참조)

에른스트 마흐와 루트비히 볼츠만

마흐와 볼츠만의 갈등은 과학의 본성과 방법론에 대한 논쟁에서 비롯되었다. 놀랍게도 과학이 '무엇'이고, '어떻게' 이루어져야 하는가라는 근본적 질문에 대해 과학자들은 저마다 다른 입장을 가지고 있다. 더구나 이런 유형의 논쟁은 지금까지도 계속되고 있다.

마흐는 특유의 쇼맨십과 화법으로 대중적 인기가 아주 높았고 특히 많은 인문학자와 문인들에게 존경받는 과학자였다. 이 치열한 논쟁에서 마흐가 질 확률은 처음부터 별로 없었다. 마흐는 단시간에 만들어낸 특유의 짧고 간결하며 우아한 어법의 말과 글로 특히 젊은 학생들의 열광을 이끌어냈지만, 볼츠만은 오랜 시간 숙고한 '글' 이외의 방법을 찾지 못했다. 그들이 만들어내는 정보의 양과 수준은 확연한 차이가 있었다. 볼츠만은 남의 마음을 읽는 데는 서툴렀고, 우직하면서도 섬세한 심성을 가진 사람이었다. 수년간의 논쟁으로 볼츠만은 지칠 대로 지쳐버렸다. 그렇게 빈에서 고립감이 심해지던 볼츠만은 결국 극단적 선택을 했다.

중등교육과정의 화학에서 아보가드로 수를 배운 사람들이라면 이 일화가 기이하게 느껴질 것이다. 20세기 초에 도대체 이게 무슨 소리인가? 돌턴도 아보가드로도 나폴레옹 시대의 사람들이 아니던가? 19세기에 이미 일정 성분비의 원칙 등이 정립되고 계산하고 있지 않았던가? 우리가 배웠던 옛 화학식들은 다 뭐란 말인가? 원자의 개념 없이 그런 화학이 어떻게 가능했겠는가? 원자의 존재를 의심하다니 마흐가 과연 과학자가 맞을까? 그러나 앞의 일화는 이런 의문들과 모순되는 것이 아니다. 원자의 존재를 전제로 수많은 계산을 수행하던 시대였고, 그래서 많은 실용적인 이익을 얻고 있었지만, 그것이 원자가 반드시 있다는 것을 증명하는 것은 아니었다. 마흐가 보기에 실용성만으로 원자를 인정하는 것은 '진정한 과학자'의 양식 있는 태도가 아니었다. 원자가 존재한다는 확고한 증거가 나올 때까지 원자는 과학이 될 수 없었다. 마흐와 볼츠만의 논쟁은 막스 플랑크를 다룰 때 열역학과 함께 다시 한 번 소개될 것이다. 먼저 우리는 마흐와 볼츠만의 논쟁을 야기한 근대 원자론의 역사에 대해 간단히 살펴볼 필요가 있다.

근대 원자론의 상황

고대 그리스의 원자론에 영감을 받은 돌턴(John Dalton; 1766~1844)의 원자론이 주장된 책 『화학의 새 체계(New System of Chemical Philosophy)』는 1808년에 나왔다. 그래서 흔히 이 해를 근대 원자론의 기원으로 본다. 돌턴 원자론의 핵심은 다음의 다섯 가지로 요약된다.

(1) 모든 원소는 원자로 구성된다.

(2) 같은 원자는 크기와 질량과 성질이 같다.

(3) 원자는 새로 만들거나 부수거나 나눌 수 없다.(여기까지는 기원전

6세기 고대 그리스의 데모크리토스 주장 그대로다.)

(4) 원자는 다른 원자들과 정수배로 결합해서 화합물을 만든다.

(5) 화학적 변화는 원자들의 결합과 분리를 통해 원자들 간의 결합 구조가 바뀌는 것이다.

이중 (3)번에 해당하는 내용은 다음 세기에 결정적으로 바뀌게 되고, (2)번의 내용도 동위원소 개념에 의해 미묘하게 개량될 것이다. 돌턴의 원자론에는 당연한 의문 두 가지가 발생한다. 먼저 너무 작아 볼 수 없는 원자는 과연 있을까? 그리고 만약 원자가 있다면 우리가 그것을 측정하고 셀 수 있을까? 처음 질문에 답이 나오지 않았는데도 원자론이 제시된 불과 3년 뒤인 1811년에 아보가드로(Amedeo Avogadro, 1776~1856)는 뒤의 질문부터 답을 했다. 아보가드로에 앞서 게이 뤼삭(Joseph Louis Gay-Lussac, 1778~1850)이 두 기체가 화합할 때 중량뿐 아니라 부피도 간단한 정수비를 이룬다는 것을 알아냈다.—예를 들어 수소 2, 산소 1의 부피가 결합하면 수증기 2의 부피가 된다. 아보가드로는 여기에 착안해 서로 크기나 질량이 다른 원자라도 동일한 온도, 압력, 부피에서는 모두 똑같은 수의 원자가 들어 있을 것이라는 가설을 발표했다. 이 생각대로라면 원자의 정확한 개수는 몰라도 원자수의 상대적인 비는 알 수 있다. 물론 왜 그런지는 전혀 설명할 수 없었다.[2] 중

---

2 처음 이 이야기를 진지하게 들으면 원자의 크기들이 다를 텐데 어떻게 그럴 수 있을까라는 의문이 들 수밖에 없다. 20세기 이후에야 기체 부피는 기체분자가 차지하는 부피가 아니라 기체분자가 운동하고 있는 공간의 부피임을 알게 되어 깔끔하게 설명된다. 그래서 원자 크기와 상관없이 한 개 기체분자의 점유공간은 모두 같은 것이다. 온도가 낮아진다는 것은 기체분자가 약하게 운동한다는 것이기 때문에 당연히 기체의 부피는 줄어든다.

돌턴, 게이 뤼삭, 아보가드로
근대 원자론의 시조들. 근대 원자론은 19세기 초에 모습을 드러냈지만, 반세기 이상 별다른 역할을 하지 못했다.

등교육과정에서 아보가드로 수를 배우기 때문에 많은 사람들은 19세기부터 원자론이 튼튼한 기반 위에 세워졌을 것으로 생각한다. 하지만 사실 우리가 배운 '아보가드로 수'는 이처럼 '원자가 만약 있다면'이라는 전제하에서만 의미가 있었다.

그리고 반세기간 돌턴의 원자론과 아보가드로의 이론은 화학에서 거의 아무 역할을 하지 못했고 특별한 실용성도 없는 탁상공론에 불과했다. 1860년대가 되어서야 화학자들은 원자론에 기초해 화학식을 표준화해서 표기하면 화학이 아주 쉬워진다는 결론에 도달했다. 그때까지는 화학자마다 화학식의 표기법이 달랐다.[3] 아보가드로의 가설은 그런 화학의 난해함을 종식시키기 위해 선택되었다. 원자를 '가정'하면 모든 화학반응에 대한 '합리적' 설명이 가능했고, 화학은 분명히 쉬워

3 예를 들어 벤젠구조 발견으로 유명한 케큘레(Friedrich August Kekulé, 1829~1896)는 1860년에 책을 출판하면서 초산 화학식을 19종류로 기록하고 있었다.

졌다. 화학자들에게 원자론은 실용적 구원을 주었다. 그런데 문제는 그렇다고 그것이 진실이라는 증거는 될 수 없다는 것이다. 특히 많은 물리학자들은 그런 본질적인 부분을 의심했다. 원자론은 천동설 시대 '주전원(epicycle)' 같은 것이 아닐까?[4] 단순히 계산상의 편의를 위해 존재하지 않는 개념을 억지로 적용시키고 있는 것은 아닐까? 다수의 물리학자들은 감각증거로 확인할 수 없는 원자를 받아들이려 하지 않았다. 그래서 화학자들은 원자라는 개념을 잘 사용하고, 물리학자들은 이를 계속해서 의심하는 30~40년간의 기간이 계속되었다. 다시 말해 19세기 후반 화학에서는 원자론이 자리 잡으며 빠른 발전을 이끌었다. 하지만, 물리학에서는 전혀 아니었다. 볼츠만은 바로 이런 시기에 원자의 존재를 전제로 열역학적 현상을 설명하는 데 상당한 성공을 거두었다. 그의 불행은 바로 그 의심하는 물리학자들의 계보를 잇고 있는 뛰어난 반대자 마흐와 만난 것이었다.

주기율표의 등장

19세기 초부터 실험에 의해 결정된 많은 원소들의 원자량을 이용해서 원소들을 분류하려는 노력은 계속되었다. 다양한 원소들 사이에 일정한 규칙성이 있다고 믿고 그 규칙을 찾는 과정이었다. 그리고 결국 1869년 멘델레예프(Dmitri Mendeleev, 1834~1907)가 발표한 초기 주기

---

4 주전원은 천동설을 합리화하기 위해 사용했던 복잡한 행성궤도를 표현하는 방법론이다. 결국 오늘날은 폐기된 개념이지만 천동설의 시대에는 관찰결과와 천동설을 함께 만족시키는 적당한 보조가설이었다.(주전원에 대해서는 『태양을 멈춘 사람들』 1부를 참조할 것.)

율표가 나오면서 화학은 규칙성 있는 과학으로 재탄생했다.[5] 멘델레예프의 주기율표는 우리가 사용하는 주기율표와 차이가 있다. 그리고 양성자, 중성자, 전자 같은 원자 속 구성원소의 개념이 없던 시기라 몇몇 부분의 예측에서 당연히 틀렸다. 하지만 이 주기율표는 화학의 긴 역사가 축적한 엄청난 경험과 노력의 산물이었으며 그 효과는 폭발적이었다. 원자번호의 개념이 없던 당시 멘델레예프는 당연히 원자량을 기준해서, 가벼운 원소부터 무거운 원소의 순으로 배열한 주기율표를 만들었다.

멘델레예프
멘델레예프의 외모는 대학교수라기보다는 선지자의 느낌을 주었다. 이 외관상의 신비감도 그의 유명세에 영향을 미쳤다.

원소를 원자량 크기대로 나열하면 비슷한 성질이 주기적으로 출현한다. 즉 놀랍게도 원자량의 크기가 원소의 특징을 결정하는 것이다. 덧붙여 자신이 만든 주기율표대로라면 빠져 있는 원소가 세 개 더 있음을 예측했고 이 미발견 원소의 기본적 특징까지 예측했다. 일단 주기율표가 비전을 제시하자 미발견 원소의 사냥이 시작되었고 화학발전

5 1864년에 영국의 뉴랜즈(John Newlands)가 원소를 원자량 순으로 배열하면 비슷한 성질을 가진 원소가 일곱 번마다 나타난다는 것에 착안해서 음계의 주기성에 비유하여 이른바 '옥타브 법칙'을 발표했다. 이후 독일의 마이어(Julius Meyer)의 유사한 연구가 있었고, 1869년 논문에서 멘델레예프가 초기 주기율표를 발표했다. 이 공로로 마이어와 멘델레예프는 1882년 19세기의 노벨상이라 할 수 있는 영국왕립협회의 데이비 메달을 함께 받았다. 이후 뉴랜즈가 자신의 우선권을 주장했고 받아들여져 뉴랜즈는 1887년 뒤늦게 데이비 메달을 받는다. 사소한 차이 빼고는 사실상 3인의 동시빌견이라고 볼 수 있는데도 이중 연구완성도가 약했던 뉴랜즈와 마이어 두 사람에 대한 대중의 기억은 사라졌고 우리는 보통 멘델레예프를 주기율표의 창시자로 받아들인다.

Reihen	Gruppo I. — R^2O	Gruppo II. — RO	Gruppo III. — R^2O^3	Gruppo IV. RH^4 RO^2	Gruppo V. RH^3 R^2O^5	Gruppo VI. RH^2 RO^3	Gruppo VII. RH R^2O^7	Gruppo VIII. — RO^4
1	H=1							
2	Li=7	Bo=9,4	B=11	C=12	N=14	O=16	F=19	
3	Na=23	Mg=24	Al=27,3	Si=28	P=31	S=32	Cl=35,5	
4	K=39	Ca=40	—=44	Ti=48	V=51	Cr=52	Mn=55	Fe=56, Co=59, Ni=59, Cu=63.
5	(Cu=63)	Zn=65	—=68	—=72	As=75	Se=78	Br=80	
6	Rb=85	Sr=87	?Yt=88	Zr=90	Nb=94	Mo=96	—=100	Ru=104, Rh=104, Pd=106, Ag=108.
7	(Ag=108)	Cd=112	In=113	Sn=118	Sb=122	Te=125	J=127	
8	Cs=133	Ba=137	?Di=138	?Ce=140	—	—	—	— — — —
9	(—)	—	—	—	—	—	—	
10	—	—	?Er=178	?La=180	Ta=182	W=184	—	Os=195, Ir=197, Pt=198, Au=199.
11	(Au=199)	Hg=200	Tl=204	Pb=207	Bi=208	—	—	
12	—	—	—	Th=231	—	U=240	—	— — — —

멘델레예프 주기율표
원자번호의 개념이 없던 시기에 멘델레예프의 주기율표는 원자량에 따라 만들어졌다. 그래서 오늘날의 주기율표와는 많이 다르다.

은 급속히 빨라졌다. 멘델레예프가 예측한 특징을 그대로 가진 채 갈륨(1871년), 스칸듐(1879년), 게르마늄(1886년)이 차례로 발견되었다. 각각 프랑스, 스웨덴, 독일을 상징하는 이름이 붙었다는 사실에서 당시의 민족주의 정서도 확인할 수 있다. 이때부터 새 원소 찾기는 국가적 경쟁이자 대중의 관심을 받는 뉴스거리가 되었다. 나중에 마리 퀴리가 새 원소의 이름을 자신의 조국의 이름을 따 폴로늄이라고 명명한 것은 특별한 아이디어가 아니라 시대흐름상 자연스러운 것이었다.[6] 1850년대까지 알려진 원소는 50여 개였다. 하지만 한 세기가 지나자 원소의 수는 두 배로 늘어나 있었다. 규칙성을 가진 전체 틀을 알고 난 뒤에는 원소발견은 빈칸 채우기 같은 것이 되었다. 주기율표의 가치는 이것만으로도 충분히 증명된다. 그리고 주기율표가 던져준 다음 과제도 명확했

6 원소 찾기가 비교적 쉬워진 20세기 중반 이후는 원소명이 장난스럽게 붙기도 한다. 예를 들어 버클리의 캘리포니아 대학의 과학자들이 97번과 98번 원소를 발견한 뒤 그들은 버클륨과 캘리포늄이라고 작명했다.

다. 원소들의 주기적 규칙성은 원자가 어떤 내부구조를 가지고 있을 것이며, 그 내부구조의 형태가 원소의 특성을 만들어내고 있을 것이라는 자연스러운 추정을 하게 해준다. 여기에 전자기학의 연구과정에서 나온 음극선 연구와 우연히 발견된 방사선에 대한 연구들이 더해지면서 원자 내부로의 맹렬한 탐구가 19세기 말 불붙게 된 것이다.

새로운 과학의 태동

어쩌면 우연적인 사건이었다. 엑스선과 전자의 발견과정은 19세기 음극선관의 발전과 밀접한 관련이 있다. 음극선관은 진공상태 유리관 내부의 양쪽 끝에 금속 극판이 두 개 들어 있고 두 금속 사이에 전류를 흐르게 하면 진공을 가로질러 아름다운 섬광이 지나가는 장치다. 오늘날에는 이 섬광이 전자빔임을 잘 알고 있지만 1897년 톰슨의 발견(혹은 설명)까지 그 현상의 정체가 뭔지는 아무도 몰랐다. (-)극에서 무언가가 나와서 (+)극 쪽으로 빛이 흘러가기 때문에 이를 음극선이라 불렀다. 유리관 안의 공기가 적을수록 공기의 방해를 받지 않아 깔끔한 음극선의 관찰이 용이했다. 즉 음극선관의 성능은 관 안에 진공을 제대로 만들어낼 수 있느냐와 밀접한 관련이 있었다. 그리고 음극선을 빛의 형태로 제대로 관찰하기 위해 여러 형광도료들을 사용했다. 같은 원리로 오늘날도 형광등이나 브라운관을 사용한 모니터 등이 동작한다. 거대한 과학사적 발견과 20세기 내내 사용되었던 실용적 기술이 모두 음극선관에서 유래된 것이다. 쓸 만한 음극선관을 처음 만든 이는 바로 전자기학의 창시사라 할 수 있는 마이클 패러데이(Michael Faraday, 1791~1867)로 알려져 있다. 음극선관은 계속 개량되다가 1870년대 윌

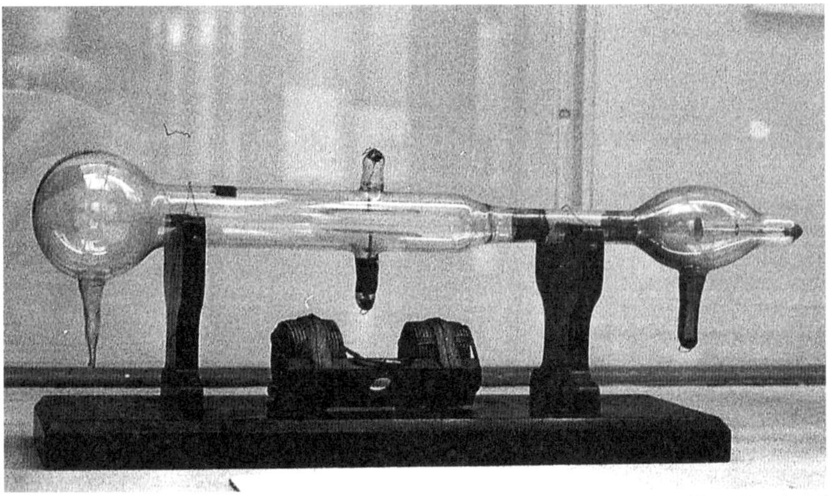

© Science Museum(London)

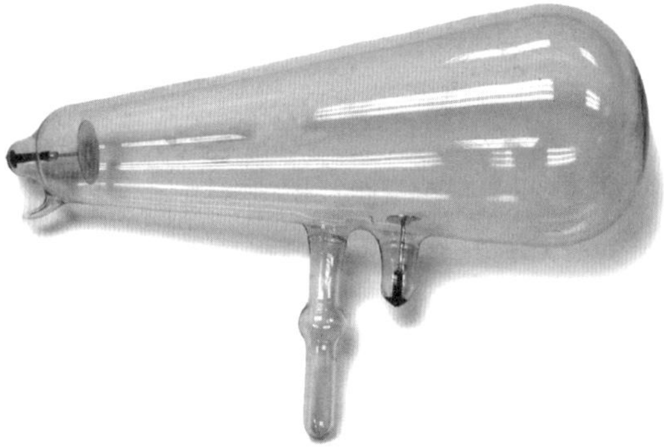

© Museum of Radiation and Radioactivity

음극선관(위), 크룩스관(아래)

엑스선, 전자, 형광등, 브라운관 화면은 모두 음극선관 연구에서 얻어진 결과물들이다.

리엄 크룩스(William Crookes, 1832~1919)가 훨씬 성능이 향상된 음극선관인 크룩스관을 개발했다. 엑스선 발견과 전자 발견은 모두 이 크룩스관으로 이루어졌다.

뢴트겐
인류 공동의 자산으로서 과학을 명확히 신뢰했던 고귀한 인품의 독일인 뢴트겐. 19세기 말까지의 과학은 아직 아름다웠다.

뢴트겐(Wilhelm Conrad Rontgen, 1845~1923)은 1895년 11월 최신의 크룩스관으로 실험 중에 음극선관에서 마분지를 통과할 수 있는 복사선이 나오고 있다는 역사적 관찰을 했다. 크룩스관을 동작시켰을 때 불투명한 검은 종이를 뚫고 멀리 떨어진 바륨을 바른 스크린에 상을 만들어내는 것을 본 것이다. 이런 광선이 있다는 것은 그때까지 아무도 몰랐기에 뢴트겐은 처음에 자신이 환각을 보고 있다고 생각했다. 영문을 알 수 없어 여러 도구들을 바꿔가며 실험했다. 책 속에 끼워둔 열쇠나 나무상자 안의 물건도 볼 수 있었고, 자신의 손을 가져가자 심지어 자신의 손뼈가 그대로 상으로 나타났다. 두려움 속에 일주일을 자신이 알고 있는 모든 물리학적 지식으로 합리화해보려 했지만 답을 찾지 못했다. 우리의 눈엔 호들갑스럽게 보일 수 있지만 뢴트겐에겐 뭔가 신비주의적인 현상, 혹은 심령현상에 가까운 것으로 느껴졌을 것이다. 이 현상이 자신의 눈에만 보이는 것은 아닌지 뢴트겐은 의심에 의심을 거듭하다가 마침내 용기를 내 아내 안나(Anna)를 불렀다. 그리고 아내의 손을 비추자 아내는 자신의 손뼈를 보고 크게 놀랐고 다시는 뢴트겐의 연구실에 가려하지 않았다. 하지만 뢴트겐은 이 현상이 아내의 눈에도 보이는 '객관적인' 현상임을 확인하고 비로소 안도할 수 있었다.

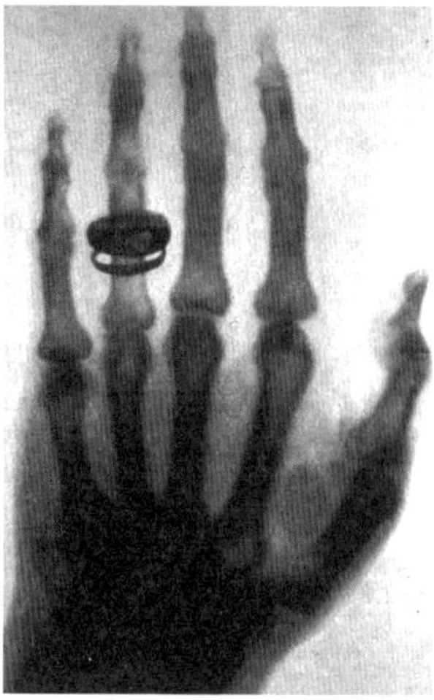

뢴트겐 부인의 손 엑스선 사진
"나는 나의 죽음을 보았다." 처음 엑스선 사진을 본 사람들은 당혹감과 공포감을 느꼈다. 하지만 그 사진은 현대과학의 시작이 되었다.

뢴트겐은 이때 아내 안나(Anna)의 유명한 손 사진을 찍었다. 세계 최초의 엑스선 사진인 자신의 손 사진을 본 안나는 "나는 나의 죽음을 보았다."는 유명한 말을 남겼다.[7] 정체를 알 수 없는 이 복사선에 뢴트겐은 알 수 없다는 의미의 미지수 'x'를 떠올리며 엑스선으로 명명했다. 1896년 1월 독일물리학회 50주년 기념학회에서 뢴트겐은 이 발견을 발표했다. 처음 반응은 의심으로 시작되었지만 곧 모든 물리학자가 같은 상황을 재현할 수 있었다. 그러자 의학계에서는 바로 그 중요성을 간파했다. 대중적으로는 이 응용가능성이 훨씬 유명세를 탔다. 하지만 과학 내부에서는 더 중요한 의미를 가지고 있었다. 엑스선은 이후 방사선과 전자의 발견 나아가 원자구조에 대한 접근과 양자론으로 나아가는 출발점이 되었다.[8] 그래서 어떤 역사가는 과학에서 20세기는 1895년에 도래했다고 말하기도 한다.

뢴트겐은 그의 인품과 관련된 여러 일화로도 잘 알려져 있다. 뢴트겐은 독일에서 태어났지만 네덜란드와 스위스에서 공부했고 이후 슈트

7 그 말 그대로 1895년이 될 때까지 뼈는 생명체가 죽고 부패된 뒤 남들이 볼 수 있는 것이었다. 그래서 백골은 전통적으로 죽음의 상징이었다.

8 엑스선은 잘 사용되었지만 그것이 무엇인지는 끝없는 논쟁거리였다. 1912년에야 플랑크의 제자 막스 폰 라우에(Max von Laue, 1879~1960)가 엑스선이 짧은 파장의 전자기파임을 밝혔고 이 공로로 라우에는 노벨상을 수상한다.

라스부르크, 기센, 뷔르츠부르크의 대학 교수를 지냈다. 뢴트겐이 스위스에서 공부한 이유는 네덜란드 김나지움에서 퇴학당했기 때문이다. 선생님의 불경한 초상을 그린 친구의 이름을 끝까지 함구했던 것이 퇴학의 이유였다. 뢴트겐은 그 친구가 누군지 모른다고 하지도 않았고 친구의 이름을 대는 것도 거부했다. 거짓을 말하기도 싫었고, 친구를 배반하는 것도 옳지 않다고 본 10대의 뢴트겐은 자신의 인생을 저당 잡히면서 두 가지 모두를 해냈다. 네덜란드와 독일에서 김나지움 퇴학자는 대학에 갈 방법이 없었다. 그래서 김나지움 졸업장이 없어도 입학할 수 있는 취리히 연방공과대학에 진학했다.—이 도시와 학교는 후일 아인슈타인의 인생에서 다시 등장하고 아인슈타인에게도 똑같은 수혜를 베풀어준다. 뢴트겐의 올곧은 성격은 엑스선 발견 이후의 일화에도 그대로 드러난다. 많은 이들이 엑스선을 뢴트겐선이라고 부르자고 했지만 뢴트겐은 극구 사양했다. 엑스선의 다양한 활용이 눈앞에 있는 시점에서 특허출원을 권유했지만 '그것은 과학의 정신이 아니다.'라며 거부했다. 1901년에 최초의 노벨 물리학상 수상자가 됐지만 상금은 모두 대학에 기부했다. 그 결과 노년기에는 1차 세계대전 뒤의 인플레이션으로 파산했고 큰 고통을 겪기도 했다. 과학사 연구자들에게는 불행하게도, 그는 자신의 개인 편지와 자료 모두를 파기해달라고 유언했고 지켜졌다. 뢴트겐이 평생을 지켰던 이 '과학의 정신'은 프랑스의 퀴리 가문도 못지않은 각오로 대를 이어 지켜가게 된다.

뢴트겐의 발견으로 과학계가 들떠 있던 다음 해 프랑스도 자존심을 세울 발견을 해냈다. 앙리 베크렐(Antoine Henri Becquerel, 1852~1908)은 1895년 에콜 폴리테크닉 물리학 교수가 되었다. 그는 조부와 부친 모두가 과학자인 집안 출신이었다. 베크렐은 특히 인광에 관심이 많았다.

물체에 빛을 쪼였을 때 쬔 빛보다 파장이 긴 빛이 나오는 것이 형광이고, 빛을 쬐었다가 제거한 후에도 일정 시간 빛을 내는 것이 인광이다. 즉 야광제품은 모두 인광을 이용한 것이다. 이 현상을 인에서 처음 관측했기 때문에 인광이라 부른다. 베크렐은 뢴트겐의 발견 소식을 듣고 인광물질에 빛을 비춰도 엑스선처럼 투과성이 강한 복사선이 나올 수 있지 않을까 하는 생각을 진행시켰다. 이 실험에 또 우연이 개입했다. 우라늄이 함유된 피치블렌드라는 광석으로 실험하다가 외부에서 빛을 쪼여주지 않아도 어떤 복사선이 나오는 것을 발견한 것이다. 1896년 5월 여러 실험 후 베크렐은 투과성이 매우 강한 이 복사선이 어떤 외부 빛의 자극 없이도 우라늄에서 나오고 있다는 결론을 발표했다. 뢴트겐의 발견에 연이어 터진 기이한 발견이었다.

결국 19세기에 이루어진 기술발전이 20세기 과학의 토대를 만들어 주었다. 뢴트겐과 베크렐의 발견은 19세기의 전기에 대한 연구로부터 음극선관이 만들어지고 사진이 발명된 기반 위에서 이루어진 것이기 때문이다. 하지만 베크렐의 발견은 학계의 큰 주목을 받지 못했다. 엑스선의 경우처럼 바로 의학 등에 응용될 방법도 없어 보였고, 과연 아무 자극 없이 무엇인가가 계속 방출되는 것이 과학적으로 가능하겠는가 하는 의구심도 있었다. 여기까지가 마리 퀴리가 박사논문을 준비하기 직전까지 과학계가 처한 상황이었다. 이후 마리 퀴리는 베크렐이 발견한 복사선을 방사능이라 이름 붙이고 원자 속 세계로의 문을 열게 된다.

2

퀴리 부부

아직도 '퀴리 부인'이라는 익숙한 표현으로 불리고 있는 마리 퀴리는 여성과 과학을 논할 때 강력한 상징이자 이상향이 된다. 두 번의 노벨상을 받은 여인, (20세기까지) 파리 팡테온에 모셔진 유일한 여성, 유일한 모녀 노벨상 수상, 2대에 걸친 부부 노벨상 공동 수상, 방사능 연구와 바꾼 건강, 불의한 이익은 조금도 취하지 않겠다는 극한의 정의감, 가정사의 비극과 육체적 고통과 시대의 차별을 이겨낸 불굴의 인내. 있을 것 같지 않은 신화적 존재. 그래서 마리 퀴리를 이해하는 데는 그 대중적 인지도가 오히려 걸림돌이 된다. 특히 그 역효과로서 그녀만큼이나 조명 받아야 될 퀴리 가문이 피상적으로 알려진다. 피에르 퀴리를 알지 못한다면 마리 퀴리를 알 수 없고, 이렌과 졸리오로 이어진 과학 가문의 전통을 함께 이해하지 않는다면 과학사 속 마리 퀴리의 의미를 올바로 이해하기 힘들다. 고결한 퀴리 가의 전통, 어머니의 유지를 이은 장녀 이렌, '학자답지 않게' 용감히 나치 독일군에 온몸으로 맞서 싸웠던 사위 졸리오, 그리고 애틋하게 어머니의 전기를 써내려간 차녀 이브의 이야기를 함께 마주하고 나면 비로소 마리 퀴리는 현실의 존재로 떠오른다. 그리고 그럼에도 그녀의 '결코 웃는 적 없는' 빛바랜 흑백사진들은 더더욱 슬픈 노스탤지어가 된다.

피에르 퀴리

피에르 퀴리가 태어난 1859년, 프랑스는 나폴레옹 3세 황제가 다스리는 제정기였다. 프랑스대혁명으로부터 80년이 지나고 있었지만 아직 공화정은 보편적인 정치체제가 아니었다. 주요국가 중 유일한 공화국인 미국에서는 흑인노예들이 면화를 따고 있었고, 사무라이의 나라 일본은 얼마 전 페리 제독의 함대에 강제개항 당한 지 1년이 지나고 있었다. 사상에서, 문화에서, 과학에서, 기술에서, 새 시대의 씨앗은 뿌려져 있었지만, 드러나 있는 현실은 여전히 계급적 질서가 보편윤리로서 받아들여지고 있었다.

피에르가 태어난 퀴리 가는 대를 이어 의업에 종사하고 있었다. 피에르의 할아버지 폴 프랑수아 퀴리는 정치적 급진주의자였고 의사로서도 매우 모험적이었다. 그는 당시로서는 진보적인 동종요법(일종의 천연약학)을 실시해서 환자들을 치료했다. 아버지 외젠 퀴리 역시 이런 가풍을 그대로 물려받았다. 1848년 혁명 시 의과대학생이었던 외젠은 반란군의 치료를 돕다가 총상으로 턱뼈가 부서지는 사고를 당했고, 젊은 의사시절에는 모두가 꺼리는 파리의 콜레라 창궐지역에 들어가 치료하기도 했다. 1856년 첫째 아들 자크가, 3년 뒤인 1859년 둘째 피에르가 태어났다. 1871년 파리코뮌 반란 때, 외젠은 아직 어린 자크와 피

외젠 퀴리 가족사진

외젠 퀴리(앞 오른쪽)가 기르고 있는 수염은 아마도 젊은 시절 총상으로 얻은 흉터를 가리기 위해서였을 것이다. 뒤에 있는 피에르는 형 자크에게 기대어 팔을 괴고 있다.

청년기 피에르 퀴리

에르를 거리로 내보내서 부상자를 집으로 데려오게 했다. 이후에도 외젠은 아동보호단체의 검진을 맡았고, 가난한 이들을 위해 진료했다. 돈을 버는 데는 전혀 무관심했고 평생을 검소하게 살았던 의사였다. 이런 외젠의 진보적 성향은 교육에도 나타났다. 피에르가 엄격한 프랑스 학교의 규율에 적응하기에는 너무 예민하다고 판단되자, 학교를 보내지 않기로 결정한 것이다. 그래서 피에르는 초중등학교 나이에 학교를 가지 않고 집에서 생물, 화학, 물리, 수학을 중심으로 독학하고, 아버지의 장서를 통해 역사와 문학을 섭렵했다. 상당히 모험적으로 보이는 부모의 결정을 통해 피에르는 초중등교육을 독학으로 마쳤다. 이런 성장환경이 후일 피에르가 보여주는 독특한 가치관과 결정들에 영향을 미치게 된다.

피에르가 14세경, 외젠은 아들의 수학 수준이 자신을 능가하고 있음을 발견했다. 외젠은 수학교수인 친구에게 피에르의 평가를 부탁했고, 이 수학교수는 피에르의 재능을 바로 알아보았다. 그 교수는 자신이 직접 피에르에게 고등수학을 가르쳐주겠다고 자청했다. 이후 피에르는 16세에 소르본 대학에 입학했고, 18세에 물리학 학사 학위를 취득하며 영재로서의 자질을 증명했다.

청년기 피에르의 몇몇 결정들은 그의 윤리관이 젊어서부터 확고했음을 보여준다. 당시 프랑스는 징병제를 선택하고 있었다. 젊은이들은 3년간의 군복무를 해야 했지만, 다행스럽게도 대체복무를 선택할 수 있었다. 피에르는 군복무를 피하고 대체 복무로 10년간의 공공교육 종사를 선택했다. 다시 말해 피에르는 '학교'와 '군대'를 가지 않았다. 당시 프랑스 남자들 대다수가 경험하게 되는 집단적 규율생활의 경험이 전혀 없었던 셈이다. 후일 35세 때 마리에게 쓴 편지에서는 20세 때 첫사랑이 죽은 것이 자기 탓이라고 자학했다. 그 죽음이 자살인지, 사고인지, 병인지 조차 알 수 없고 왜 자신을 탓했는지도 전혀 설명하지 않았다. 하지만 끊임없이 그 일로 고통 받았고, 그로 인해 30대 중반의 나이에 마리를 만날 때까지 여성을 의도적으로 멀리한 것으로 보인다.

"스무 살 때 난 끔찍한 불행을 겪었습니다. 소름 끼치는 상황 속에서 나는 사랑했던 어린 날의 친구를 잃었지요. 당신에게 그 모든 것을 말할 용기는 없습니다. 내 잘못이 아주 컸습니다. 나는 항상 후회해왔고 앞으로도 그럴 겁니다. 나는 나 자신을 괴롭히는 것에서 일종의 쾌감을 느꼈습니다. 그리고 맹세했지요……성직자의 삶을 살겠다고."

편지의 내용으로 볼 때 그의 평생에 걸친 금욕적 태도와 공공에 대한 헌신, 그리고 악착같을 정도로 명예를 누리지 않으려는 태도들은 이런 죄책감과 연관이 있을 수 있다.

마리를 만나기 전 피에르의 인생은 형 자크와 연결되어 있었다. 20대 초반 형 자크와 소르본에서 공동 연구를 계속했는데, 이 시기의 결과물인 압전기 연구는 후일 전자산업과 고체물리학 분야에 기여했고, 음파탐지기에도 응용되었다. 그리고 무엇보다 후일 마리의 연구에 큰 기반이 되어주었다. 24세 때 형 자크가 결혼하자 피에르는 소르본을 떠나 새로 설립된 파리 시립 산업 물리학 화학 학교 실험실에 취직했다. 그리고 한 학급을 가르쳐야 했는데, 이때 그중 뛰어난 학생인 폴 랑주뱅(Paul Langevin, 1872~1946)을 발굴했다. 랑주뱅과 자신의 아내와는 스캔들이 발생하고, 자신의 딸의 지도교수가 되고, 손녀 때에는 사돈 가문이 되는 깊은 인연이 될 것이라고는 당시 전혀 생각해보지 못했을 것이다. 피에르가 학교에서 뛰어난 결과를 보이자 학교장이 정부 훈장 수상을 추천하겠다고 했다. 피에르는 일언지하에 거절했다. "제발 그러지 마십시오.……나는 어떤 훈장도 받지 않겠다고 굳게 결심했습니다." 피에르에게 중요한 것은 오직 업적이었고, 그것을 이룬 개인은 중요하지 않았다. 경쟁을 아주 싫어했고, 학교에서 시험을 보고 성적을 매기는 것조차 반대했다. 특별대우나 명예는 경멸했다. 어떤 경우에도 자기 이름이 알려져 영광을 받는 것을 싫어했다. 청년기 때부터 피에르 퀴리의 삶은 이처럼 고결한 프랑스 진보 지식인의 모범적 전형이었다.—사실 후일 어떻게 노벨상 수상은 받아들였는지 놀라울 정도다. 그렇게 금욕적 삶을 유지하며 피에르는 30대 중반이 될 때까지 독신 학자의 길을 걸어갔다.

마냐 스클로도프스카(Manya Sklodovska)[9]

후일 퀴리 부인으로 불리게 되는 마냐 스클로도프스카는 1867년 바르샤바의 교사부부 사이에서 1남 4녀의 막내딸로 출생했다. 아버지는 회의적 자유주의자였고, 어머니는 독실한 가톨릭교도였다. 마냐는 표준적 유럽 중산층 가정에서 성장했다. 하지만 어머니는 결핵을 앓았기 때문에 본인이 그리 오래 살지 못할 것을 염두에 뒀고, 자신의 결핵이 자녀들에게 전염될까봐 자녀들과 물리적 접촉은 자제했다. 자연스럽

9 마리(Mari)는 폴란드 발음으로 마냐(Manya)다. 마리는 프랑스에 오면서 프랑스 발음인 마리로 이름을 바꾼다. 여기서는 조금의 혼란을 감수하고 폴란드 시절은 마냐로, 프랑스로 간 이후는 마리로 표기한다.

게 가정의 화목은 가족 간 지적 대화에 더욱 많이 의지했다. 마냐는 유년기 내내 수석을 놓치지 않았고 계속해서 월반했다. 의아하게 느껴질 수 있지만 이렇게 출중한 학업성취도에도 불구하고 어릴 때 부모와 가족 눈에 특별하게 보이지 않았다. 사실은 형제들 모두가 학업성적이 뛰어났기 때문이었다. 덕분에 마냐는 뛰어난 역량에도 불구하고 가족 사이에서 특별히 가문에 대한 책임감을 요구받지 않을 수 있었다. 하지만 폴란드인으로서 마냐는 강한 민족적 정체성과 책임의식을 요구받았다. 마냐의 유년기 폴란드는 알렉산드르 2세 치하의 러시아 점령기였다. 이 시기는 러시아가 특히 강력하게 폴란드 역사와 문화에 대한 말살 정책을 시행한 때로 공공장소에서 폴란드어 사용조차도 범죄인 시기였다. 문화탄압은 집요했고 지속적이며 '세련'되게 이루어졌다. 19세기 말 러시아가 폴란드에서 행한 정책들은 일본이 20세기 초 한국에서 행한 것들과 아주 유사했다. 양심적이고 고결한 사람들에게는 개인적 행복감조차 죄책감으로 연결될 수도 있는 엄혹한 시대였다. 시대 상황 자체가 개인적 행복이나 자아실현보다는 민족 정체성과 공동체에 대한 책임의식을 강하게 요구하고 있었고 마냐는 이런 분위기를 자연스럽게 받아들이며 성장했다.

마냐의 어린 시절, 집안의 경제형편이 나빠졌다. 그러자 아버지는 생활비를 마련할 요량으로 집에 남자기숙학교를 차렸다. 근근이 가계를 유지할 수 있게 되었지만, 결국 이 결정은 또 다른 비극으로 연결된다. 마냐가 9세 때, 14세였던 큰언니 소피를 잃는 아픔을 겪는다. 어느 날 하숙하던 한 남학생이 고열로 쓰러졌고, 아버지는 소피에게 잠시 간호를 맡기고 의사를 불렀다. 의사가 발진티푸스로 진단하고 급히 환자를 격리했지만 때가 늦었고 간호하던 소피는 발진티푸스가 전염되어 사망했다. 매년 월반하던 마냐는 10세 때 두 살 많은 급우들과 기숙학교 생활을 시작했고, 동급생들 중 가장 어린 나이였음에도 항상 수석을 유지했다. 하지만 가족 모두에게 슬픔을 드리운 언니의 죽음으로부터 3년이 채 되지 않았을 때 결핵을 앓던 어머니도 결국 사망했다. 마냐가 12세 때 일이었다. 언니와 어머니를 연이어 잃은 슬프고도 강력한 유년기의 체험에 뒤이어 아버지가 처남의 회사에 그나마 남은 돈을 투자한 뒤 파산하고 말았다. 훗날 그녀는 "어머니와 다니던 교회에는 계속 나갔다. 하지만, 그런 끔찍한 불행을 내린 신을 더 이상 과거처럼 사랑할 순 없었다."고 이 시절을 회고했다.

선천적 윤리의식과 강인한 정신력의 소유자가 가족의 죽음과 가난이라는 허무를 아주 어린 나이에 마주했을 때, 대개가 그렇듯 개인적 향락을 멀리하며 초연한 어른스러움을 보여주기 마련이다. 그리고 경제적 어려움이 있었지만, 다른 면에서 마냐는 좋은 환경에서 성장했다. 충분히 짐작할 수 있지만 교사부부의 딸인 마냐가 성장하는 과정에서 만날 수 있었던 주변의 이웃들은 교양과 윤리의식 면에서 상위에 속하는 사람들이었고 그것이 마냐 기억 속의 폴란드 사회였다. 강력한 가족적 유대, 그럼에도 막을 수 없었던 가족사적 비극, 지킬 가치가 있는 공동체, 하지만 한편으로 암울한 조국의 현실, 천성적 책임의식과 조국과 가족에 대한 자부심이 혼재된 유년기 속에서 마냐의 정체성은 우리가 알고 있는 퀴리 부인의 모습으로 자연스럽게 연결되어갔다.

아동용 위인전으로부터 대부분의 '퀴리 부인' 전기에 반드시 등장하는 학창시절의 일화가 있다. 너무 많이 알려진 이야기임에도 다시 한 번 소개할 만하다. 마냐의 학교에서 몰래 폴란드 역사와 언어를 공부하고 있던 중 미리 약속한 벨이 울렸다. 러시아 장학사가 온 것이다. 모두

1870년의 마리 퀴리 남매들

왼쪽에서부터 차례로 소피, 헬라, 마리(당시 3세), 요세프, 브로냐. 모두 학업성적이 뛰어났으나 남자인 요세프만 의대에 갈 수 있었다. 장녀 소피는 어려서 사망했고, 남은 딸들도 폴란드 사회에서 직업을 얻기는 힘들었다. 결국 브로냐와 마리는 꿈을 찾아 폴란드를 떠난다.

공부하던 책을 황급히 치우고 뜨개질 시간으로 위장했다. 간발의 차이로 들어온 장학사가 뜨개질 하는 여학생들 사이를 돌아다니며 임의로 책상 뚜껑을 열었다. 아무것도 발견하지 못하자 테스트를 위해 아무 학생이나 한 명 불러달라고 했다. 이럴 경우 제일 어리지만 가장 똑똑한 마냐가 불리는 것은 정해져 있었다. 장학관은 주기도문을 외워보라고 했고, 마냐는 정확한 러시아어로 암송했다. 러시아는 폴란드 신앙을 존중한다는 명분하에 폴란드에 러시아 정교를 강요하지는 않았다. 하지만 폴란드인들에게 '러시아어로' 가톨릭 주기도문을 외우게 했다. 존중을 가장한 교묘한 모욕이었다. 다음 장학사의 질문은 "예카테리나 2세 이후 신성한 러시아를 다스린 황제의 성함은?"이었다. 마냐는 역시 정확한 발음과 억양으로 역대 러시아 황제들을 빠짐없이 암송했다. 이후 황실가족의 이름부터 시작해 시시콜콜한 것들을 물어본 뒤 마지막 질문은 "누가 우리를 다스리시는가?"였다. "위대하신 알렉산드르 2세 폐하십니다." 마냐의 대답을 듣고 장학관은 만족스럽게 교실을 떠났다. 조금 전 자기 입으로 말한 내용들이 너무 분했던 마냐는 울음을 터뜨렸고, 교실의 선생님과 학생들은 서로를 위로하며 함께 울었다. 이 일화에서 보듯 폴란드 민족주의 교육자 가문의 마냐는 동포들에 대한 사명감과 감정이입에 강력한 동기를 부여받는 환경에서 성장해갔다. 모국어를 빼앗긴 감내하기 힘든 설움에 대한 이 이야기는 동일한 경험을 가진 한국에서 감정이입하기 쉬운 이야기다. 그리고 아마도 한국에서 '퀴리 부인'의 이미지를 강하게 각인하는 데 특히 큰 역할을 했던 일화일 것이다.

1883년, 마냐는 16세의 나이로 고교를 수석 졸업했다. 언니 브로냐가 역시 고교를 수석 졸업한 뒤 가사 일을 돕고 있었고, 오빠 요세프는 바르샤바 의대에 입학한 뒤였다. 하지만 아버지는 자녀들을 사랑했음에도 충분한 경제적 지원을 해줄 여유가 없었다. 마냐는 고등학교를 최우등으로 졸업했지만 폴란드에서 총명한 여성이 선택할 수 있는 길은 많지 않았다. 프랑스와 독일어권의 일부 대학들이 이제 막 여성의 대학입학을 허용하기 시작했을 뿐이었고, 동유럽에서 여성의 입학을 허용하는 대학은 존재하지 않았다. 마냐가 불가능해 보이는 대학입학의 꿈을 그리던 이 시기, 다행스러웠던 것은 더 넓은 세상으로 나아가고 싶은 꿈을 마냐 혼자만 가진 것이 아니었다는 점이다. 마냐는 언니 브로냐와 의기투합했다. 두 자매는 불가능할 것 같은 대학입학의 꿈을 이룰 간단한 계획을 만들었다. 언니 브로냐가 먼저 유학을 가면 마냐가 언니의 학비를 보내주고, 이후 언니가 자리를 잡은 뒤 마냐를 불러 지원한다는 것이었다.

이렇게 굳은 약속 후 언니 브로냐는 여성의 대학 입학이 허용된 파리로 떠났다. 그리고 마냐는 18세 때인 1884년부터 가정교사 생활을 하며 언니 브로냐의 학비를 조달하기 시작했다. 이처럼 언니와의 협력은 분명 훌륭한 기회가 되어주었지만 객관적으로 바라볼 때 마냐는 동생이기에 불리한 점이 있었다. 언니는 바로 파리에 가서 학업을 시작할 수 있었지만 마냐는 긴 시간 지루하고 의미 없어 보이는 가정교사 생활을 해야 했던 것이다. 그리고 마냐의 이 가정교사 기간은 자그마치 6년간이나 계속되었다. 후일 그녀는 이 시기를 가장 허무했던 시절로 기억했다. 하지만 마냐는 이 긴 시간 동안 언니가 자리 잡을 때까지 생활비를 전송한다는 약속을 지켰다. 그리고 마냐가 24세가 된 1891년, 마침내 오랜 노력이 결실을 맺었다. 언니는 의사와 결혼했고 브로냐는 마냐가 학비만 마련해 오면 숙식을 책임지겠다며 마냐를 파리로 불렀다.

소르본의 마리

1891년, 폴란드 처녀 마냐는 부푼 꿈을 안고 파리로 갔다. 차비를 아끼고 아끼며. 심지어 독일에서는 주로 가축을 실어 나르는 4등칸이 따로 있다는 것을 알고 4등칸으로 바꿔 탔을 정도다. 검약은 몸에 배어 있었다. 그녀는 1891년 11월 파리 북역에 도착했다. 3년이면 교사가 되어 아버지 곁으로 돌아올 것이라 믿고 있었다. 그렇게 자신이 전혀 눈치채지 못한 운명을 향해 나아갔다. 그리고 이때부터 그녀는 프랑스식 이름인 '마리'로 불려진다. 파리에 도착한 마리는 꿈에 그리던 소르본 대학에 입학하며 전혀 다른 세계에 진입했다. 대다수의 동년배 남자들이 대학을 졸업했을 나이인 24세였다. 그 해 1825명의 소르본 대학 재학생 중 여학생은 23명이었다. 거기다 마리는 수학과 물리학을 전공했고, 폴란드에서 온 유학생이었다. 전교생이 알 만한 희귀한 느낌의 학생이었을 것이다.

소르본 대학 학생시절 마리의 궁핍한 생활에 대한 일화들은 아동용 전기에서 많이 언급되었다. 하지만 이런 일들은 알려진 것처럼 경제적 궁핍 때문만은 아니었다. 앞서 살펴본 것처럼 마리의 생활비는 언니가 책임지겠다는 약속을 하고 있었다. 하지만 자상한 형부의 배려 속에 언니 집에 자리를 잡고 본격적으로 공부하려고 했을 때, 마리는 또 다른 난관을 만났다. 충분하다고 생각했던 자신의 불어실력은 교수들의 빠른 강의를 듣기에 부족했다. 더구나 소르본 입학생 전체가 뛰어난 학생들이었기에 독학했던 수학실력도 동료들에 못 미쳤다. 태어나 수석 이외의 석차를 기록한 적이 한 번도 없었던 마리는 당연히 불안해졌다. 그래서 마리는 등하교 시간을 줄여 공부하기 위해 언니의 만류를 뿌리

소르본 대학
마리가 입학할 당시 소르본 대학은 전교생이 2000명이 채 되지 않았다. 극소수의 프랑스 엘리트들 속에서 마리는 가난한 유학생 신분으로 물리학부를 수석으로 졸업한다. © 남영

치고 학교 근처 건물 6층에서 자취를 시작했다. 엘리베이터가 없는 19세기 말, 고층일수록 임대료가 쌌을 것이라는 것은 충분히 짐작가능하다. 이 시기 마리의 삶에 대한 기록은 괴담 수준이다. 식사시간을 줄여 공부하고, 걸어 다니며 책을 보며, 빵과 버터와 차만 마시고 며칠을 살았다.—가끔씩 달걀 정도로 영양보충을 했다. 겨울에는 추위를 이기기 위해 의자를 이불 위에 올려놓고 잠을 청했다. 의자의 무게감으로 조금은 추위를 더는 느낌이 있었기 때문이다. 평균적으로 새벽 3시에 자서 아침 7시에 기상하는 생활을 반복했다. 당연히 영양실조로 여러 번 실신했다. 결국 어느 날 또 기절했을 때, 소식을 듣고 온 언니가 집으로 데려가며 이 기행은 끝이 났다. 이후 언니 집에서 충분한 영양을 공급받자 마리의 건강은 곧 회복되었다. 이 시간이 학업에 어느 정도 도움

이 되었는지 알 수는 없지만 마리가 느꼈던 절박감의 정도와 학문에 대한 태도는 명확히 보여준다.

타고난 근면성도 있었지만, '가난한' '폴란드' '여학생'으로서의 삼중고 속에 마리는 학문으로 도피했다는 것이 적절한 표현일 것이다. 그녀는 학업기간 친구와의 만남이나 인간적 접촉을 일체 배제했다. 6년을 기다려온 간절한 시간이었기에, 공부를 할 수 있음이 그녀에겐 행복 그 자체였다. 다행히 소르본에는 최고의 교수진이 포진해 있었다. 1908년도 노벨상 수상자가 된 리프만, 천재 수학자 푸앵카레, 후일 프랑스 수상이 된 팽르베 등이 직접 마리를 가르치고 학점을 주었다. 마리는 당대 최고의 지식들을 스펀지처럼 흡수했다. 그리고 그녀의 노력들은 적절한 결과로 이어졌다. 1893년 마리는 소르본 물리학부'조차' 수석 졸업했다. 여성 외국인으로는 최초 사례였다. 이 소식이 프랑스의 폴란드인 공동체 사이에 알려지자 장학금으로 대학원을 다닐 수 있었다. 1894년에 마리는 2등으로 수학석사 학위를 취득했다.—아마도 마리에게는 최초로 2등을 해본 기억이었을 것이다.

27세의 나이에 석사학위를 취득한 마리는 폴란드로 돌아가려고 계획하고 있었다. 늙은 아버지를 모시며 조국의 발전을 위해 무언가 할 수 있기를 꿈꿨다. 하지만 운명처럼 인생의 전환점이 찾아왔다. 지인인 코발스키 교수 집을 찾았을 때, 35세인 피에르 퀴리를 만난 것이다. 첫 만남의 충격은 피에르 퀴리 쪽이 훨씬 컸을 것으로 보인다. 피에르는 자신의 물리화학적 전문용어를 이해하는 '여성'을 처음 만났다. 당시 여성의 대학 재학 비율과 여성의 과학 전공 비율을 고려해봤을 때, 아마도 피에르가 만날 수 있는 동년배 여성 중 프랑스에서 유일한 경우였을 것이다.—어쩌면 '지구 유일'의 여성이었을 수도 있다. 우연이라기엔 희박한 확률의 운명적 만남이었다. 그리고 두 사람은 만남을 지속할수록 사회적 약자를 옹호하고, 인본주의적이고 자유주의적인 공통된 가치관을 거듭 확인할 수 있었다. 둘은 서로를 존경했고, 결국 피에르는 그간의 독신주의를 포기하고 청혼했다. 마리는 아버지 생각에 몇 번을 거절했다. 프랑스에 계속 남아 있을 생각인지 피에르가 물었을 때, 마리는 단호하게 말했다. "나중에 폴란드에서 교편을 잡을 생각이에요……폴란드인은 조국을 버릴 권리가 없어요." 하지만 결혼하면 자신이 폴란드로 함께 갈 수도 있다고까지 말하는 피에르의 간곡한 호소에 결국 생각을 바꿨다. 1895년, 이렇게 인류 과학사에서 중요한 변곡점이 발생했다. 마리가 피에르 퀴리와 결혼했다. 마리는 이렇게 '퀴리 부인'이 되었다. 그리고 전기 작가의 말처럼 이제 두 사람은 '상호숭배'의 시대로 접어들었다.

퀴리 부부(1895~1906)—폴로늄과 라듐의 발견

결혼한 지 얼마 되지 않아 퀴리 부부는 공동 연구를 시작하게 되는데 이 과정에는 몇 가지 우연이 개입되어 있다. 1896년 마리는 중등학교 물리학 교사 자격시험을 통과했다. 언제나 그렇듯 이번에도 수석합격이었다. 맞벌이를 하며 천천히 공동 연구할 생각이었고, 처음부터 빠르고 치열한 연구활동을 꿈꾼 것 같지는 않다. 이는 당연한 귀결이다. 오늘날도 임신, 출산, 육아라는 삼중고는 전문가로서 업적을 꿈꾸는 여성들에게 중요한 난관이다. 19세기 말 결혼한 여성에게 출산은 선택이 아니었다. 그리고 2세를 염두에 두었다면 직업의 포기가 아니면, 최선의 경우라도 몇 년간의 경력단절 또한 당연하게 각오해야 했다. 하지만 장기전을 계획하던 부부의 인생설계는 예상과 다르게 흘러갔다. 1897년 9월 12일 퀴리 부부의 첫딸인 이렌이 태어났다. 출산을 위해 다른 의사를 예약해두고 있었는데 마리의 산통이 너무 빨라 어쩔 수 없이 시아버지인 외젠이 와서 이렌을 받았다. 며느리로서는 조금은 민망했을 과정이 지난 얼마 뒤, 이렌 출생 2주 후 피에르의 어머니가 사망했다. 홀로 된 외젠 퀴리가 아들과 살림을 합치게 되었고, 자연스럽게 이렌을 격대교육 시키게 된다. 그래서 육아 부담이 크게 줄게 된 마리는 빠르게 박사학위 논문연구를 하기로 결정할 수 있었다. 시대가 급했던지 상당한 우연이 동원되어 몇 년 일찍 마리는 운명의 전환점에 들어섰다.

일단 마리가 박사학위 논문을 쓰기로 결정한 뒤, 우리가 아는 퀴리 부부를 있게 한 연구주제 선택은 자연스러운 과정을 거쳐 이루어졌다. 몇 주 동안 고심했고 남편의 조언도 있었지만, 독창적으로 신물질을 연구하고 싶은 개인적 소망이 크게 작용했다. 이 지점에서 마리의 인생은 앞서 언급했던 과학사의 흐름에 개입한다. 최근의 논문들을 살펴보던 중 앙리 베크렐의 1896년 논문에 관심이 갔다. 마리 퀴리가 훨씬 유명했던 뢴트겐의 엑스선 발견보다 베크렐의 방사선—아직은 베크렐 선이었다—발견에 주목한 이유는 무엇이었을까. 간단한 추측이 가능하다. 베크렐은 프랑스인이었고 파리에 있었다. 마리가 다른 국가에 유학했었다면 같은 경우 아마도 엑스선 연구를 선택했을 것이다. 발견자와의 지리적 인접성이 베크렐의 연구를 선택한 계기일 확률이 높다. 결과적으로 탁월한 선택이 되었다. 이후의 상황을 보면 엑스선은 의학적 응용가능성은 많았지만 과학 자체에 새로운 충격을 줄 만한 것이 거의 없었다. 하지만 우라늄에서 나오는 복사선에 대한 연구는 폴로늄과 라듐의 발견과 뒤이어 연쇄적으로 이어진 방사선 연구, 원자구조 연구, 양

퀴리 부부의 신혼여행

퀴리 부부는 자전거로 짧은 신혼여행을 했다.

퀴리 부부

자역학 연구의 시작점이 되었다.

앞서 베크렐은 우라늄은 '스스로' 미지의 복사선을 방출한다는 사실을 알아냈다. 화학반응 같지도 않았고, 관측되는 질량의 변화도 없었다. 어떤 자극도 외부에서 가해지지 않았기에 에너지 보존 법칙을 위배하는 듯 보이는 기이한 현상이었다. 한 마디로 우라늄은 '스스로 아무 이유 없이' 이상한 복사선을 방출 중이었다. 이 베크렐의 발견은 퀴리 부부에게 강한 인상을 주었고, 이 끝없이 방출되는 복사선의 '근원'이 무엇인지 호기심이 생겼다. 아직까지는 베크렐의 논문이 이 분야의 유일한 논문이었기에 박사학위 논문 주제로서 안성맞춤이었다. 그렇게 구체적인 박사학위 논문 주제가 결정되었다.

베크렐로부터 정보를 얻기 가까운 지리적 위치에 있었다는 것과 함께 마리의 무기는 하나 더 있었다. 15년 전 남편이 발명했던 압전기(전위차계) 연구를 이용할 수 있었다. 전하의 정밀측정이 가능한 이 도구를 이용하면 방사능의 양을 정량적으로 측정할 수 있었다. 즉 베크렐은 복사선이 나오는 것만 관찰했지만 마리는 '얼마나' 나오는지 관찰할 수 있었다. 남편이 이미 만들어놓은 결과물이 선도연구 역할을 해줬다. 후일 방사화학분석법이라 불리게 될 이 연구기법이 마리의 강력한 무기였다. 하지만 마리가 활용할 자원 혹은 행운은 여기까지였다. 그리고 그 행운은 후불로 엄청난 대가를 요구했다.

1898년 초까지 반 년 간 마리는 이 연구에 계속 매달렸다. 어떻게 실험해도 우라늄에서 나오는 미지의 복사선은 외부 환경의 영향을 전혀 받지 않고 우라늄의 양에만 비례했다. 베크렐의 연구대로 정말 외부의 어떤 자극과도 무관해 보였다. 현재까지는 우라늄에서만 이 현상이 발견되었지만 우라늄만 이런 특성을 가지고 있을까? 생각이 여기에 미치자 마리는 기존의 모든 화학물질을 검토했다. 그러다가 토륨에서도 동일한 복사선이 나오고 있음을 발견했다. 강도도 비슷했다. 하지만 불과 두 달 전 독일의 게르하르트 슈미트(Gerhard Schmidt, 1865~1949)가 이미 발표한 내용인 것을 뒤늦게 알았다. 아마 마리는 동시발견이 수시로 발생하는 신생분야에서 우선권 논쟁이 얼마나 치열해지는지 이때 깨달았을 것이다. 뢴트겐 이후 이 분야에서는 새로운 연구가 한두 달 단위로 쏟아져 나오고 있었다. 마리는 이후 폴로늄과 라듐의 존재를 '눈치 챈' 이후에는 적극적으로 중간논문들을 발표한다.

어쨌든 이 현상은 우라늄에 국한된 현상이 아니므로 새로운 용어가 필요했다. 그래서 마리는 '방사능(放射能: Radioactivity)'이란 이름을 작명했다.[10] 그렇게 수많은 시료들을 가지고 실험을 반복하던 중 우라늄을 다량 함유한 광물 역청우라늄광(영어로 피치블렌드(Pitchblende), 학명으로는 우라니나이트(Uraninite))이 우라늄 자체보다도 훨씬 강력한 방사능을 내뿜는다는 것을 관찰했다. 역청우라늄광이 내뿜는 방사능을 정밀측정하자, 우라늄 함유량에 비해 네 배 많은 방사능이 방출되고 있음을 확인했다. 많은 동료 과학자들이 실험 실수로 보고 주의해서 실험하라고 조언했다. 하지만 남편의 압전기를 신뢰(?)했던 마리가 고민 뒤에 내놓은 가설은 간단했다. 역청우라늄광에는 강한 방사능을 내뿜는 지금까지 발견된 바 없는 '새로운 원소'가 포함되어 있다는 것이었다. 마리는 이 원소의 추출을 시도했다. 1898년 5월부터는 부인의 가설을 확신한 피에르가 이 원소 분리 연구에 동참한다. 이로부터 이 연구는 부

10 오늘날 우리는 '방사능 오염' 같은 단어처럼 이 용어에 아주 익숙해져 있다. 그리고 방사능을 방사하는 모든 원소는 이제 '방사성 원소'로 불린다.

부의 공동 연구가 됐다. 그리고 우리가 아는 퀴리 부부의 이야기를 만들어갔다. 이 과정은 부부에게 엄청난 명예와 육체적 고난을 함께 가져다주었고 그들이 예상했던 시간을 훨씬 넘겨서야 끝날 수 있었다. 처음 퀴리 부부는 그 미지의 원소가 역청우라늄광 내에 1%는 있을 것이라 보고 작업을 시작했다. 하지만 실제 그 원소의 함유량은 0.0001% 정도였다! 아마도 그때 미리 알았다면 그들은 포기했을지도 모른다.

1898년 6월부터 부부는 역청우라늄광을 갈아 가루로 만들고 산에 녹여 성분을 분리한 뒤 정제하는 과정을 무한히 반복했다. 최종적으로 비스무트 제외한 모든 원소를 분리한 후 측정했을 때, 마리는 "우라늄보다 150배 강함!"이라고 연구노트에 적었다. 그리고 시험관 유리조각 일부에 남은 검은 색 가루를 측정하고 "330배 강함!"이라고 표기했다.—스스로도 놀라워하며 느낌표를 사용했다. 혼합물 속에 비스무트가 적을수록 방사능은 강해짐을 확인했고 이것이 미지의 원소라 확신하고 마리는 '폴로늄'으로 명명했다. 곧 부부는 공저로 「역청우라늄광에 함유된 새로운 방사성 물질에 관하여」라는 논문을 썼다. "우리는 우라늄보다 방사능이 약 400배 강한 물질을 얻었다……우리는 거의 모든 기본물질들의 화합물을 검사했다……따라서……우리는 우리가 추출한 그 물질 속에 아직 발견되지 않은 어떤 금속이 들어있다고 생각한다……만약 그 새로운 금속의 존재가 입증된다면, 그것을 우리 두 사람 중 하나의 조국의 이름을 따서 폴로늄이라 부를 것을 제안한다." 이것이 1898년 7월의 원자번호 84번 폴로늄 '발견'의 과정이다. 당연히 한 가지 의문이 생긴다. 이것은 발견일까? 아니면 그럴듯한 가설의 제시일까? 부부는 '만약 그 새로운 금속의 존재가 입증된다면'이라는 단서를 달았다. 엄밀히 생각해보면 그들은 아직 확인되지 않은 원소를 이름부터 먼저 지은 셈이다.

중간 논문을 발표한 뒤 1898년 9월 연구를 재개했고 같은 과정을 거쳐 12월이 되자 이번에는 역청우라늄광 내의 바륨에서 우라늄보다 900배 강한 방사성 물질이 섞여 있음을 발견하고 라듐(radium)으로 명명했다. 부부는 1900년 파리 만국 박람회 국제물리학회 발표에서 이렇게 분석했다. "방사능은 열역학 제1법칙, 즉 에너지가 한 형태에서 다른 형태로 변환될 수는 있어도 창조되거나 소멸될 수는 없다는 법칙을 위반하는 듯" 보이며 "라듐은 아무 변화도 겪지 않으면서 에너지를 방출하는 듯하다." 믿기 힘든 결론이었고, 사실이라면 물리학은 전혀 새로운 기반 위에 처음부터 다시 정립되어야 했다. 그리고 역사는 결국 그렇게 진행되었다.

영광과 고난

퀴리 부부 인생에서 가장 중요한 기간은 두 원소를 발견하는 1898~1902년 사이의 과정이다. 이 기간 직전인 퀴리 부부의 1897~1898년의 상황을 다시 생각해보자. 1897년 막 서른 살이 된 마리는 두 개의 학사학위와 석사학위, 중등교사 자격증을 가지고 있고, 연구논문 하나를 완성했었다. 그리고 결혼 후 1년차였고 딸을 낳은 상황이었다. 아직은 그리 특별하지는 않은 삶이었다. 그런데 1898년의 몇 달 만에 퀴리 부부는 폴로늄과 라듐의 존재를 인지했고 상황을 정확히 분석했으며 심지어 작명까지 마쳤다. 우리가 아는 퀴리 부부의 업적은 완성되었다. 이 정도면 폴로늄과 라듐의 발견은 극적인 행운이 아닐까? 하지만 실제 상황은 그렇게 녹록지 않았다. 폴로늄과 라듐은 이름만 있는, 어디까

실험실의 퀴리 부부

지나 아직은 가능성 있는 가설일 뿐이었다. 학계는 전혀 새로운 원소가 존재한다는 엄청난 결론을 겨우 이 정도 상황으로 인정할 수는 없었다. 더구나 물질 내로 아무것도 제공되지 않는데 그 안에서 뭔가가 무한히 방출된다는 것이 말이 되는가? 에너지 보존 법칙이라는 물리학의 기본원리는 뭐란 말인가? 어쩌면 너무나 당연하게도 '방사능의 자발적 방사'를 인정할 수 없었던 학계는 '결정적 증명'을 요구했다. 당시 기준에서 새로운 원소의 발견으로 합의될 수 있으려면, 즉 폴로늄과 라듐의 존재를 인정받으려면, 비스무트와 바륨으로부터 순수한 그 두 원소를 추출해서 상당량―눈에 보일 정도는 돼야 한다.―을 모은 뒤 원자량을 측정해야 했다. 이 방법으로 원자량을 측정하려면 수톤의 역청우라늄광이 필요했다. 이는 실현 불가능한 과제로 보였다. 역청우라늄광은 그리 흔한 광물이 아니었다. 하지만 퀴리 부부는 이 정도 난관에 멈추지는 않았다.

피에르는 먼저 전 세계의 방사성 물질 공급원과 여러 경로로 접촉했다. 그리고 보헤미아의 요아힘스털 광산에서 역청우라늄광이 대량으로 채굴되어 도자기 도료와 사진용 색소로 팔리고 폐기물은 야산에 버려져 있다는 것을 알게 된다. 첫 문제는 보헤미아가 프랑스의 잠재적 적국인 오스트리아-헝가리 제국 영토라는 점이었다. 순수과학 연구임을 간곡히 설득해서 오스트리아-헝가리 제국 당국으로부터 역청우라늄광의 판매 허락을 받아냈다. 하지만 처음 제시된 역청우라늄광 가격은 퀴리 부부의 수입으로는 지불이 불가능했다. 결국 몇 번의 흥정 끝에 최종적으로는 광석의 운반비용만 지불하기로 합의했다.―사실 버려진 폐기물에 불과했던 것이라 상대가 돈을 지불할 역량이 거의 없는 고객임을 알자 행정 당국은 빠르게 포기해버렸다.

그 다음은 실험장소의 문제였다. 좁은 소르본 대학 내에서는 수톤의 역청우라늄광을 쌓아놓을 공간이 없었다. 학교 당국과 협의해서 멀리 떨어진 의대 시체 보관 장소였던 헛간을 간신히 제공받았다. "그 헛간은 여름에 용광로처럼 뜨거웠고, 겨울엔 냉동 창고처럼 추웠다." "감자 저장소와 마굿간의 중간"이라고 표현된 헛간에서 작업은 진행되었다. 오스트리아에서 운송되어 오는 몇 톤의 역청우라늄광을 받아 골라내고, 갈고, 용해시키고, 거르고, 침전시키고, 모으고, 다시 용해시키고, 결정화하는 단순작업의 무한 반복이 진행되었다. 피에르는 계속해서 강의를 병행해야 했고, 같은 시간 큰 솥을 휘젓는 작업은 마리의 몫이 되었다. 유독성 기체 때문에 생기는 눈과 목의 통증을 무릅쓰고 1kg씩 하루도 쉬지 않고 끈기 있게 처리했다. 더운 여름에는 마당에서 그 작업을 계속했다. 이 악전고투는 1898~1902년까지의 4년간 계속되었다.

후일 마리는 이 연구과정을 행복하게 기억했다. "우리의 초라한 헛간 안에는 평화가 충만했다……추울 때 난로 곁에서 마시는 한 잔의 차가 우리를 위로했다." 하지만 외부 방문객은 훨씬 현실적인 다른 설명을 남겼다. "연약해 보이는 젊은 여자가 자기 키만큼 큰 쇠막대를 들고, 커다란 솥에 담겨 있는 끓는 용액을 몇 시간씩 유독성 황화수소를 마시며 휘 젓고 있었다." 하루하루가 고되고 단순한 노동의 연속이었다. 이 시기 열악한 실험환경과 라듐과의 접촉으로 부부의 건강은 나빠지기 시작했다. 피에르는 격심한 통증을 겪었고 의사는 류머티즘이라고 진단했다. 오늘날 관점에서는 방사능 피폭에 의한 고통이라는 심증이 충분히 가능하다. 부부의 직업병은 이미 진행 중이었다. 1902년 마리의 아버지가 교통사고를 당했다는 전보를 받았고, 이틀 반이 걸리는 기차여행 중 아버지는 사망했다. 마리는 장례식에만 간신히 도착했다. 아버지의 사망과 과로의 스트레스로 마리는 몽유병 증상을 겪었고, 결국 후유증으로 1903년에는 아기가 유산되기도 했다.

이런 과정 속에 마침내 1902년까지 0.1그램의 라듐이 추출되었고 마리는 원자량을 계산할 수 있었다. 측정치는 225.93이었다. 라듐 원자량은 226이니 작업의 원시성과는 극적으로 대조되는 고도의 정확도였다. 몇 주를 예상했던 연구는 4년 만에 끝났다. 성실함과 사명감에서 타의 추종을 불허하는 두 사람의 역량이 합쳐졌기에 가능한 일이었다. 초인적 용기와 노력이 필요했던 일이고 부부의 건강하고 행복한 인생과 맞바꾼 결과였다. 그리고 그만한 가치가 있었다. 이것은 원자 에너지에 대한 연구가 20세기 물리학의 전면에 등장한 시작점이 되었다.

차녀 이브는 자신이 쓴 어머니의 전기에 이 시기 퀴리 부부의 대화 한 토막을 기록했다. 피에르는 자신이 선택한 삶이지만 정말 힘들다며 딱 한 번 신세타령을 했다. 피에르의 성격을 고려할 때 정말 특별한 경우다. 그간의 고단함 속에 마리 역시 평상시라면 하지 않았을 말로 받았다. 마리가 '만약 우리 둘 중 한 사람이 죽는다면' 남은 사람은 견디지 못할 거라고 하자 피에르는 고개를 저었다. 금방 울음을 터트릴 것 같은 아내의 얼굴을 바라보며 그는 단호하게 말했다. "그런 소리 말아요. 무슨 일이 있어도, 설령 영혼이 빠져나가 빈 껍데기만 남는다 해도 연구는 계속해야 하오." 결국 이 말은 마리의 뇌리에 남은 명백한 피에르의 유언이 되었다.

현대과학의 방향에 결정적 영향을 미친 그들의 연구가 최종적으로 인정받기까지는 이브가 그녀 어머니의 전기에 '창고살이'라고 명명한 이 4년간의 지난한 과정이 필요했다. 1898년부터 상황을 정확히 파악했으나 확인과 인정에는 4년이 걸린 셈이다. 그래서 퀴리 부부의 승리는 1898년이 아니라 1902년이었다. 과학의 발전과정에서 주목할 부분은 유레카의 순간이 아니라 연구가 완성되는 순간임을 분명히 보여주는 이야기다.

부부 노벨상

1899~1904년 사이 퀴리 부부는 32편의 논문을 썼다. 방사능에 대한 연구는 빠른 속도로 과학계에 퍼져 나가기 시작했다. 부부는 새로운 세기 과학의 유행 선두에 있었다. 1903년에는 영국의 램지와 소디가 라듐이 극소량의 헬륨가스를 발산한다는 것을 증명했다. 원소가 화학적인 방법이 아니라 '스스로' 변환될 수 있음을 보여주는 사례였다. 이제 원자는 물리와 화학 분야의 성배로 전면에 등장하고 있었다. 라듐은 의학적으로 종양의 치료 등에 사용할 수 있다는 것이 발견되었고, 엄청난 산업적 잠재력을 가진 것으로 밝혀지기 시작했다. 라듐광풍이 불며 가격은 치솟았고, 1905년에는《라듐》이란 잡지가 등장했을 정도였다. 라듐의 치료 효과가 알려지자 각국은 방사성 광물을 찾는 데 혈안이 되었다. 그러나 라듐을 제조(추출)하는 공정은 쉬운 일이 아니었다. 1903년 박사학위를 받은 얼마 후, 피에르는 마리에게 이 이야기를 꺼냈다. 연구 결과를 남김없이 공개할 것인지, 아니면 라듐의 발명가로서 특허를 내고 제조기법에 관한 국제적 권리를 가질 것인가에 대한 질문이었다. 물론 피에르의 마음도 결정되어 있었을 것이다. 하지만 그는 마리의 선택이 중요하다고 보아 이 질문을 했을 것이다. '특허' 이야기가 나오자마자 마리는 대답했다. "그건 과학의 정신에 위배되는 일이에요." 피에르는 확인차 한 번 더 자세한 설명을 했다. 식구가 있고, 생활은 훨

마리 퀴리

씬 좋아질 것이고, 더 많은 시간을 실험에 쏟을 수 있을 것이고, 훌륭한 실험실도 보장 받을 수 있는 기회를 확실히 버릴 것인가에 대해서. 마리는 단호하게 과학자라면 연구결과를 숨겨서는 안 된다고 대답했다. “더구나 라듐은 아픈 사람을 치료하는 데 쓰일 텐데, 아무리 돈을 많이 준다고 해도 그걸 어떻게 이용해요?” “맞소. 그건 과학의 정신에 위배되는 일이요.” 피에르가 안심하며 대답했다. 부부는 현재 기준으로 보아 수조 원 가치의 특허를 포기했다. 그들은 비가 새는 가건물에서 몇 년의 시간과 건강과 맞바꾼 땀의 결실을 그렇게 값없이 세계에 내놓았다. ‘특허’, ‘산업기밀’, ‘국가경제발전’ 같은 단어로 뒤덮인 오늘날의 과학기술계를 떠올리면 더욱 가슴 먹먹해지는 일화다.

마리의 박사논문 발표는 1903년 6월 12일에 있었다. 명백하게 전혀 새로운 원소 두 가지를 발견했음을 논리적으로 서술한 132쪽짜리 논문에 심사위원들은 마리의 논문은 “역사를 통틀어 모든 박사논문 가운데 가장 위대한 성취”라고 평했다. 1903년 6월 임신 3개월의 몸으로 박사학위를 받은 뒤 8월에 마리는 임신 5개월 상태에서 유산했다. 명성이 올라가는 와중에 부부의 건강은 훨씬 나빠졌다. 피에르는 이 시기 매일 밤 피로와 통증에 신음했고 마리도 빈혈과 만성피로에 시달렸다. 둘 모두 라듐이 원인임을 알지 못했다. 하지만 부부는 내색 한 번 하지 않았다.

퀴리 부부의 연구가 유명해지자 영국왕립협회에서 초청을 한 적이 있다. 하지만 왕립협회에서는 아직도 전통상 ‘여자가’ 강연을 할 순 없었다. 피에르 홀로 강연할 수밖엔 없었지만, 피에르는 당대의 일반적 어법을 깨고 아내의 업적을 계속 강조하며 강연했다. “매우 예설 바르며, 모든 공을 아내에게 돌렸고, 매력적인 소박함을 가지고 있었다.” 피에르의 강연을 들은 캐번디시 연구소장 조지프 톰슨이 내린 평가다. 강연마다 피에르는 분명하게 아내의 공적을 반복적으로 언급했다. 부부의 노벨상 수상은 아마 그랬기 때문에 가능했을 것 같다. 마리의 노벨상 수상은 결코 쉽게 이루어지지 않았기 때문이다. 오늘날 알려진 사실에 의하면 심지어 유명 프랑스인들이 마리의 수상을 조직적으로 방해하기까지 했다. 프랑스 과학 아카데미 회원 네 명이 공동명의로 노벨상 위원회에 보낸 편지는 폴로늄과 라듐 추출 공로를 철저하게 피에르에게만 돌리며 베크렐과 피에르를 공동 수상시켜야 한다고 추천했다. 마리에 대한 단 한 마디의 언급도 없었다. 그 네 명에는 마리의 지도교수이자 1908년도 노벨상 수상자인 리프만과 역시 소르본에서 마리를 가르쳤던 수학 천재 푸앵카레가 포함되어 있다. 이 두 명은 마리가 무엇을 했는지 명확히 알고 있는 사람들이었기 때문에 편지의 성격은 더욱 정확하다. 그들이 왜 그랬는지 알 길은 없다. 분명 일상에서 마리를 아꼈던 사람들임에도 '폴란드인' 혹은 '여성'이 프랑스의 노벨상을 가져간다는 것이 마음에 안 들었을 수 있다고 추정할 뿐이다.—이 편지의 존재가 밝혀진 것은 1980년대이니 마리는 죽을 때까지 이런 일들이 지나간 사실을 몰랐다.

다행히 노벨상 선정 위원 중 한 명인 스웨덴 수학자 미탁-레플러가 마리의 노벨상 수상 방해 음모로 판단하고 유연하게 대응했다. 이때 심지어 노벨상 위원회에서는 관례를 깨고 피에르에게 직접 의견을 타진하기까지 했다.—일반적으로 노벨상 수상자는 결정될 때까지 당사자에게도 후보라는 것이 비밀에 부쳐진다. 위원회에서 베크렐과 피에르 퀴리만의 공동수상을 넌지시 암시하자 피에르의 정확한 설명과 강력한 항의가 있었고, 그 결과 마리의 노벨상 공동수상이 가능해졌다. 여러 문제들을 해결한 뒤 "베크렐은 방사능 연구의 계기를 마련하고, 퀴리 부부는 체계적이고 지속적인 탐구의 공이 있다."는 업적으로 3인의 1903년도 노벨 물리학상 수상이 결정되었다. 마리는 사실상 동일한 연구업적으로 후에 노벨 화학상까지 받게 된다. 그렇게 노벨상은 시상이 시작된 지 3년 만에 '여성'에게 수여되었다. 여러 면에서 신세기를 상징하는 상이었다.

노벨상 시상식에 참석해달라는 초청장에 대한 부부의 소박한 답장은 너털웃음이 나올 정도다. "……총회에 맞춰 저희가 스웨덴으로 가기는 힘들 것 같습니다. 매년 이맘때는 저희 두 사람 모두 담당하는 수업이 있어 자리를 비울 수가 없습니다.……양해 부탁드립니다." 퀴리 부부의 노벨상은 프랑스 공사가 대신 받았다. 그들은 그런 사람들이었다. 하지만 부부가 결코 원하지 않았던 대중적 유명세는 피할 수 없었다. 악착같이 집까지 쫓아온 기자가 마리의 어린 시절이나 현재 심경 같은 이야기들을 질문하자 이렇게 대답했다. "과학에서 관심 가져야 할 것은 사람이 아니라 물질입니다." 반드시 하게 되어 있는 노벨상 수상연설은 1905년 6월에 뒤늦게 이루어졌다. 하지만 이 노벨상 수상연설조차도 피에르만 가능했다. 물론 피에르는 이 연설에서도 마리의 업적을 아주 구체적으로 언급했다. 딸 이렌 퀴리 부부가 노벨 화학상을 받았던 1935년에는 비로소 부부가 공동으로 연설할 수 있었다. 느리긴 했지만 그 사이 세상은 조금씩 바뀌었다.

많은 언론은 이 시기 마리가 상을 받을 자격이 있음을 믿지 않았다. "남편의 연구를 성실하게 도왔고, 남편은 자신이 발견한 것에 그녀가 제안한 이름을 붙였다……그녀는 남편에게 격려와 도움을 주었다." 심지어 연구를 위해 이렌을 방치했다는 식의 기사도 나왔다. "이렌 양은

퀴리 부부와 장녀 이렌

차녀 이브의 경우 아버지와 함께 찍은 사진이 없다. 이브가 돌을 지났을 무렵 피에르가 사망했기 때문이다.

엄마의 노벨상 수상을 위해 내내 혼자 저녁을 먹었다." 호의적이거나 부정적이거나 상관없이 마리에 대한 기사들은 그녀가 '어머니로서의 역할'을 제대로 해내고 있는가에 대해 반드시 사족이 달렸다. 뢴트겐, 플랑크, 아인슈타인 같은 남성 과학자들의 업적을 논할 때 아버지로서의 역할에 대해 언급하는 일은 거의 없음에도 말이다.

부부의 유명세는 높아졌지만 피에르의 병은 차도가 없었다. 그럼에도 그는 자신에게 주어진 의무를 계속해서 묵묵히 수행했다. 그래서 주변인들은 피에르가 밤마다 엄청난 고통에 시달리는 것을 거의 몰랐다. 그나마 좋은 일은 부부가 헛간에서 실험을 하고 있다는 기사에 대해 프랑스 정부가 부끄러움을 느끼고 지원을 시작했다는 점이다. 소르본 대학에는 물리학 교수직 신설되었고 피에르가 그 자리를 맡았다. 또 하나의 다행은 새로운 원소발견의 업적은 화학상에게만 주어져야 한다는 반대 때문에 이 공적에 대한 수상은 미뤄졌고, 마리는 1911년에 한 번 더 노벨상을 받게 되었다는 점일 것이다. 경제적 사회적 상황이 좋아진 1904년 12월에 행복의 상징처럼 둘째 딸 이브가 출생했다. 하지만 세간의 인정을 받고 자신들이 한 일에 대해 보람을 느낄 수 있었던, 그나마 행복했던 이 기간은 길지 않았다.

피에르의 죽음

1906년 4월 19일 오후, 세찬 비가 내렸고, 모임 후 강변길을 걷던 피에르는 인도가 혼잡해지자 차도로 살짝 내려서 걸었다. 평소처럼 생각에 골몰한 채 걷다가 앞을 가로 막고 있는 승합마차를 피해 기려고 옆으로 몇 걸음을 걸었다. 그 순간 쌍두 짐마차가 피에르의 앞에 갑작스럽게 나타났다. 당황해서 급한 대로 말 가슴걸이에 매달렸지만 놀란 말이 앞다리를 들어올렸고 피에르는 미끄러졌다. 마차 앞바퀴는 용케 피했지만 마부가 급히 고삐를 잡았음에도 6톤이 넘는 짐마차의 뒷바퀴가 피에르의 머리를 지나갔다. 47세의 피에르는 이렇게 죽었다. 그의 시신을 검안한 의사는 16개로 조각난 두개골을 맞춰 붕대로 감고 얼굴의 피를 닦았다. 얼굴은 다행히 상하지 않아 붕대를 감아놓으니 상처 하나 없는 초연한 얼굴로 자는 듯한 모습이었다고 한다.

끔찍한 소식을 전하려 이과대학장과 장 패랭 교수가 퀴리 가를 찾아왔다. 외젠 퀴리가 손님을 맞으러 나왔다. 아무 말도 못하고 있는 두 사람의 굳은 표정을 보고 외젠은 상황을 직감했다. "내 아들이 죽었군요." 미어지는 가슴을 안고 "대체 이번엔 무슨 꿈을 꾸고 있었길래……"라는 말을 반복했다. 6시가 되어 마리가 활기찬 표정으로 들어왔다. 정중히 사고소식을 전달받자 그 자리에 그대로 굳어버렸다. 알아들을 수 없다는 표정이었다. 장례기간 내내 퀴리 부인은 '영혼이 빠져 나간' 표정이었다. 혼이 나간 듯한 그녀를 보며 많은 사람들은 불안해했다. 사람들 앞에서 비통한 마음을 말로 드러낼 수 없었던 마리는 몇 주 후 회색 노트에 자신의 괴로움을 토해냈다. 21세기가 되어서도 일부만 발표된 퀴리 부인의 이 유일한 일기장은 퀴리 부인의 슬픔의 깊이를 어렴풋이 짐작케 한다. 한 달여 남편에게 보내는 편지형식으로 그녀가 쏟아낸 문장들은 허튼 설명을 덧붙일 필요가 없다.

"피에르, 나의 피에르. 상처에 붕대를 감고 당신은 평온하게 자고 있네요. 얼굴이 편안해 보이네요. 꿈속에서 길을 잃었나봐요. 내가 먹보라 놀리던 당신 입술은 창백하게만 보여요. 수염은 반백이고, 머리카락도 보이지 않네요. 상처 때문에 잘랐나요. 오른쪽 이마 위 튀어나온 뼈가 보여요. 아! 얼마나 아팠을까. 얼마나 피를 흘렸을까. 옷이 피투성이예요. 충격이 얼마나 심했을지. 내 양손으로 늘 어루만지던 머리인데. 내게 그 머리를 갖다 대고는 눈을 감고 입맞춤을 조르던 당신. 오늘도 그 눈에 입맞춤합니다."

"토요일 아침 당신을 관 속에 넣었어요……차갑게 식은 당신 얼굴에 마지막 입맞춤을 했습니다. 정원에 핀 협죽도 몇 송이, 당신이 '똘똘하고 귀여운 여학생'이라며 아끼던 내 어린 시절 사진도 함께 관속에 넣었어요. 겨우 두세 번 만나고 망설임 없이 같이 살자고 청혼했던 한 여자의 사진을요. 당신이 그랬죠. 살면서 그런 확신은 처음이었다고. 나의 피에르, 당신이 맞았어요. 우리는 함께 하도록 정해져 있었어요. 그래서 함께할 수밖에 없었던 거죠. 관이 닫혀 더 이상 당신을 볼 수 없네요……관 위로 흙이 뿌려지고 꽃다발이 놓였어요. 이제 끝난 거군요. 피에르는 이제 영원히 잠들었어요. 이렇게 끝이라니. 이렇게 모든 것이 끝나는 거라니."

"피에르, 당신이 죽고 처음 맞은 일요일에 나는 시아주버니와 실험실에 갔어요. 우리가 얼마 전 함께 연구하며 측정하던 것을 완성하기 위해서요. 하지만 곧 불가능하다는 것을 깨달았지요. 나는 최면에 걸린 듯 정처 없이 거리를 걸었어요. 자살 같은 건 안 해요. 스스로 목숨을 끊지는 않아요. 하지만 저 많은 마차들 중에 날 당신 곁으로 데려다 줄 마차는 한 대도 없는 걸까요?"[11]

---

11 이브 퀴리의 『마담 퀴리』 중 두 권의 한국어 번역본을 참조하여 일부 발췌하고 인용자 수정함.(조경희 역: 307, 310~311쪽, 안응렬 역: 255~256, 259쪽)

어느 날 비교적 편히 자고 일어난 뒤 15분도 지나지 않아 '짐승처럼 울부짖고' 싶어졌고, 남편이 하던 강의를 자신이 맡았다고 하니 축하한다고 말하던 사람들을 '정말 생각이 없는 사람들'이라고 표현했다. 마음만 아파 태양도 꽃도 더 이상 사랑할 수 없을 것 같다고 비탄에 잠긴 마음을 솔직히 표현한 편지글들은 필자가 본 마리 퀴리에 대한 기록들 중 극히 이례적이다. 그만큼 그녀는 평생에 걸쳐 자신의 마음을 여간해서는 드러내지 않았던 사람이다. "생이 끝나는 날까지 진심으로 웃지 못하게 될 것 같아요." 왜 그렇지 않겠는가. 이후 남겨진 마리의 사진들은 그 말 그대로가 되었다. '미소 짓는 퀴리 부인'의 사진은 남겨진 바 없다. 이후 프랑스 정부가 피에르 퀴리 유족에게 연금지급을 제안했으나 마리는 자신은 아직 젊고 생활비 정도는 스스로 벌 수 있다며 명확하게 거절했다. 이런 악몽 속에서도 세상사는 진행됐다.

1906년 5월 13일 남편을 떠나보낸 지 한 달도 되지 않았을 때 마리는 소르본의 남편 연구를 이어받았다. 이때 그녀가 교수가 되었다고 기록한 책들도 있지만 사실은 연구원 신분이었다. 그 해 마리는 시간을 쪼개 짧은 남편 전기인 『피에르 퀴리』를 저술했다. 피에르를 떠나보낸 반년 뒤인 1906년 11월에야 마리는 남편의 소르본 대학 교수직을 승계했다. 공석이 된 교수 자리를 채우는 데 반년이 걸렸다. 마리가 노벨상 수상자임에도, 피에르의 연구를 가장 잘 이해하는 후계자일 것임이 명백함에도, 쉽지 않은 일이었다. 마리의 교수 취임을 놓고 소르본 대학 내부에서는 갑론을박이 벌어졌다. 이유는 간단하다. 그때까지 소르본에는 '여자' 교수가 존재한 적 없기 때문이다. '전례가 없다'라는 명분은 변화를 반대할 때 단골로 등장하는 전가의 보도다. 그렇게 노벨상을 수상한 여인은 '간신히' 교수가 됐다. 마리의 소르본 교수 취임기념 강연은 엄청난 주목을 받았다. 객석은 가득 찼는데도 검은 상복 드레스 차림으로 마리가 걸어들어 올 때는 그녀의 발자국 소리만 들릴 정도로 적막했다. 마리는 차분하고 냉정하게 물리학 이야기만 하고 퇴장했지만 청중은 그녀가 참고 있다는 것을 알았다. 다음 날의 일기장에 마리는 이렇게 썼다. "내가 당신을 대신해서 교수가 되다니, 이보다 더 잔인한 일은 상상할 수 없을 거예요."

이 슬픈 이야기에 한 가지 덧붙일 에피소드가 있다. 피에르 퀴리는 작년에 스위스 특허청 직원이 방사능의 '원인'에 대한 주목할 만한 문장을 자신의 논문에 곁들였다는 것을 모르고 죽었다. "방사성 반응에서는 물체의 에너지 함량이 눈에 띄게 변화하는데, 이것을 통해 나의 이론을 검증해볼 수도 있을 것이다." 이 문장은 「움직이는 물체의 전기동역학에 대하여」라는 논문에 실려 있다. 오늘날 우리가 편하게 '특수상대성이론'이라고 부르는 논문이며 논문 저자는 26세의 알베르트 아인슈타인이었다.

3

청년 아인슈타인

중국 진(晋)나라 시절, 절강성(浙江省) 구주지방에 왕질(王質)이라는 나무꾼이 살고 있었다. 왕질이 어느 날 산으로 나무를 하러 가 자신도 모르게 깊은 골짜기에 들어갔는데 소나무 밑 에서 두 노인이 바둑을 두고 있었다. 왕질이 도끼를 옆에 세워놓고 구경하고 있으려니까 바둑 두던 노인 중 한 명이 왕질에게 환약 한 개를 주며 먹으라고 권했다. 왕질이 그 약을 받아먹었더니 맛도 좋고 배고픈 줄을 몰라 계속 바둑을 구경했다. 바둑이 거의 끝나갈 무렵 문득 정신이 든 왕질이 귀가하려고 옆에 세워둔 도끼를 찾았으나 그 도끼자루는 썩어서 문드러져 있었다. 놀란 왕질이 서둘러 산을 내려와 자기 집을 찾았지만 집의 모양은 많이 바뀌고 마을에 알던 사람은 아무도 찾아볼 수 없었다. 어떤 사람에게 자초지종을 물어보았더니 그 사람이 대답하기를, 옛날 이 집 주인의 조상인 왕질이라는 사람이 산에 나무를 하러 갔다가 돌아오지 않았다고 전했다. 그제야 왕질은 자신이 바둑을 구경한 사이 수백 년의 시간이 흘렀음을 알게 되었다. 왕질이 산중에서 만난 노인들은 신선이었고, 신선들이 바둑 한판 두는 동안 인간 세상에서는 몇 백 년의 세월이 흘렀던 것이다. 6세기 임방(任昉)의 저서 『술이기(述異記)』에 전하는 얘기다. '신선놀음에 도끼자루 썩는 줄 모른다.'는 속담은 이 이야기에서 비롯되었다.

1905년 발표된 아인슈타인의 새로운 이론은 이런 일들이 실제 가능할 수도 있음을 보여주었다. 시간의 상대적 흐름을 다룬 고사는 많지만, 이를 방정식으로 표현한 사람은 아인슈타인이 분명 최초였다. 상대성이론 이후 의식적으로든, 무의식적으로든 인류의 사유방식은 돌이킬 수 없이 변화되었다. 시간여행을 소재로 큰 인기를 얻었던 웰즈(H. G. Wells, 1866~1946)의 소설 『타임머신(The Time Machine)』이 출간된 지 불과 10년 뒤, 시간여행이 불가능함을 보여준 특수상대성이론이 탄생했다. 그리고 아이러니하게도 상대성이론이야말로 시간여행이라는 소재를 대유행시켰다. 당사자의 주장을 완전히 벗어난 이야기임에도 시간여행과 아인슈타인은 지금도 여러 유사 SF 작품들에서 자주 연결되며 오해를 일으키곤 한다. 20세기 초 등장한 이 기묘한 이론의 의미를 이해하려면 역사 속 조금 먼 길을 돌아가며 살펴볼 필요가 있다.

19세기 말 독일

"상대성이론이 옳은 것으로 밝혀진다면, 독일인은 나를 독일인이라 부를 것이고, 스위스인은 나를 스위스인이라 부를 것이며, 프랑스인은 나를 위대한 과학자라 부를 것이다. 하지만 상대성이론이 틀린 것으로 밝혀진다면, 프랑스인은 나를 스위스인이라 부를 것이고, 스위스인은 나를 독일인이라 부를 것이며, 독일인은 나를 유대인이라 부를 것이다."

—아인슈타인

아인슈타인은 자신이 누구인지, 세상이 자신을 어떻게 바라볼 것인지 잘 알고 있었다. 그의 세상에 대한 생각의 흔적들은 특유의 독설적인 블랙유머들에 뚜렷하게 남아 있다. 마리 퀴리의 인생을 설명하는 데 '폴란드 여성'이라는 말을 뺄 수 없다면, 알베르트 아인슈타인의 인생을 이해하기 위해서는 '독일 유대인'이라는 설명 또한 지나칠 수 없다. 1879년생인 아인슈타인은 19세기 말 유럽제국주의의 절정기에 그 어떤 국가보다 '제국'이기 원했던 독일에서 성장했다. 이 시기 독일 철학과 문학은 힘에 대한 숭배, 전통문화에 대한 찬양이 주를 이루었다. 칸트, 괴테, 베토벤을 숭상하라 가르치면서도 군국주의가 보편윤리로 적용되는 교육환경이었다. 고전에 대한 깊은 이해를 요구하는 한편, 실용적 역량도 중요시했다. 군대식의 엄격한 복종과 인격의 조화로운 발전이라는 모순된 교육목표 속에, 교육과정 도처에는 권위주의와 자유주의가 혼재했다. 한 마디로 아인슈타인 세대의 젊은이들에게 독일교육을 싫어할 이유와 싫어할 힘을 동시에 준 셈이었다. 이를 극적으로 보여주는 것이 김나지움과 대학의 차이였다. 극도의 규율이 요구되던 김나지움을 졸업하고 대학에 들어가면 출석과 시험의 의무가 없었다. 심지어 이 대학 저 대학을 주유하며 마음대로 몇 년의 시간을 보낼 수 있는 엄청난 자유가 대학생들에게 주어졌다. 이런 독일대학의 분위기야말로 20세기가 되면 전혀 다른 철학에 기반한 과학을 만들어낼 수 있는 중요한 자양분이 되었다.

나치 시절 격리되고 있는 유대인들

“유대인들은 유럽기독교 민족과 전혀 다른 혈통을 가지고 있다.” 비스마르크의 친구였던 헤르만 바게너(Hermann Wagener, 1815~1889)도 유대인을 ‘하얀 흑인’에 비유했다. 독일 반유대주의의 씨앗은 이미 아인슈타인의 출생 전부터 잠재해 있었다.

아인슈타인이 태어나기 12년 전, 독일제국에서는 법적으로 유대인들에게 완전한 자유와 평등이 주어졌다. 그래서 재능 있는 유대인들이 전 유럽에서 독일로 모여들었다. 특히 유대인 탄압이 심했던 제정 러시아에서 뛰어난 인재들이 독일로 이동했고, 이들은 이후 독일의 발전에 많은 기여를 했다. 당연하게 반작용도 나타났다. 아인슈타인이 태어나던 1879년에 빌헬름 마르(Wilhelm Marr)는 '반유대주의'라는 단어를 만들고 반유대주의 연맹을 결성했다. 아직은 찻잔 속의 바람이었지만 수십 년이 지나면 거센 폭풍으로 독일 유대인들에게 휘몰아칠 것이었다.

또한 독일의 산업은 정부 주도하에 대기업을 중심으로 부흥해갔다. 당시 독일의 핵심산업 분야는 화학공업과 전기산업이었다. 표백, 염료, 폭약, 비료, 비누, 의약품 등 셀 수 없는 응용화학 분야들의 수요가 늘어났고, 화학회사들은 거대한 카르텔을 형성하며 I.G. 파르벤이나 크룹사 등의 거대 기업들이 등장했다. 전신이나 전기조명, 발전, 전기도금 등 전기산업과 관련된 기술도 큰 자본이 몰렸고 지멘스&할스케-슈커트 같은 기업들이 나타났다. 급속도로 팽창하는 독일산업들은 인구를 도시로 빨아들였다. 이는 과학에—특히 물리, 화학 분야에—상당한 규모의 연구비들이 투입될 수 있는 조건이 되어주었다. 1차 세계대전 직전인 1913년경이 되면 전 세계 전기화학제품의 50%는 독일산이었고, 나머지 절반은 거의 미국 GE에서 만들어졌다. 세계 전기화학산업을 양분한 두 국가가 결국 세계대전에서 적국으로 만났다고 보아도 될 것이다. 1880년대 전기는 2000년대 인터넷 같은 것이었다. 수많은 책이 나오고 많은 사람들이 전기사업에 뛰어들었다. 과학에서도 중심주제였다. 20세기 초반 새로운 과학의 토대가 독일에서 싹튼 것은 그런 과정들의 자연스러운 결과물이었다.

아인슈타인의 유년기

16~17세기 과학혁명기 가장 중요한 과학자로 갈릴레오와 뉴턴을 꼽는다면 큰 이견이 없을 것이다. 이 두 사람의 인생과 업적을 연결하면 조금은 단순화된 과학혁명의 뼈대를 명료하게 살펴볼 수 있다. 재미있게도 갈릴레오가 죽던 해에 뉴턴이 태어났다. 그리고 뉴턴의 업적들은 마치 갈릴레오를 잇는 듯했다. 마치 한 사람의 생애 내에 완성하기에는 너무 큰 과업을 두 명의 인물이 나눠서 완성한 것 같은 느낌을 준다. 유사한 일이 19세기에도 벌어졌다. 맥스웰이 죽던 해인 1879년, 아인슈타인이 태어났던 것이다. 그리고 맥스웰의 업적에 기반해서 아인슈타인은 전혀 다른 형태의 물리학을 만들어냈다. 맥스웰은 전자기학을 완성했고, 아인슈타인은 상대성이론을 만들었다. 전자기학은 현대문명 자체의 기반이며, 상대성이론은 대체 불가능한 현대문명의 상징이 되었다. 두 사람의 업적은 자연스럽게 연결되어 있다.

하지만 아인슈타인은 정확히 뉴턴의 자리를 대체했음에도, 맥스웰은 갈릴레오만큼의 대중적 인지도는 얻지 못했다. 분명히 다른 이들에 비해 맥스웰은 대중적으로 훨씬 저평가되어 있다. 그렇다고 아인슈타인이 맥스웰보다 운이 좋다고만은 볼 수 없을 듯하다. 알려진 내용이 진실이 아니라면 알려지지 않은 것만 못할 수도 있다. 그런 의미에서는 아인슈타인도 유명세만큼이나 오해되고 왜곡된 인물이다. 그가 원자폭탄 개발의 핵심적 인물이라거나, 가정형편이 불우했다거나, 공부를 못했다거나, 수학실력이 형편없었다는 등의 이야기들이 그 전형적인 사례다. 아인슈타인에 대해서는 정체불명의 정보들이 문자화되어 우리 주변을 안개처럼 떠돌고 있다. 그래서 아인슈타인의 유년기에 대한 설명은 상당한 규모의 왜곡을 교정하기 위해 오히려 그 평범성에 대한 강조가 필요할 듯하다.

아인슈타인은 1879년, 독일의 울름에서 교육열 높은 유대인 가문의 아들로 태어났다. 그 해에 맥스웰이 죽었고 막스 플랑크는 박사학위를 받았다. 아버지 헤르만 아인슈타인(Hermann Einstein, 1847~1902)은 자유시민이었다.—독일에서 유대인의 완전한 해방은 1867년이었기 때문에 그 이전부터의 자유시민 신분은 특별한 것이었다. 헤르만은 전기공장을 운영하는 중소기업가였고, 교육열 높은 유대 전통을 따라 아들의 교육에 정성을 쏟았던 인물이다. 1880년 경기불황으로 헤르만은 도산했고, 소도시 울름에서 뮌헨으로 이사했다. 1881년 헤르만은 동생 야콥과 다시 전기사업을 시작해서 발전기와 전기 장비들을 생산했다. 하지만 전기산업은 독점체제로 빠르게 재편되었고, 헤르만 아인슈타인의 중소기업은 유지되기 힘들었다. 헤르만은 아들에게 '전기'라는 강한 인상을 남기고 1894년 또 파산했다. 그 결과 가족은 아인슈타인만 뮌헨의 기숙사에 남겨놓고 이탈리아 밀라노로 이사해야 했다. 이후 아버지는 또 한 번 파산했고, 파비아로 이사했지만 또 실패했다. 헤르만은 사업가로서 운이 없었고 또한 그가 어찌할 수 없었던 거대독점자본의 시대이기도 했다. 이런 이유로 아인슈타인의 유년은 유복한 편이었지만 청년기에 이르러서는 암울한 경제적 궁핍을 잠시 겪어야 했다.

아인슈타인은 말을 배우는 것이 상당히 늦어 네 살이 될 때까지 말을 못했다는 기록들이 있다. 하지만 두 살 아래의 여동생이 태어났을 때 "바퀴는 어디 있는 거야?"라고 정확한 문장으로 물었다는 전혀 상반된 기록도 있다.—아마 부모가 동생이 태어나는 것을 가지고 새로운 장난감을 가지게 되는 것처럼 농담을 했던 모양이다. 후자의 일화가 훨씬

어린 시절의 아인슈타인과 여동생 마야

1884년 5세 때의 아인슈타인. 아인슈타인은 때마다 자녀들을 귀하게 꾸미고 기념사진을 찍어줄 수 있는 유복한 유대인 중산층 환경에서 성장했다.

구체적이라 신빙성이 높다. 또 아인슈타인은 교육도시 뮌헨에서도 수준 높은 루이스폴트 김나지움을 다녔다. 반에서 보통 3~5등의 석차를 유지했고, 수학과 물리학은 전교 최상위권의 실력이었다. 그럼에도 공부를 못했다는 근거 없는 낭설들은 대부분 아인슈타인 스스로가 노년에 남긴 연설들에 기인한 것으로 보인다. 아인슈타인의 입장에서 이것은 사실이었다. 아인슈타인의 주요 지인들—마리 퀴리, 로렌츠, 보어, 슈뢰딩거, 하이젠베르크 같은 인물들—중 아인슈타인보다 공부를 못했던 경우는 사실상 존재하지 않는다. 그들 대부분은 언제나 전교수석이었다. '아인슈타인이 공부를 못했다.'는 말은 적당한 선에서 이해되어야 한다.

김나지움 시절 그리스어 선생님은 아인슈타인에게 "너는 쓸모 있는 인간이 되기는 글렀어."라고 말했다고 한다. 하지만 이것을 모든 선생님들의 아인슈타인에 대한 평가로 보아서는 곤란하다. 아인슈타인은 암기형 교과목을 지독히 싫어했고, 그리스어는 그 대표적인 경우에 속하기 때문에 수업시간 아인슈타인의 태도는 특히 더 불량했을 확률이 높다. 한편 아인슈타인의 정서적 불안정성을 보여주는 유년기의 일화로 자주 언급되는 이야기가 있는데, 아인슈타인이 신경쇠약으로 김나지움을 자퇴했다는 것이다. 하지만 실제 상황은 조금 복잡하다. 아인슈타인의 아버지 헤르만은 사업에 실패한 뒤 이탈리아로 가서 새롭게 사업을 시작하고자 했다. 하지만 아들에게 최고수준의 교육을 해주고 싶은 마음에 아들만 기숙사 생활을 하며 뮌헨에 남게 했다. 그러자 곧 향수병이 생긴 아인슈타인은 가족이 있는 이탈리아로 가려고 자신이 신경쇠약이라며 자퇴를 신청했던 것이고, 학교는 이를 받아들였다. 아인슈타인은 가족 곁으로 가기 위해 과장되게 그럴듯한 핑계를 댔을 확률

김나지움 시절의 아인슈타인

노년의 아인슈타인을 떠올리면 겸손하고 조용한 학자의 이미지가 연상된다. 하지만 10대의 아인슈타인은 반항기 가득한 건방진 학생에 가까웠다. 아인슈타인은 독일교육과 군국주의에 대한 반감을 평생에 걸쳐 표현했다. 앞줄 오른쪽에서 세 번째가 아인슈타인.

이 높다. 이것이 아인슈타인의 '신경쇠약'과 '자퇴' 사건의 전모였다.

아인슈타인이 대학입시에 실패했다는 이야기도 종종 언급되곤 한다. 그 세부 과정은 다음과 같다. 김나지움을 자퇴하고 가족을 찾아온 아들을 보고 아버지는 걱정이 되었다. 김나지움 졸업장이 없다면 일반적인 독일어권 대학들에서는 입학이 불가능했다. 이전 세대 유대인에게는 차단되어 있었던 대학교육의 기회를 자신의 아들이 발로 차버리는 것이 헤르만에게는 참을 수 없는 일이었다. 여러 곳을 수소문하던 아버지 헤르만은 마침내 취리히 연방공과대학(이후 취리히 공대로 표기)에서는 입학시험만 합격하면 김나지움 졸업장을 요구하지 않는다는 것을 알아냈다. 아버지는 곧 아들을 데리고 먼 길을 떠났다. 스위스 취리히까지 찾아왔으나 아인슈타인이 아직 17세가 되지 않아 입학시험을 치를 수 없다는 통보를 받는다. 김나지움 중퇴자니 아직 입학연령이 되지 않은 것이다. 하지만 아버지는 아들이 신동이라고 우기며 입학시험을 치르게 해달라고 거듭 부탁해서 간신히 특례로 시험을 치를 수 있었다. 시험 결과 물리학과 수학 등의 교과목은 충분히 합격권이었으나, 외국어, 화학 등의 교과목은 당연히 아직 배우지 않은 내용들이었기에 낙제였다. 학장은 아인슈타인의 아버지를 불러 불합격을 통고했다. 하지만 이런 조건을 덧붙였다. 일단 불합격이지만 수학과 물리학 수준은 충분히 뛰어나니 근처 스위스의 김나지움에 가서 1년 정도만 더 배워 졸업장을 받아오면 다음에는 입학시험을 면제하고 합격시켜주겠다고 한 것이다. 그 정도로 아인슈타인의 수학과 물리학 실력은 충분히 인상적이었다. 이것이 아인슈타인의 대학입시 실패의 스토리다. 다음 해인 1896년, 아인슈타인은 아라우 주립 김나지움을 졸업하고 약속대로 취리히 공대에 입학했다. 같은 해 신청했던 독일국적 포기가 승인되어 이

제 아인슈타인은 무국적자가 되었다.

취리히 공대시절

반골정신으로 가득 찬 아인슈타인은 대학시절을 포함한 자신의 학창시절에 호의적인 말들을 남겨둔 것이 거의 없다. 하지만 사실 최소한 취리히 공대는 그에게 학자로서 성장할 수 있는 적절한 요람이 되어주었다고 볼 수 있다.

19세기 말 취리히 공대의 위상은 어느 정도였을까? 물론 당대 최고의 수학과 과학중심지는 베를린, 괴팅겐, 뮌헨 등을 언급해야 할 것이다. 하지만 당시 취리히 공대는 독일어권 대학에서 수학과 물리학은 최고 수준으로 인정받고 있었고, 여성에게 문호를 개방한 사실상 최초의 유럽대학으로 진보적 학풍을 가지고 있었다. 아인슈타인은 학생 수만 적었지 충분히 유럽의 명문대학으로 인정받는 학교에 다녔다. 그리고 아인슈타인을 가르쳤던 교수들 역시 뒤에 살펴볼 헤르만 민코프스키를 포함해서 모두 최고의 교수진들이 포진해 있었다. 우수한 교수들뿐만 아니라 함께 수학한 아인슈타인의 동기들도 역량이 높았고 아인슈타인에게 호의적이었다. 특히 동급생 마르셀 그로스만은 수시로 수업을 빼먹는 아인슈타인에게 계속 노트필기를 빌려주어 학업을 따라갈 수 있게 도와주었다. 그리고 남들에게 언제나 이렇게 말했다. "아인슈타인은 굉장히 위대한 인물이 될 겁니다." 그로스만은 이후로도 지속적으로 아인슈타인의 인생에 디딤돌을 놓아주었다. 그는 1902년 아인슈타인의 취업에도 결정적 역할을 했다. 뿐만 아니라, 심지어 1912년 일반상대성이론으로 나아갈 수 있도록 리만 기하학의 존재를 가르쳐

19세기 말 취리히 전경

19세기 말의 취리히는 레닌, 트로츠키, 로자 룩셈부르크 등의 추방된 혁명가들이 모여들었던 곳이다.

준 것도 그로스만이었다.

하지만 아인슈타인은 이 축복받은 환경에 그리 감사하지는 않은 듯하다. 입학 후 아인슈타인은 곧 동급생 밀레바 마리치와 사랑에 빠졌다. 그리고 '형편없는 강의' 따위는 들을 필요 없다며 마리치를 꾀었고 둘은 함께 자주 결석했다. 교수들과의 관계는 당연히 좋지 못했다. 민코프스키는 아인슈타인을 아예 '게으른 개'라고 부르기도 했다. 학창시절 흥미로운 일화 한 가지가 전해진다. 실험시간에 아인슈타인이 실험지도 진행서를 쓰레기통에 버리는 것을 발견한 페르네 교수가 조교에게 불만을 얘기했을 때 조교는 이렇게 대답했다. "하지만 그의 방법은 매우 흥미로우며, 해답도 언제나 옳습니다."

밀레바 마리치
아인슈타인의 첫 부인 밀레바 마리치. 마리치는 부친의 기대 속에 취리히에 왔지만 아인슈타인과 사귀면서 학업은 뒷전이 된 듯하다.

아인슈타인은 모든 권위를 싫어했고 주입식 교육은 경멸했다. 모든 사람은 동등했고 위나 아래는 없었던 사람이다. 하지만 이런 생각은 멋있어 보이는 수준을 지나 노골적으로 표출되었다. 다시 말해 그는 청소부와 대학교수에게 똑같은 어법을 구사했다. 심지어 학생시절 아인슈타인은 베버 교수에게도 '베버 교수님'이 아닌 '베버 씨'로 호칭했다. 이런 행동양식은 나이가 든 뒤 그를 인자하고 소탈한 사람으로 보이게 하겠지만, 젊은 아인슈타인은 건방진 반항아로 그의 상사들을 분노케 할 뿐이었다. 당시 베버 교수가 아인슈타인에게 전한 충고는 적절해 보인다. "자네는 똑똑한 친구일세. 하지만 한 가지 단점이 있어. 누구의 말도 들으려 하지 않는다는 것이지." 이런 특징은 일상생활에서 많은 이

아인슈타인의 대학시절
친구들과 함께한 사진. 취리히 공대 물리학 전공자 졸업시험 점수는 콜로스 60, 그로스만 57.5, 에라트 56.5, 아인슈타인 54, 마리치 44점이었다. 마리치는 다음해의 졸업시험에서도 탈락해서 결국 졸업장을 받지 못했다. 맨 오른쪽이 아인슈타인을 계속해서 도와주는 그로스만이다.

들을 피곤하게 하고, 동시에 새로운 것을 찾아낼 확률을 높이기 마련이다. 전자의 상황은 아인슈타인의 이웃들이 당했고, 후자의 결과는 우리가 누리고 있다.

아인슈타인이 대학을 꼴찌로 졸업했다는 유명한 이야기에도 부연설명이 필요할 듯하다. 물리학을 전공한 아인슈타인의 동기생이 모두 다섯 명이었다는 사실을 알게 되면 이 스토리의 분위기는 조금 달라진다. 졸업시험에 응시한 다섯 명의 학생 중 아인슈타인의 여자친구인 밀레바 마리치가 5등으로 낙제했고, 아인슈타인은 4등으로 간신히 졸업시험에 합격했다.—당시 불과 다섯 명이 듣는 전공수업에 아인슈타인은 마리치와 함께 수시로 결석했으니 어쩌면 당연한 결과였다. 또 당시의 대학생은 오늘날의 박사학위 소지자보다도 드문 엘리트에 속했다.[12] 이 경우 4등 졸업을 '꼴찌'라는 표현으로 단순화하는 것은 틀리지는 않지만 경박한 것일 것이다.

졸업 후 학과에서 두 명 뽑는 조교에는 당연히 뽑히지 못했다. 물리

12 1914년 제1차 세계대전이 발발했을 때 독일제국의 대학생 수는 6만 명이 채 되지 않았다. 2020년 현재 대한민국의 박사학위 소지자는 30만 명이 넘는다. 아인슈타인의 '꼴지' 졸업은 이러한 당시 시대상황을 감안하고 이해해야 될 일화 중 하나다.

학과 교수들은 아인슈타인 대신 다른 과 학생들을 조교로 뽑았다. 어느 교수가 아인슈타인을 조교로 뽑으려 했겠는가? 그리고 이후 취업난 속에서 20대 실업자 생활을 거쳤고, 소개를 통해 '전공과 무관하게' 스위스 특허청에 취업했다. 그렇게 안정적인 직장을 구한 뒤 여자친구였던 마리치와 1903년 결혼했고 곧 장남 한스가 태어났다. 사실 여기까지의 아인슈타인 인생에서 특별한 것은 별로 없다. 많은 서적들이 아인슈타인이 어려서부터 뭔가 달랐다는 증거를 찾으려 하나, 사실은 웬만큼 총명했고 어느 정도 방황하고 반항하는 평범한 학생으로 보는 것이 옳을 것이다. 아마도 대부분의 위인 이야기에서 언급되는 모범적이거나 인상적인 사례들이 아인슈타인의 유년에서는 거의 찾아볼 수 없다는 것 자체가 아인슈타인의 특성이 아닐까 싶다.

실제 우리가 아인슈타인의 인생에서 놀라워해야 하는 것은 바로 이 이후의 인생이다. 특히 1905년! 그의 인생은 너무나 평범한 1905년 이전과 너무나 비현실적인 1905년 이후로 뚜렷이 나눠진다. 1905년의 몇 달 사이 표면적인 아인슈타인의 인생에서는 충격적인 불연속이 발생한다. 아인슈타인이 이 해에 해낸 일들로 말미암아 과학사학자들은 1905년을 '기적의 해'로 이름 지었다.

아버지의 편지

"아들 때문에 감히 고명하신 교수님께 편지 드리는 못난 아비를 용서하시기 바랍니다. 제 아들 알베르트는 스물두 살로 4년 동안 취리히 연방공과대학을 다녔고 작년 여름 우수한 성적으로 졸업했습니다. 물리학을 계속 공부하려고 지금까지 계속해서 조교 자리를 구했지만 성공하지 못했습니다……그 아이가 열심히 노력하고 있으며 과학을 지극히 사랑한다는 것을 확실히 보증할 수 있습니다. 불행하게도 그런 아이가 지금 실업자로 지내면서, 자신이 인생에서 낙오했다는 자괴감에 빠져 있습니다. 거기다 부모에게 큰 부담을 주고 있다는 생각으로 더욱 고통스러워하고 있습니다. 아들이 다른 어떤 학자보다 존경하는 교수님께서 아들의 논문을 읽어주시고, 가능하면 몇 마디 격려의 말씀이라도 해주신다면, 제 아들이 다시 일하며 살아가는 재미를 느낄 수 있을 겁니다. 도와주십시오. 감히 부탁드립니다. 덧붙여 혹 교수님께서 그 아이에게 조교 자리를 마련해주실 수 있다면 더욱 감사드리겠습니다. 무례한 편지를 너그러이 용서해주시기 바랍니다. 제 아들은 이런 유별난 일이 벌어지고 있다는 것을 알지 못합니다."[13]

아인슈타인은 졸업 후 1년 이상 여러 대학 교수들에게 자신을 조교로 뽑아달라는 편지를 계속해서 보냈다. 당연히 대부분 답신은 없었다. 1901년 라이프치히 대학의 빌헬름 오스트발트(Friedrich Wilhelm Ostwald, 1853~1932, 1909년도 노벨 화학상)에게는 자존심을 접고 두 번째 편지까지 보냈다. "지난번 편지에 제가 주소를 쓰지 않은 것 같아 답신할 수 있는 주소를 보냅니다."라는 궁색한 변명과 함께 보낸 두 번째 편지에도 답장은 오지 않았다. 그의 아버지는 낙담하고 있는 아들 몰래 위의 편지를 보냈다. 물론 이 또한 답장은 받지 못했다. 재미있게도 이 오스트발트는 9년 뒤 아인슈타인을 노벨상 후보로 추천하게 된다. 고등학교를 중퇴한 아들을 대학에 보내려 먼 스위스를 찾아가고, 아들의

13 『아인슈타인: 삶과 우주』 89~90쪽에서 일부 발췌하여 인용자 수정함

대학 졸업 뒤에는 이 절절한 편지를 썼던 헤르만 아인슈타인은 불행해 보이는 자신의 아들이 마음에 차지 않는 세르비아계 여성과 사귀며 실업자 생활을 전전하던 때인 1902년 55세의 나이로 죽었다. 아들이 어느 정도의 유명인사가 될지 전혀 알지 못한 채. 이 편지는 나중에 발견되어 라이프치히 대학 박물관에 전시되어 있다.

밀레바 마리치

아인슈타인의 첫 부인 밀레바 마리치(Mileva Maric, 1875~1948)는 세르비아계로 헝가리 태생이었다. 출생 때부터 고관절에 문제가 있어 다리를 절었다. 하지만 어려서부터 수학, 물리학, 음악, 미술 등에 뛰어난 재능을 보였다. 그녀의 아버지는 여학생의 대학 입학이 어려웠던 동유럽에서 여러 경로를 통해 노력한 결과, 사실상 유일하게 여성이 입학인 가능했던 취리히 공대에 딸을 보내 입학시켰다. 마리치는 뒤에 보게 될 리제 마이트너처럼 딸을 지극히 사랑하고 딸의 인생을 응원해주는 아버지를 가졌었다. 하지만 마리치의 인생은 마이트너처럼 진행되지 못했다. 대학에 입학한 마리치는 곧 네 살 연하였던 아인슈타인을 만나 사랑에 빠졌다. 그리고 이후 학업은 등한히 한 것으로 보인다. 졸업시험을 통과하지 못했고 그녀는 아인슈타인의 첫 부인으로서만 언급되는 삶을 살았다.

아인슈타인이 아직 실업자 신세였던 1902년, 마리치는 딸을 혼전임신으로 출산했다. 이 딸의 존재는 아인슈타인이 죽고도 30년 이상이 지난 1987년에야 알려졌다. 이 사실은 주변 인물들 거의 대부분이 몰랐던 것 같다. 고향집에 돌아간 마리치는 딸을 출산하고 돌봤고, 아인슈타인은 멀리서 편지를 보냈는데 딸을 '리제를'이라는 애칭으로 부르고 있다. 그

아인슈타인 부부 사진
부부의 미래를 암시하듯 아인슈타인은 시큰둥한 표정이다.

편지 몇 편이 80년 이상 지나 발견되고서야 아인슈타인의 자녀가 둘이 아니라 셋이었다는 것이 알려진 것이다. 아인슈타인 딸의 존재가 알려진 뒤 그 생존 확률로 인해 관심거리였다. 편지들을 분석해봤을 때 생후 2년이 안 되어 성홍열로 사망했거나 입양되었을 확률이 가장 높다.[14] 이후 리제를에 대한 어떤 언급도 없었고, 마리치는 특허청 직원이 된 아인슈타인 곁으로 돌아와 아무 일 없는 듯 결혼했다. 후일 아인슈타인이 마리치와 사이가 나빠진 뒤에 "나는 의무감에 결혼했었다." 같은 퉁명스런 말

14 아인슈타인이 미국에서 망명생활을 하고 있던 1935년, 영국에서 자신이 아인슈타인의 딸이라고 주장하는 여성이 나타난 적이 있었다. 아인슈타인은 당시 조용히 사립탐정을 통해 사실인지 조사를 해달라는 반응을 보였다. 이 이야기로 보아 그는 자신의 딸이 어딘가 살아 있을 수 있다고 믿었던 것 같다. 여기까지가 현재 알려진 아인슈타인 딸 이야기의 전부다.

들을 남긴 배경에 대해 조금 더 유추하게 하는 부분이다.

마리치는 결혼 후 1903년에 장남 한스를, 1910년에 차남 에두아르트를 낳았다. 하지만 이후 부부 사이는 계속해서 멀어졌다. 1914년 별거에 들어갔고 1919년에 아인슈타인은 이종사촌 엘자와 재혼하기 위해 마리치와 공식적으로 이혼했다. 이후 아인슈타인에게 버림(?)받은 밀레바가 굉장한 생활고에 시달렸고, 미국에서 아인슈타인이 명성을 누리는 동안 그녀는 피아노와 수학 교사 일을 하며 간신히 생계를 유지했다는 식의 이야기들은 극단적으로 단순화된 측면이 있다. 1914년 별거에 들어갔을 때 아인슈타인은 3개월마다 생활비를 보내주겠다는 약속을 꼬박꼬박 지켰지만 1차 대전의 인플레이션 속에 마리치는 월세를 내기 위해 어린 시절 빛나던 자신의 재능을 겨우 수학과 피아노 교습을 하며 생계를 유지하는 데 사용해야 했다. 1919년 이혼조건으로 아인슈타인은 자신이 노벨상을 '받으면' 상금은 모두 마리치에게 주기로 했었다. 놀랍게도 두 사람 모두 아인슈타인이 곧 노벨상을 받으리라는 것에 어떤 의심도 없었던 듯하다.

1922년 결국 노벨상을 받자 아인슈타인은 약속대로 상금을 마리치에게 주었다. 마리치는 집 세 채를 사서 두 채는 월세를 준 뒤 취리히 공대가 보이는 3층으로 이사 가서 죽을 때까지 지냈다. 아인슈타인과의 학창시절 추억이 쌓인 곳을 바라보며 남은 생을 보낸 셈이다. 그리고 나머지 상금 일부는 독일은행에 예금해두고 이자를 일정기간마다 마리치에게 이체시켰다. 문제는 1차 세계대전 이후 독일의 초인플레이션 때문에 이자소득이 가치가 사라졌고, 1933년 이후에는 아인슈타인의 미국망명으로 독일 내 아인슈타인 자산이 모두 몰수되었다는 것이다. 그리고 이후 2차 대전 등의 시대상이 겹치며 아인슈타인이 마리치에게 도움을 줄 수 있는 상황이 되지 못했다. 어쩔 수 없이 말년의 마리치는 곤궁하게 살아야 했지만 그 원인이 아인슈타인의 야박함 때문이라 보기에는 무리가 있다.

장남 한스는 후일 미국에서 공대 교수가 되는 등 정상적인 삶을 살아갔지만 차남 에두아르트는 20대부터 두통과 환청에 시달리며 극심한 정신질환을 앓았다. 1947년 마리치는 정신병원에 에두아르트를 만나러 가다가 빙판에 미끄러져 반신불수가 되었다. 1948년 5월, 마리치는 뇌졸중이 발작했고 8월 4일 홀로 병원에서 쓸쓸히 사망했다. 이후 에두아르트는 1965년 55세로 정신병원에서 사망했고, 한스는 1973년 70세에 심장마비로 자연사했다.

한때 마리치의 수학적인 뒷받침이 아인슈타인에게 상당한 힘이 되었을 것으로 추정하는 경우도 있었다. 하지만 이 역시 무리한 추측으로 보인다. 마리치의 파트너로서의 역할은 어디까지인가에 대해 일정 기간 논쟁이 있었지만 학창시절과 이후 생활의 어떤 기록에서도 그녀의 물리학적 재능은 찾아지지 않았다. 마리치가 남긴 편지 어디에도 물리학은 없었다. 분명 마리치는 아인슈타인의 과학적 업적에 특별한 기여를 했을 것이다. 하지만 그것은—특별한 증거가 찾아지지 않는 한—과학적 기여는 아니었을 확률이 높다. 그러나 분명히 다음 사실은 기억되어야 할 것이다. 1896~1914년 사이 아인슈타인은 가장 창조적인 시기를 밀레바 마리치와 함께했다. 다시 말해 상대성이론이 발전하는 거의 전 과정을 함께했다. 둘의 사이가 어떤 형태였든지 간에 아인슈타인의 창조성을 발화시키는 데 마리치는 많은 역할을 했을 개연성이 높다.

기적의 해

1900년 7월, 신세기를 앞두고 아인슈타인은 대학을 졸업했다. 하지만 앞날은 불투명했다. 모든 교수들에게 미움 받던 그는 모교의 조교자리를 얻지 못했고, 2년간 가정교사 등의 잡다한 일을 하며 생계를 유지했다. 1901년 2월에 변변한 직장이 없었음에도 스위스 시민권을 취득한 것이 그나마 좋은 소식이었다.[15] 독일국적 포기 후 아인슈타인은 5년간 무국적자였다. 그 와중에 여자친구 마리치를 임신까지 시켰다. 아인슈타인의 부모가 보기에 아들과 마리치의 결혼은 반대할 충분한 이유로 가득 차 있었다. 마리치가 네 살 연상인데다, 신체결함으로 다리를 절었고, 외국의 소수민족 출신이었다. 서글픈 일이지만 자신들이 유대인으로서의 차별을 겪어왔던 만큼 역설적으로 세르비아계 소수민족 며느리는 더더욱 싫었을 것이라는 점도 짐작가능하다.

1901년의 혼전임신 결과 1902년에 마리치는 딸을 출산했다. 걱정거리 아들을 두고 아인슈타인의 아버지는 그 해 10월에 심장병으로 죽었다. 아인슈타인에게는 최악의 해가 될 뻔했다. 다행히 친구 마르셀 그로스만의 아버지가 백수 신세인 아들 친구의 취업을 위해 이리저리 애를 써주었고, 그 덕택에 1902년 6월 아인슈타인은 베른의 스위스 특허청에 3급 기술관으로 취업했다. 보수도 좋고 종신직인 데다 여유시간도 충분히 주어지는 공무원 생활이었다. 이제 생계가 가능해진 아인슈타인과 마리치는 결혼을 밀어붙일 수 있었다. 다음 해의 결혼은 아마도

15 군대와 전혀 어울릴 것 같지 않은 아인슈타인은 다음 달에는 병역의무 수행을 위해 당당히 신체검사까지 받았다. 하지만 평발 등의 이유로 병역면제 처분되었다.

올림피아 아카데미

왼쪽부터 콘라트 하비히트, 모리스 솔로빈, 아인슈타인. 거창한 이름의 이 독서토론 모임은 사실 회원이 세 명뿐이었다. 하지만 아인슈타인은 이 모임에서 많은 것을 얻었다. 함께 칸트, 마흐, 흄, 스피노자 등의 저작을 읽으며 자신의 철학을 정리하고 새로운 과학을 전개할 힘을 축적해갔다.

혼전임신에 대한 책임문제와 어머니 혼자서는 더 이상 결혼을 반대할 수 없었기 때문에 가능했을 것으로 추정된다. 1903년 1월 6일 두 사람은 독서토론 클럽인 올림피아 아카데미의 두 친구 콘라트 하비흐트와 모리스 솔로빈을 증인으로 호적사무소에서—사실상 혼인신고뿐인—결혼식을 했다. 물론 주변인 아무도 부부에게 혼전 출산한 딸이 있었다는 사실을 몰랐다. 사망했는지 입양되었는지 알 수는 없지만 아인슈타인의 딸은 사람들 앞에 한 번도 나타난 적 없었다.

1902년을 기점으로 딸 출생, 부친 사망, 정규직 취업, 결혼이라는 사건들이 연이어 지나갔다. 여러 사람들의 도움으로 아인슈타인은 간신히 그럭저럭 생계를 유지하는 가장이 되었다. 다음 해 아들 한스를 낳았고 급여는 신통치 않았다. 그럼에도 가장인 아인슈타인은 여전히 생계와는 무관한 서적들을 읽는 회원 세 명뿐인 '올림피아 아카데미' 같은 독서토론 클럽을 즐기고 있었다. 그렇게 2년이 흘러갔다. 무엇으로 설명해도 분명 기적이라고밖에는 불릴 수 없는 1905년은 그렇게 시작되었다.

"하비흐트에게. 우리 사이에 너무 오랫동안 엄숙한 침묵이 계속되어 이제 잡다한 이야기로 고요함을 깨뜨리는 것이 마치 신성모독죄처럼 느껴지는군……왜 자네 박사학위 논문은 보내주지 않나? 가련한 친구여. 자넨 내가 재미있게 그 논문을 읽어줄 1.5명 중 한 명인 것을 모르는가? (논문을 보내주면 자네에게) 나는 대신 4편의 논문을 약속하지. 첫째 논문은 빛의 복사와 에너지 특성에 대한 것이네. 자네 논문을 먼저 보내주면 그것이 얼마나 혁명적인지 알게 될 걸세. 둘째 논문은 원자의 실제 크기를 결정하는 방법에 대한 거라네……셋째 논문은 액체에 떠 있는 1000분의 1미리미터 수준의 입자가 열에 의해 무작위 운동을 하는 것을 증명한 것이네. 부유 입자들의 그런 움직임은 브라운 분자운동이라고 부르고 실제 관찰되었지. 넷째 논문은 아직은 불완전한 초고 상태지만, 시공간의 이론을 변형한 움직이는 물체의 전기 동역학에 대한 것이네."[16]

아인슈타인이 올림피아 아카데미 독서토론 클럽의 동료였던 콘라트 하비히트에게 1905년 5월 말에 보낸 편지의 일부다. 이 편지는 아인슈타인이 1905년에 한 일이 무엇인지 잘 보여준다. 짐짓 자랑삼아 친구에게 장난스럽게 보낸 편지지만 그 내용은 정확한 요약이다. 아인슈타인은 3, 4, 5, 6월에 하나씩의 논문을 썼다. 5월말 현재 후일 특수상대성 이론으로 불리게 될 네 번째 논문은 아직 미완성 상태였다. 각 개별논문은 모두 혁명적인 내용을 담고 있었다.

두 번째 논문은 아직 원자의 존재 자체가 논란의 대상이던 시절에 원자의 진짜 크기를 측정하는 방법에 대한 것이었다. 세 번째 논문은 무작위적 충돌에 대한 통계학적 분석을 이용해서 액체를 구성하는 미시적 입자의 움직임을 설명하고 있었다. 브라운 운동에 대한 이 논문 역시 원자와 분자가 실제로 존재한다는 점을 확실히 전제하고 있었다. 원자론에 기반한 두 번째와 세 번째 논문도 학술적 가치는 매우 컸다. 하지만 첫 번째와 네 번째 논문이 너무 유명해져서 대부분의 대중서적에서는 언급조차 되지 못하는 경우가 많다.

첫 번째 논문의 제목은 「빛의 생성과 변환에 대한 발견적 견해에 대하여」이다. 이 논문은 광전효과에 대한 분석 논문이다. 광전효과는 금속에 빛을 쪼였을 때 전자가 튀어나오는 현상이다. 이 논문에서 아인

16 『아인슈타인: 삶과 우주』 127~128쪽에서 일부 발췌하여 인용자 수정함

1905년의 세계─러일 전쟁

한국사에서 1905년은 을사늑약이 맺어진 해다. 대한제국은 이 해에 외교권을 일본에 빼앗기고 식민지로 전락하는 비극적 시기를 겪게 된다. 일본은 러시아를 무너뜨리고 비유럽국가 중 유일한 제국주의 열강의 일원으로 인정받으며 아시아 역사에 불길한 그림자를 드리웠다. 하지만 과학사에서 1905년은 결정적 분기점이다. '기적의 해(annus mirabilis)'라 불릴 정도로 혁명적인 해는 과학사에 단 둘뿐이다. 뉴턴의 기적의 해 1666년과 아인슈타인의 기적의 해 1905년이다. 홀로 미적분을 만들고 빛의 스펙트럼을 분석하고 만유인력 기본이론까지 정립했던 1666년 24세의 뉴턴처럼, 아인슈타인은 불과 26세인 1905년 3월부터 6월까지 충격적 돌파를 이뤄냈다.

슈타인은 마치 보편법칙인 것처럼 플랑크가 몇 년 전에 제시했던 '양자(quantum)' 개념을 과감히 사용해서 깔끔한 설명을 이끌어냈다. 아직은 양자가 애매한 개념이었던 시기로 양자개념을 제시한 플랑크마저도 임시방편으로 생각하던 때였다. 처음에는 이 논문 내용에 대해 플랑크조차 반대했었다. 빛을 단순히 파동이 아니라 입자의 흐름으로 볼 수 있다는 주장을 담고 있기에 나중에 이 논문은 광양자설 논문으로 불리게 된다. 이 논문으로 후일 아인슈타인은 노벨상을 받게 된다.—노벨상을 받은 것은 상대성이론이 아니다! 광전효과 논문은 제목에도 나타나듯이 방향 제시는 되었지만 결정적 증명이 이루어지지는 않았다. 이후 아인슈타인은 계속해서 새로운 연구를 시작시켰고 그의 가정들은 '남들이' 차례로 증명해주었다. 아인슈타인의 연구에 매력을 느낀 수많은 과학자들이 그의 이론에 몰려들었다. 그런 의미에서 아인슈타인과 그의 시대는 서로에게 행운이었다.

1905년 가장 중요했던 업적은 곧 완성될 6월의 논문, 바로 특수상대성이론이다. 1905~1916년 사이 아인슈타인은 세계과학을 '휘어진' 시공으로 이끌고 갔다. 이 논문은 그 시작점이었다. 아직 시공을 휘어놓지는 못했지만 '늘어나고 줄어드는' 상대적인 것들로 만들어버렸다.

아인슈타인의 광양자론

빛은 파동인가? 입자인가? 이 논쟁은 아주 오랜 역사를 가지고 있다. 이미 17세기에 뉴턴은 빛을 입자로 바라보았고, 하위헌스(Christiaan Huygens, 1629~1695)는 파동이라고 해석하며 논쟁이 시작되었다. 이 과

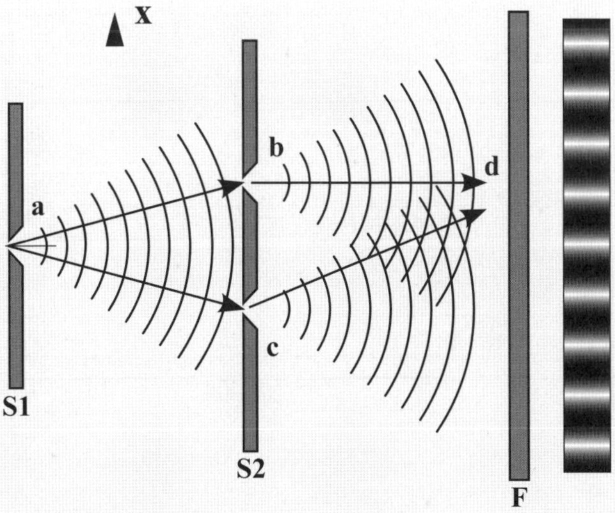

영의 이중슬릿 실험
역사상 가장 아름다운 실험으로 자주 언급된다. 이 실험에서 빛의 파동적 특성이 여실히 드러났다.

정에서 광 에테르의 개념은 빛의 파동성을 설명하기 위해 제시되었다. 파도가 바닷물이 있어야 전달되고 소리가 공기가 있어야 전달되듯 빛이 파동이라면 그것을 전달할 매질이 반드시 있어야 할 것이다. 아직 검출하지 못한 그 매질을 광(光) 에테르라 불렀다. 이 현대적 에테르 개념은 1678년 하위헌스가 만든 것이다. 이 파동론적 빛의 개념은 18세기까지 뉴턴의 입자론에 밀려 주목받지 못했다. 하지만 19세기에 상황은 역전된다. 1801년 영(Thomas Young, 1773~1829)의 이중슬릿 실험은 세기적 실험으로 꼽힌다. 이 실험은 하위헌스의 에테르 이론을 결정적으로 부활시켰다.

먼 태양이나 별들로부터 빛이 지구까지 전달되고 있다. 그러니 만약 빛이 파동이라면 빛을 전달하는 매질 에테르는 우주 전체에 가득 차 있

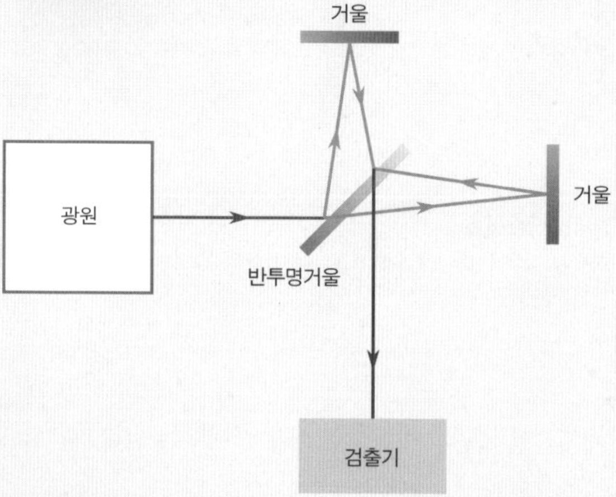

마이컬슨–몰리 실험

이 복잡한 실험으로 마이컬슨은 에테르를 검출할 수 있을 것으로 보았다. 이 장치는 백색 광원을 반투명 거울을 사용해서 직각으로 나눠진 두 개의 광선으로 만든다. 나눠진 광선은 거울을 통해 다시 중간지점으로 반사되어 돌아온다. 중간으로 반사된 광선은 다시 결합되어 빛이 이동한 시간차에 따라 보강 또는 상쇄 간섭 무늬가 일어난다. 만약 에테르가 있다면, 지구의 운동은 간섭무늬에 특정한 변화를 일으킬 것으로 예상되었다. 하지만 실험은 에테르의 어떤 증거도 찾지 못했고 곧 아인슈타인의 광양자설 논문이 나왔다. 마이컬슨은 끝까지 아인슈타인의 광양자론을 받아들이지 않았다.

어야 할 것이다. 19세기 내내 광 에테르에 대한 과학자들의 입장은 분명해졌다. '존재하나 지각할 수 없는 것'이었다. 그렇게 파악한 이유는 그것이 있어야만 설명되기 때문이다. 1827년 발간된『자연과학의 요소들』

에서는 에테르를 다음과 같이 설명한다. "우리는 이 매질이 무엇인지 모르며, 이 매질 자체는 지각할 수 없고, 다만 매질의 영향에 의해서 볼 수 있게 되는 대상들만 지각할 수 있으므로, 영원히 이 매질이 무엇인지 모를 것으로 보인다……하지만 중요하지 않다……만일 우리가 현상의 법칙을 안다면 말이다. 그 법칙들은 실제 거의 중력의 법칙만큼 완벽하게 발견되었다." 이 마지막 문장은 역설적 예언이 되었다. 이후 이 에테르 개념은 뉴턴의 중력개념만큼이나 완벽하게 붕괴되었던 것이다. 그것도 단 한 사람, 바로 아인슈타인에 의해서.

1860년 출간된 프랑스 교과서의 설명은 좀 더 구체적이 되었다. "미세하고, 질량이 없고, 매우 탄력적인 에테르라는 유체는 우주전체에 퍼져 있다. 에테르는 모든 물체 속으로 스며든다. 가장 조밀하고 불투명한 물체 속이나 가장 가볍고 투명한 물체 속이나 스며든다." 이처럼 19세기 후반이 되면 에테르라는 가정은 일반적인 것이 된다.[17] 이후 과학자들은 발전된 실험기구들을 동원하여 에테르를 실험적으로 검출하기 위해 많은 노력을 기울였다. 특히 마이컬슨-몰리 실험은 그 대표로 꼽힌다. 20세기까지 에테르를 검출하기 위한 과학자들의 노력은 계속되었지만 그 어디에서도 에테르가 존재한다는 증거를 찾을 수 없었다. 아인슈타인은 바로 이런 상황에서 1905년의 광양자설 논문을 만든 것이다.

광양자설 이론의 핵심 포인트는 쉽게 표현가능하다. 빛은 파동적 입자이고, 입자적 파동이라는 것이다. 이건 무슨 소린가? 빛이 입자인지 파동인지를 놓고 200년 가까이를 싸워왔더니 아인슈타인은 능청스럽게 둘

17 오늘날 이 에테르라는 것은 틀린 개념이 된 듯하지만, 사실 곰곰이 생각해보면 이름만 바뀌었다. 어떻게 보면 이 설명은 힉스입자에 대한 설명으로도 적당한 표현들이다.

다 옳다는 결론을 내려버렸다. 그리고 빛은 입자로서도 행동하니 먼 태양에서 지구까지 빛이 도달하는 데 필요한 매질 같은 것, 즉 에테르는 필요가 없어져 버렸다. 아이러니한 해결이었다. 광양자설 논문에서 빛의 파동-입자 이중성의 제시는 현대과학의 또 다른 분기점이다. 빛이 파동이기도 하고 입자이기도 하다는 이 주장은 후일 드브로이에게 결정적 인상을 준다. 아인슈타인의 광양자론에서 시작해서 드브로이는 물질파 개념을 창안하고 이는 양자역학의 완성에 결정적 돌파구를 열었다. 아인슈타인은 몇 달 새 양자론과 상대론을 모두 시작시킨 셈이다. 아인슈타인은 광양자설 논문만으로도 과학사에 이름을 남겼을 것이다. 하지만 석 달 뒤에 쓴 특수상대성이론 논문의 파급력은 이 논문의 영향력을 훨씬 뛰어넘은 것이었다.

4

특수상대성이론

먼 미래에 인류의 과학이 발전하여 광속의 90% 속도로 이동할 수 있는 우주선을 개발하는 데 성공했다고 가정해보자. 지구에서는 이 우주선으로 1년 반이 걸리는 우주공간에 가서 임무를 수행할 20세의 우주인을 선발해 임무에 투입시켰다. 그 우주인은 쌍둥이 중 형이었다. 그 우주인이 임무를 완수하고 3년이 지나 지구에 돌아왔을 때 상황은 어떻게 변해 있을까? 특수상대성이론은 이 경우 어떤 일이 발생할지 명확한 수학적 추정을 제공한다. 광속 90% 속도로 계속해서 이동하며 3년을 보내고 돌아온다면 지구는 30년 정도의 시간이 지나 있게 된다. 우주에 다녀온 쌍둥이 형은 23세, 동생은 50세가 되어 있을 것이다……이것이 '과학'이 아니었다면 분명 동화로 치부될 이야기였을 것이다. 이 충격적이고 황당한 결론을 함축한 이론 체계를 아인슈타인은 1905년 6월, 26세의 나이로 완성시켰다. 하지만 이 이론의 탄생은 어느 날 갑자기 한 명의 이단적 천재에 의해 이루어진 것은 아니었다. 19세기 내내 누적된 과학 전반의 모순을 해결하기 위해 당시 많은 학자들이 고군분투하고 있었다. 19세기에도 역학에서는 뉴턴이 세워놓은 위대한 법칙이 200년 동안 안정적으로 지속되었다. 그만큼 뉴턴의 작업은 거대했다. 하지만, 19세기 과학의 지형도에서 심각한 모순은 전자기학을 둘러싸고 발생했다. 패러데이-맥스웰-헤르츠로 이어지는 전자기학의 발전은 물리학에 묘한 긴장감을 형성하기 시작했다. 뉴턴역학과 전자기학의 내용은 충돌하고 있었다. 무언가 다른 설명이 필요하다는 것은 분명했다.

19세기 전자기학의 발전

마이클 패러데이(Michael Faraday, 1791~1867)는 1831년에 자석의 기계적 운동으로 전류를 얻을 수 있음을 보였다. 이로써 전기학과 자기학의 통합과정이 뒤따르고 전동기와 발전기의 발명으로 이어졌다. 또한 패러데이는 자기 작용은 거리에 비례하며 점진적 시간이 필요함도 알았다. 즉 만유인력처럼 먼 거리를 뛰어넘어 즉시 영향을 미치지 않는 것이다.[18] 또한 그는 전기와 자기는 빛의 한 형태임도 분명히 간파했다. 그러나 인정받지는 못했다. 패러데이는 자신의 이 빛나는 생각을 수학화할 능력이 없었기 때문이다.

패러데이의 연구를 최종적으로 완성한 사람은 맥스웰(James Clerk Maxwell, 1831~1879)이다. 맥스웰은 역선이 모든 공간을 지나간다는 패

---

18 이 부분에서 전자기학은 뉴턴역학의 설명 형태와 달랐다. 뉴턴에 의하면 만유인력은 아무리 먼 거리라도 즉시적으로 작용한다. 결국 후일 아인슈타인은 뉴턴의 설명이 틀렸다는 것을 보여주었다.

마이클 패러데이

하층민 출신이었던 마이클 패러데이. 현대 전자기학은 그로부터 비롯되었다. 그는 독학으로 놀라운 경지에 도달했다. 하지만 정규교육을 받지 못해 수학적 재능이 부족했고 이 부분은 끝끝내 그의 약점이 된다. 패러데이는 우아한 방정식을 만든 것이 아니라 자신의 주장들을 시각적으로 보여줌으로써 직관적이고 명쾌하게 전자기의 비밀을 밝혀냈다. 그의 설명은 언제나 쉽고 단순해서 그가 자기력선을 보여준 방식은 지금도 초등교육에서 그대로 쓰이고 있다.

제임스 클러크 맥스웰

패러데이의 이론을 수학화한 인물. 그래서 오늘날 전자기학은 패러데이-맥스웰의 기반에 서 있다. 아마도 현재 공대에서 배우는 내용의 대부분은 맥스웰 방정식이 없었다면 사라질 내용들일 것이다. 그의 공식들은 현대문명 자체의 기반이다.

러데이의 생각을 수학적 형태로 표현하는 데 성공했다. 자기력이 미치는 범위를 자기장(magnetic field)이라 부르고 전기력선이 미치는 범위는 전기장(electric field)이라 부르며 자기장과 전기장이 서로 어떤 관계에 있는지 보여주는 방정식을 만들었다. 이 방정식들은 특정 조건하에서 서로 꼬이며 공간 속에서 '빛의 속도'로 파동 치며 움직인다는 예측을 내놓았다. 맥스웰 방정식은 전기와 자기는 진공 속에서 광속으로 움직임을 보임으로써 빛도 전자기 현상의 하나라는 것을 시사했다. 맥스웰 방정식은 중력 이외의 모든 힘을 설명할 수 있었다. 이렇게 맥스웰

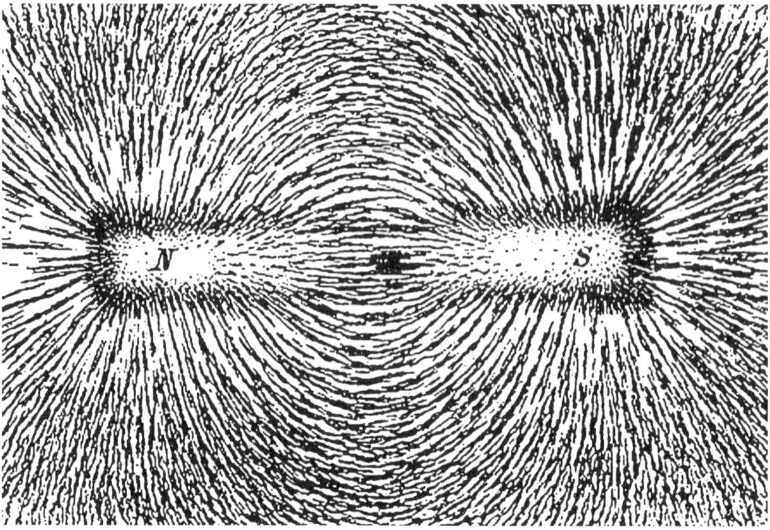

전자기장

우리는 초등학교 시절 자석 위에 유리판을 놓고 그 위에 쇳가루를 뿌려보며 전자기장을 눈으로 관찰할 수 있었다. 이 놀라운 장면을 최초로 보여준 사람이 패러데이이다. 이 단순한 실험은 사실 엄청난 깨달음을 던져준다. 우리 눈에 보이지 않는 전자기의 힘의 선(역선)이 전 공간에 가득 차 있는 것이다. 요즘은 너무 어린 시절에 이 내용을 배우기 때문에 그것이 얼마나 충격적인 것인지를 느낄 기회가 별로 없다.

$$(1)\nabla E=\frac{\rho}{\epsilon_0}$$

$$(2)\nabla B=0$$

$$(3)\nabla\times E=-\frac{\partial B}{\partial t}$$

$$(4)\nabla\times B=\mu_0 i+(\mu_0\epsilon_0)\frac{\partial E}{\partial t}$$

맥스웰 방정식

이 세련되게 요약된 네 개의 방정식 위에 현대 전기문명은 건설되었다. 아마도 오늘날 공과대학의 학과 절반 이상이 이 방정식에 기반해서 존재하고 있을 것이다. 더 나아가 이 실용적 방정식들과 더 유명한 뉴턴역학의 딜레마 속에서 상대성이론이 탄생했다.

은 패러데이와 함께 현대 물리학의 기반을 만들었다. 20세기의 라디오, 텔레비전, 레이더, 통신위성을 비롯한 모든 전자제품들 역시 맥스웰 방정식의 적용사례다. 현재 공대 학과의 절반 이상은 그의 공식 위에 서 있다고 해도 과언이 아니다. 물론 맥스웰 방정식이 없었다면 나머지 학과들도 지금의 모습은 아니었을 것이다. 상상하기 쉽지 않지만 너무나 간략한 네 개의 방정식 위에 현대문

1866년 대서양 해저전신 개통

19세기 말 전신은 유럽제국들의 '신경망'이 되었다. 진정한 의미의 제국주의는 유럽열강이 전 세계를 해저전신으로 연결하고 난 이후에야 가능해졌다. 19세기 중반까지 식민지에서 반란이 발생하면 식민모국에 상황을 알리고 명령을 받아 체계적 반란진압이 진행되기까지는 거의 반 년 이상이 필요했다. 따라서 식민지들은 기본적으로 어느 정도의 자치가 불가피했고 식민모국의 영향력은 약했다. 하지만 해저전신망이 전 세계로 연결되자 이제 런던에서는 인도에서 발생한 반란을 바로 '그날' 알 수 있게 되었고, 지구 반대편의 군대를 즉각 적절한 지역에 투입시킬 수 있었다. 거대한 생명체처럼 움직이는 진정한 '제국'은 해저전신망을 통해 완성되었다. 맥스웰 방정식과 제국주의의 연관성을 생각해볼 때 과학은 우리 생각보다 훨씬 다양한 형태로 우리의 역사에 개입하고 있음을 알 수 있다.

하인리히 헤르츠
헤르츠는 오늘날 우리가 사용하는 스마트폰, GPS, TV를 비롯한 모든 통신기기의 기반이 되는 전파의 존재를 실험적으로 확인했다. 그리고 빛은 눈에 보이는 전자기파일 뿐이라는, 혹은 전자기파가 곧 빛이라는 패러데이와 맥스웰의 이론을 검증하며 젊은 아인슈타인의 작업에 중요한 방향을 제시했다.

명이 존재하고 있다.[19]

맥스웰의 이런 선구적 이론들은 처음부터 받아들여진 것은 아니었다. 1860년대, 전기산업과 관련된 계산들은 뉴턴역학과 유사한—전기 작용이 먼 거리를 떨어져서도 즉시적으로 일어난다는—관점을 가진 방정식들을 사용하고 있었다. 하지만 1866년 대서양 해저전신 개통은 하나의 분기점이 된다. 영국-프랑스 간 해저전신에서는 문제가 되지 않았던 방법들이 대서양이라는 긴 거리를 통해 해저전신 케이블을 설치하게 되니 실패가 계속되었다. 결국 대서양 해저전신은 맥스웰의 방법론을 적절히 받아들이면서 해결되게 되고 실용적 측면에서 먼저 패러데이와 맥스웰의 시각은 어느 정도 인정받았다. 1873년에 맥스웰은 자신의 성과를 종합적으로 정리해서 『전자기론』을 출판했다. 이 책의 출판으로 맥스웰의 전자기학 체계는 완전한 형태로 세상에 알려졌다.

하지만 많은 학자들이 처음부터 맥스웰에게 호의적이지는 않았다. 특히 독일 과학자들은 맥스웰 이론과는 전혀 다른 전자기학 체계를 구축해가고 있었다. 독일에서 맥스웰의 전자기학이 수용되고 결과적으로 상대성이론의 출현으로 이어지게 만든 사람은 하인리히 헤르츠(Heinrich

---

19 실제로 1865년 맥스웰이 발표한 이론은 20개의 미지항이 포함된 20개의 미분방정식으로 만들어졌다. 이후 단순화하고, 텐서기법들을 가미해서 현재 쓰이는 4개의 맥스웰 방정식으로 요약될 수 있었다.

Hertz, 1857~1894)였다. 맥스웰 사후 조금 뒤 독일의 헤르츠는 두 영국인—패러데이와 맥스웰—의 연구에 무게를 싣는 결정적 실험을 한다. 헤르츠는 맥스웰 이론에 대해 8년간 연구 끝에 1886년 전기력이 진공 속에서 광속으로 전파된다는 사실을 실험적으로 증명했다. 전파의 존재를 실험적으로 증명한 헤르츠의 작업은 독일에서 맥스웰의 전자기학을 급속도로 전파시키는 결과를 낳았다. 또한 실용적 측면에서는 마르코니(Guglielmo Marconi, 1874~1937)의 1895년 무선전신 발명을 낳음으로써 무선통신시대를 개막시켰다.

굴리엘모 마르코니
헤르츠가 발견한 전파를 응용해 마르코니는 무선통신 시대를 개막시켰다. 19세기가 전신의 시대였다면, 20세기는 전파를 사용한 무선통신의 시대가 됐다. 19세기에야 성립한 전자기학은 꼬리에 꼬리를 물고 인류에게 신기술을 선사했다. 그리고 자연의 본질에 대해 새로운 눈을 뜨게 해주었다. 그것은 뉴턴이 제시했던 우주와는 많이 달랐다.

이렇게 19세기 말이 되면, 전자기력의 전달 과정의 비밀은 중요한 문제로 떠올랐다. 전자기장 개념을 떠받치기 위해서는 매질이 필요해 보였다. 모든 공간에 가득 차 있는 빛을 전달하는 매질인 광 에테르는 매우 모순적인 특성을 가져야 한다. 모든 물체에 완전하게 스며들어 있어야 하지만 빛을 적절히 전달하기 위해서는 무한히 단단해야 했다. 하지만 1887년 마이컬슨-몰리의 주목할 만한 실험에서도 에테르 속에서 지구가 움직인다는 증거를 전혀 발견하지 못했다.

요약하면, 헤르츠가 맥스웰이 옳았음을 실험으로 보였고, 무선전신은 그 이론의 실용적 응용을 명확히 보여주었다. 따라서 에테르는 이론상 존재해야 했지만 아무도 발견하지 못하고 있었다. 맥스웰의 이론은 아인슈타인이 대학에 입학하던 무렵에는 나온 지 20년 정도가 지난 최신의, 매력적인, 그러나 논쟁적 이론이었다. 아인슈타인의 대학입학 10년 전에 헤르츠의 실험이 있었고, 무선통신의 성공이 아인슈타인의 대학입학 1년 전의 일이었다. 젊은 물리학도 아인슈타인에게는 이 최근의 과정들이 매력적으로 다가왔을 것이다. 이제 전자기학과 광학은 합쳐져야 했다. 이것이 20세기가 시작할 무렵 아인슈타인 앞에 놓인 상황이었다. 이런 상황에서 아인슈타인이 고민했던 연구 질문은 한마디로 요약가능하다. "만약 내가 광속으로 날아가며 거울을 본다면 내가 보일까?"

특수상대성이론의 시작

상식적으로 생각해보면 내가 빛의 속도로 날아가고 있다면 광속의 빛은 나와 속도가 같으므로 정지한 듯 보여야 할 것이다. 그렇다면 내 얼굴을 떠난 빛은 결코 내 눈으로 돌아올 수 없을 것이다. 그렇다면 거울 속에 내 얼굴은 나타나지 않을 것이다. 이것이 우리의 상식과 뉴턴역학이 제시하는 결과다. 하지만 맥스웰 방정식은 광속은 어떤 관찰자가 보아도 불변의 속도로 관찰될 것이라고 결론내리고 있다. 이 말은 내가 광속으로 날아가더라도 내 눈에 빛은 여전히 광속으로 관측될 것이라는 사실이다. 그렇다면 광속으로 날아가더라도 거울 속에 내 얼굴은 여전히 비칠 것이다. "빛의 속도로 날아갈 때 거울을 보면 내가 보일까?"라는 질문은 정확히 "뉴턴과 상식이 맞을까? 패러데이와 맥스웰이 맞을까?"라는 질문과 같은 의미다.

전기산업계에서 맥스웰의 이론은 이미 잘 사용되고 있었다. 따라서 경험상 '유용했다.' 하지만 물리학 내에서는 분명 더 권위 있는 이론체

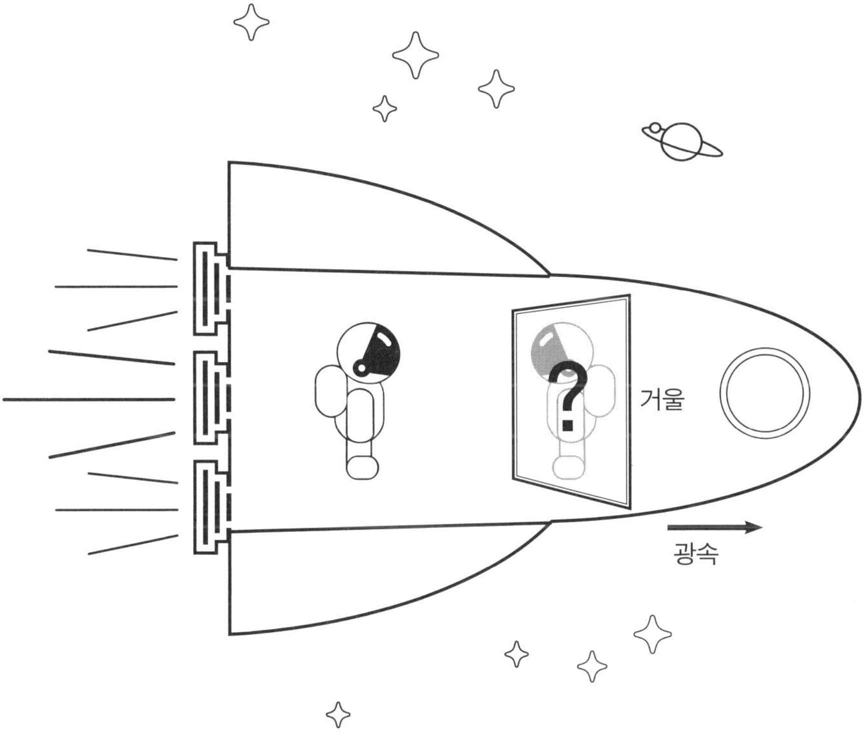

광속으로 날아가며 거울 보기

광속으로 날아가며 거울을 보면 빛은 나보다 '빨리' 날아가 거울에 닿아 반사되어 내 눈에 보이게 될까? 아니면 빛은 결코 거울에 닿을 수 없어서 내 얼굴은 보이지 않게 될까? 질문을 바꿔볼 수 있다. 나온 지 200여 년 이상이 지나 철저한 검증을 거쳤고 직관적이고 합리적으로 느껴지는 뉴턴의 이론을 선택하겠는가? 아니면 세상에 나온 지 30년밖에 지나지 않는, 불변의 속도 광속이라는 전제를 가진 맥스웰의 이론을 선택할 것인가? 상식적 선택은 자명했지만 아인슈타인은 올바른 것이 무엇인지 본능적으로 알아보았다.

계와 모순을 일으키고 있었다. 뉴턴역학과 충돌하는 것이다. 더구나 경험적 상식과도 충돌했다. 맥스웰 방정식에는 중요한 함의가 들어 있었다. 빛은 전자기파의 일종이며 빛을 포함한 모든 전자기파는 언제나 동일한 속도, 즉 광속으로 관찰되어야 한다는 것이다. 맥스웰에 의하면 광속은 불변량이다. 이것은 관찰자가 어떤 운동을 하고 있는가와 완전히 무관하게 어떤 관찰자에게도 광속은 일정하게 관찰되리라는 중요한 예언을 함축하고 있었다.

자, 한 가지 간단한 가정만 생각해봐도 맥스웰의 설명은 모순처럼 보인다. 편하게 광속이 초속 100미터라고 가정해보자. 내가 빛을 쏘고 1초가 지났다면 빛은 100미터를 날아간 것으로 관찰될 것이다. 그런데 내가 빛을 쏠 때 A라는 사람이 빛이 날아간 방향을 향해 1초간 10미터를 달려갔다면 그 빛은 A에게 어떻게 보이겠는가? A가 10미터를 쫓아갔으니 A가 보기에 빛은 90미터만 날아간 것 아닌가? 그렇다면 A에게 빛은 초속 90미터인 것으로 관찰될 것 아닌가? 그런데 맥스웰 방정식은 둘 다 광속을 초속 100미터로 관측하게 될 것이라 말하고 있다. 이 모순된 상황을 어떻게 받아들일 것인가? 맥스웰이 틀렸을 것이라고 판단하는 것이 합리적이지 않겠는가? 그런데 아인슈타인은 전혀 다른 선택을 했다. 아인슈타인은 이를 '맥스웰 편에 서서' 해결했다. 광속불변의 원칙을 유지시키기로 한 아인슈타인은 '간단한' 아이디어로 상황을 만족시켰다.

어떻게 해야 A와 내게 광속은 모두 초속 100미터일 수 있을까?

내겐 1초가 지났지만 A에겐 0.9초가 지나간 것으로 보면 된다……

만약 B가 1초에 20미터를 달려갔다면 빛은 B에게 80미터를 날아간 것으로 관찰될 것이다. 그렇다면 B는 0.8초가 지나간 것이다. 만약 C가

1초에 30미터를 달려갔다면 빛은 C에게 70미터를 날아간 것으로 관찰될 것이다. 그렇다면 C에게는 0.7초가 지난 것이다. 그런 식으로 생각하면 모두에게 광속은 언제나 일정하다……

그게 전부다. 무언가 더 설명이 필요하다고 생각될 수 있겠지만, 실제로 정말로 그게 전부다. 만약 처음 이 설명을 들은 것이라면 한동안 멍해지기 마련이다. 하지만 '어려운' 이야기는 결코 아니다. 단지 너무 '낯선' 이야기일 뿐이다.

알다시피 속도는 거리를 시간으로 나눈 값이다. 거리(분자)가 줄어들면 시간(분모)을 이에 맞춰 따라 줄이면 속도는 일정하게 유지될 것이다. 시간(분모)이 늘어나면 거기에 맞춰 거리(분자)를 적당히 늘이면 역시 속도는 일정하게 유지될 것이다. 다시 말해 상대적 속도가 빨라질수록 그 관찰대상의 시간은 천천히 흐르고 길이는 줄어들게 만들고, 관찰대상의 상대적 속도가 줄어들면 반대로 시간은 빠르게 흐르고 길이는 늘어나게 처리하면 되는 것이다. 이렇게 하면 속도는 언제나 일정하게 유지시킬 수 있다. 아인슈타인은 바뀐 상황에 맞게 거리나 시간을 적당히 늘리거나 줄이면 광속을 일정하게 유지시킬 수 있음에 착안한 것이다. 이것이 아인슈타인의 핵심적인 초기 아이디어다. 물론 논문은 이를 만족시키기 위한 긴 수학적 정규화의 과정이 뒤따라야 한다.[20] 아인슈타인의 특수상대성이론의 핵심은 바로 나의 시간과 너의 시간이 다르게 흐를 수도 있다는 발상 자체였다. 아인슈타인은 처음부터 철

---

20 그 수학적 과정은 이 책의 범주를 벗어난다. 대학의 물리학과들에서는 특수상대성이론을 한 학기 동안 한 과목으로 배운다. 상대성이론 자체를 설명하는 책은 많이 출판되어 있으니 아쉽지만 여기에서는 상대성이론의 시작과 결과에 대한 설명으로 만족하기로 하자.

저하게 광속을 유지시키기 위한 방법'만' 찾았다. 그래서 대신 다른 절대적인 것으로 보이는 것들을 완전히 무시하기로 했다. 그 결과 시간과 공간을 상대화시키면 광속이라는 속도를 불변량으로 유지시킬 수 있음을 간파했다. 과감히 맥스웰의 편에 서서 시간의 절대성을 완전히 포기하자 해결의 실마리가 나왔던 것이다.

광속 측정

광속은 어떻게 측정되었을까? 역사적으로 최초의 광속측정은 1676년의 뢰머(Ole Christensen Rømer, 1644~1710) 실험을 들 수 있다. 뢰머의 광속계산은 갈릴레오가 발견했던 목성의 위성이 아이디어를 제공했다. 목성의 위성 이오가 목성을 공전하며 목성 뒤로 돌아갔다 나오면서 보였다 안 보였다 하는 상황을 반복하는데 이 주기적 현상을 관찰하던 중 이상한 결론에 도달한 것이다. 이오의 목성 공전속도는 일정할 텐데 이상하게도 이오가 나타나는 주기는 느려졌다가 빨라졌다가를 반복했다. 뢰머는 이것은 지구가 태양을 공전하면서 목성에서 점점 멀어지면서 빛이 조금씩 늦게 도착하게 되고, 다시 목성에 가까워지면서 빛이 빨리 도착

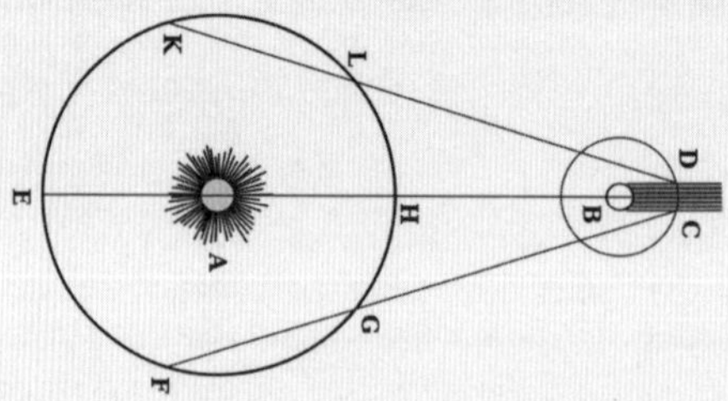

뢰머 실험 그림

하게 되어서 발생한 현상이라고 추론했다. 빛의 속도가 유한하다고 가정하면 잘 이해되는 현상이었다. 뢰머는 자신의 자료를 토대로 빛의 속도를 계산했다. 그렇게 처음 얻어진 광속은 초속 21만 킬로미터 정도였다. 올바른 방법론이었지만 측정과 계산상 한계로 현재기준에서 30% 정도 오차가 발생했다. 17세기에 얻어낸 값으로는 상당한 정확도이고 아마도 17세기에 광속을 계산했다는 자체가 놀라운 일일 것이다. 이후 시간이 지나면서 광속 측정은 다양한 방법들이 동원되었다. 우리가 흔히 초속 30만 킬로미터로 알고 있는 광속은 좀 더 정확히는 진공 속에서 초속 299,792,458미터 정도다. 지금도 소수점 아래의 광속의 정밀한 세부 측정값은 계속 바뀌고 있다.

이 아이디어들을 성장시켜 독일의 『물리학 연보』에 투고된 논문 「움직이는 물체의 전기동역학에 대하여」에는 분명한 선언들이 차례로 표현되어 있다. "광 에테르의 도입은 불필요하다." "특별한 성질을 지닌 '절대 정지 공간'이라는 개념은 전혀 필요하지 않다." 뉴턴역학에서 사건 사이의 시간 간격과 공간간격(길이)은 관측자의 운동과 무관하다. 아인슈타인은 이것이 불합리하다고 봤다. 뉴턴의 세계는 시간과 공간이 절대적이고 광속이 상대적이어야 했으나, 아인슈타인의 세계는 시간과 공간이 관찰자에 따라 상대적이고 광속이 절대적인 것이 되었다. 아인슈타인의 이론에서 자연계에는 '동시'적 사건이란 없다. 한 장소에서 다른 장소로 작용이 전달되는 데에는 유한한 시간이 걸린다. 상호작용이 일어날 수 있는 최대 속도는 바로 광속이다. 광속보다 빠른 것은 없고, 따라서 광속을 넘어서 우주적 사건이 다른 곳에 영향을 미치는 것은 불가능하다. 따라서 광속은 바뀔 수 없는 보편상수다. 마치 수학의 파이(π)처럼, 신이 숨겨둔 비밀의 수 하나가 눈앞에 제시된 것이다.

또 물리학자들은 이 논문이 미학적으로도 매력적이라고 말한다. 그런 말을 듣는 가장 중요한 이유는 시간과 공간을 합쳐 4차원 좌표계로 통합시켜버린 것이다. 자연계에 광속이라는 불변속도를 제시하니 여태까지 따로 다뤄왔던 시간과 공간이 서로 뒤얽히게 된다. 그래서 상대성이론에서는 이 상황을 만족시키기 위해 3차원 공간과 1차원 시간을 합쳐 4차원의 시공간(spacetime) 좌표축으로 다룬다. 이 좌표계에서 30만 킬로미터와 1초는 같은 거리다. '4차원'이라는 표현은 이후 대중들에게 유행하며 20세기의 상징어가 되었다.

그런데 더 놀라운 것은 여기서 끝나지 않았다는 것이다. 아인슈타인은 9월이 되자 『물리학 연보』에 세 페이지 짧은 논문 추서를 보냈다.[21] 자신의 논문에서 파생된 생각을 진행해가다가 여름이 지나자 시간과 공간뿐 아니라 에너지와 질량의 관계에 대해서도 생각이 미친 것이다. 만약 질량을 가진 물체를 가속시키기 위해 힘을 가한다면 그 가해진 에너지는 어디로 가는가? 놀랍게도 아인슈타인은 그 에너지는 물체의 질량으로 바뀐다는 결론에 도달했다. 자신의 이론체계에서 그 변환식이 유도될 수 있었다. 그 짧은 논문 마지막 페이지에는 에너지와 질량의 관계를 밝히는 유명한 공식 '$E=mc^2$'이 제시되어 있었다. 물체의 에너지는 물체의 질량에 광속의 제곱을 곱한 값과 같다! 간결한 방정식의 의미는 거대했다. 질량과 에너지는 동일한 것이다. 그리고 극소량의

21 논문 추서는 논문 투고자가 앞선 자신의 출판 논문에 보완을 위해 추가적으로 덧붙이는 글이다.

질량만 에너지로 바뀐다 해도 엄청난 에너지를 발생시킬 것이다. "방사성 반응에서는 물체의 에너지 함량이 눈에 띄게 변화하는데, 이것을 통해 나의 이론을 검증해볼 수도 있을 것이다." 또 하나의 충격적 결론에 그럴듯한 사례 제시가 필요하다고 생각했는지 이런 문장을 덧붙였다. 실제 퀴리 부부가 관찰한 무한정 물질 속에서 뿜어져 나오는 것 같았던 방사능은—그래서 마치 무한동력처럼 보였던 현상은—사실 극소량의 질량이 에너지로 바뀌면서 나타나는 현상이었다. 정확한 메커니즘을 알지 못하면서도 아인슈타인은 이번에도 직관적으로 옳은 추리를 했다. 6월에는 광속을 절대화시키고 시공을 상대화시키며 4차원 좌표계를 제시하더니 석 달 후에는 질량과 에너지를 통합시켜버렸다. 이제 19세기까지의—대중들은 지금도 상식적으로 가지고 있는—시간, 길이, 질량, 에너지, 속도의 개념을 영구히 바꿔야 했다. 그러기에 1905년은 기적의 해였다.

특수상대성이론의 의미

물체가 우리로부터 점점 빠르게 멀어질 때 벌어지게 될 현상은 특수상대성이론으로 충분히 예상가능하다. 더 빠르게 움직이는 물체일수록 부피는 줄어들고 시간은 천천히 흐를 것이며 질량은 늘어날 것이다. 그리고 광속에 근접하면 그 부피는 계속 줄어들어 0에 수렴하게 될 것이고, 시간은 점점 느려져 사실상 멈추게 될 것이며, 질량은 계속 늘어나 무한대에 수렴하게 될 것이다. 그렇다면 자명한 결론 하나가 뒤따른다. 우리는 광속에 도달할 수 있을까? 물체속도가 빨라질수록 물체의 질량은 늘어나니 더 빠른 속도를 내기 위해서는 더 많은 에너지가 필요할 것이다. 물체 속도가 광속에 근접하면 질량은 무한대에 수렴할 것이니 광속에 도달하기 위해서는 무한대한 에너지가 필요할 것이다. 즉 질량을 가진 어떤 존재도 광속에는 결코 도달할 수 없다. 그러기에 광속은 자연계의 한계속도가 된다.

또 한 가지 상상을 더해보자. 만약 광속에 도달했을 때 시간의 흐름이 멈추는 것이라면 광속보다 빨라진다는 것은 무엇을 의미하는가? 그것은 시간을 역행한다는 의미가 된다. 즉 과거로 갈 수 있다는 의미가 된다. 하지만 우리는 결코 광속보다 빠를 수 없기에 우리는 과거로 갈 수 없다. 그래서 시간여행은 불가능하다. 모든 존재(질량체)는 광속을 돌파할 수 없기에 우리는 언제나 과거에서 미래로의 안정적인 시간 흐름 속에서 살고 있는 것이다. 광속이라는 한계속도가 있기에 시간은 불가역이며 우주 내의 인과율은 유지된다. 특수상대성이론은 왜 과거가 과거이고 미래가 미래일 수밖에 없는지, 왜 원인이 언제나 결과에 선행할 수밖에 없는지에 대한 자기 충족적 설명도 제공한다.

그럼 만약 수식에 광속보다 빠른 속도를 대입하면 상대론은 어떤 상황을 예측하게 될까? 계산상 광속보다 빠른 존재는 질량이 허수 값을 가진다. 그러니 우리는 '계산할 수 있지만' 그것이 '무엇을 의미하는지는' 모른다.—다만 물리학자들은 광속보다 빠른, 시간을 역행하는, 이 허수질량의 가상 입자를 타키온(tachyon)이라 이름 붙였고 수식 속에서 상상의 나래를 펼치며 여러 연구를 진행하기도 한다.

그리고 한 가지 확실히 해둘 것이 있다. 앞서 살펴본 바대로 아인슈타인은 절대로 광속이 불변임을 증명한 것이 아니라는 것이다. 단지 광속이 불변이기 '위해서' 시공이 상대적이 되면 된다는 것을 수학적으로 보였을 뿐이다. 광속불변의 원칙은 특수상대성이론의 '전제'이지 특수

A와 B가 빠른 속도로 서로 멀어지면

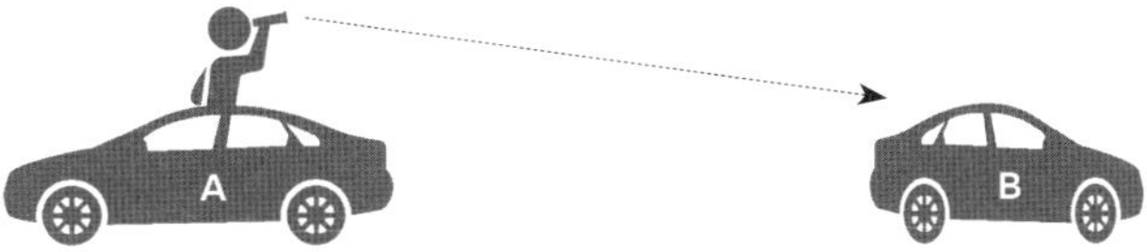

A가 B를 관찰하면 B의 부피가 줄어들고,
B의 시간이 천천히 흐르는 것으로 보인다.

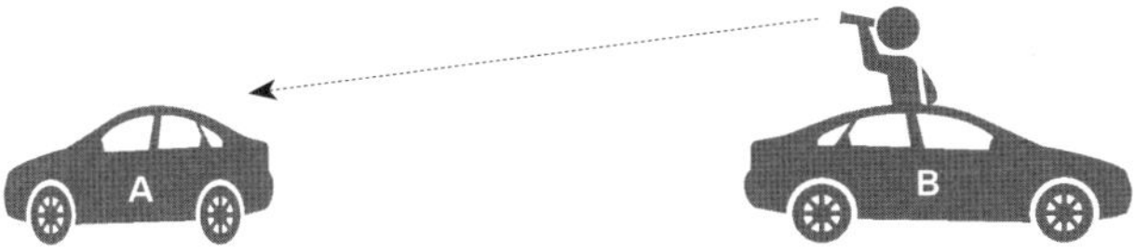

B가 A를 관찰하면 A의 부피가 줄어들고,
A의 시간이 천천히 흐르는 것으로 보인다.

특수상대성이론의 예측

네가 관찰하고 있는 대상이 빠른 속도로 내게서 멀어지면 그 대싱은 부피가 줄어들고, 시간은 나에 비해 천천히 흐르며, 질량은 늘어난다. 물론 내게 그렇게 '관찰'되는 것뿐이다. 그 상대가 나를 바라보면 오히려 내가 부피가 줄어들고, 시간은 느려지고, 질량은 늘어나는 것처럼 관찰되게 된다. 누가 관찰의 주체가 되느냐에 따라 상대적이기 때문에 '상대성'이라는 표현이 나온 것이다. '그렇다면 둘 중 어느 관찰이 사실인가?'라고 묻는 것은 아무 의미가 없다. 그런 '절대적'인 사실은 없기 때문이다. 모든 관찰은 관찰자가 있어야만 하고 각 관찰자의 입장에서 관찰사실이 있을 뿐이다. 과학이 도달한 놀라운 철학적 결론이었다.

상대성이론의 '증명'이 아니다.[22] 다시 말해 만약 누군가가 광속불변의 원칙을 전제하지 않고 모든 상황을 만족스럽게 설명하고 아인슈타인이 밝히지 못한 현상까지 설명하는 데 성공한다면 과학은 또 그렇게 바뀌는 것이다.

오늘날에는 당연해 보이는 것들이지만 볼츠만의 원자도, 플랑크의 양자도, 맥스웰의 방정식도 당시는 최신의 것들이었다. 아인슈타인은 대학시절 교수들이 맥스웰의 이론들을 가르치지 않는다고 투덜댔지만, 교수들 입장에서 최신이라는 것은 아직 틀리거나 개선될 여지가 있는 것들이었기에 정규교육과정에 편성하기에는 시기상조로 보였을 것이다. 하지만 아인슈타인은 1905년 논문들에서 이 모든 것들을 기정사실로 전제하며 논문을 진행했다. 사실 필자는 '본능적이자 직관적으로' 아인슈타인은 정답을 알고 있었다는 느낌을 지우기가 힘들다. 결과론적으로는 당연해 보일지 몰라도 당시 그 모든 이론들은 얼마든지 반론이 가능한 약점들을 가지고 있었다. 그런데도 아인슈타인은 현대의 관점에서 '맞는 가정만 골라' 자신의 입장으로 취합했다.

어쨌든 1905년 연구의 초점은 "모두에게 빛의 속도가 똑같이 관찰된다면 발생할 수밖에 없는 모순적인 상황을 어떻게 극복할 것인가?"라는 부분에 집중되었다. 그리고 마침내 해결했다. 나의 시간과 너의 시간이 다르게 흐르고, 나의 공간과 너의 공간 좌표축이 달라지는 기막힌 우주가 아인슈타인의 머릿속에 떠올랐다. 동시는 없으며 그 무엇도 광속보다 빠를 수 없다! 1905년 6월, 지구라는 행성의 한 생물종이 도

---

22 이것은 뉴턴도 마찬가지였다. 뉴턴 역시 만유인력이 존재함을 '증명'한 적 없다. 만유인력이 있다고 '전제'하면 많은 상황들을 만족스럽게 설명할 수 있는 수학적 방법론을 찾아냈을 뿐이다.

달한 결론이었다.

$E=mc^2$의 단위

의외로 많은 책이나 자료에서 방정식만 제시하고 단위를 제시하지 않는다. $E=mc^2$에서 각각의 단위는 J(줄), g(그램), m/s(미터 퍼 세크)이다. 단위를 알면 이 방정식의 엄청난 의미를 좀 더 명확히 느껴볼 수 있다. 광속이 약 3억 m/s 이니 1그램은 약 9경J 정도가 된다.[23]

(1g = 300,000,000×300,000,000 = 90,000,000,000,000,000 J (!)) 상상하기 힘든 수치다. 히로시마에서 원자폭탄이 폭발할 때 실제 사라진 질량은 몇 그램 정도다. 그런데 한 도시가 소멸되다시피 했다. 존재 속에 내재된 힘의 크기를 이렇게 적나라하게 보여주는 사례도 없을 것이다. 있음(질량) 자체가 힘(에너지)의 응축체이다. 이 방정식 자체가 철학의 최고 단계에 도달한 인간의 모습과 위험한 야수가 되어 스스로의 힘에 쩔쩔매는 가련한 인류의 상황을 보여준다.

일상생활에 상대성이론을 적용할 필요가 있을까?

우리가 앞서 걸어가는 친구를 따라잡으려고 뛰어가면 어떻게 될까? 나는 친구보다 (즉 친구에 비해 상대적으로) 부피는 줄어들고, 시간은 느리게

23 물론 이것은 근사치일 뿐이다. 정확한 광속은 299,792km/s 정도고 소수점 이하 수십 자리 단계까지 잘 측정되어 있다.

가고, 질량은 늘어날 것이다. 이 현상은 실제 발생한다. 하지만 느끼지 못하는 이유는 그 변화량이 너무나 작기 때문이다. 일상생활에 상대론을 적용한 재미있는 사례들은 많이 제시되어 있다. 예를 들어 서울에 살고 있는 사람이 부산까지 시속 300킬로미터로 달리는 고속열차를 타고 매일 왕복하면서 70년을 살면 어떻게 될까? 특수상대론으로 근사치를 계산해보면 그 사람은 서울에서 70년을 보낸 사람보다 2조분의 1초 정도 시간이 적게 흐르게 된다. 따라서 아무도 그 차이를 알아채지 못할 것이다. 그러니 이 수치들이 제대로 상상되지 않아도 큰 상관은 없을 것이다. 경험에 기초하는 것이 이해인데 광속에 가까운 속도는 쉽게 경험할 수 있는 것이 아니다. 인간이 만든 탈 것 중 가장 빠른 속도는 우주선의 대기권 탈출속도로 마하 30, 초속 11킬로미터 정도다. 이 속도도 광속의 3만분의 1에 불과하니 상대론의 효과를 직접 느끼기에는 우리 문명이 아직 어린아이 같음을 인정해야 할 것이다. 상대론이 다루는 수치들은 대부분 우리 일상의 상상력 너머에 있다. 바로 그런 이유로 우리는 뉴턴역학 정도면 대부분의 일들을 무리 없이 처리할 수 있다. 하지만 천문학적 계산이라면 뉴턴역학의 결론과 상대성이론의 결론은 큰 차이를 보이게 된다. 우리는 뒤의 일반상대성이론의 설명에서 또 다른 차이를 살펴볼 것이다.

무엇이 상대성이론을 낳았는가?

1905년은 아인슈타인이 특허국에 취업한 지 3년째 되던 해였다. 장남 한스는 아직 젖먹이였고, 2급 사무관 아인슈타인의 수입은 보잘것없었다. 1905년 이전의 아인슈타인은 어떤 주목할 만한 논문도 발표한

적이 없었다. 하지만 1905년 한 해에 아인슈타인은 역사에 남을 최고 수준의 논문 다섯 편을 쏟아냈다. 어떻게 이런 일이 가능했을까? 그 이전까지 아인슈타인의 경력을 볼 때 이것은 천재성의 갑작스런 폭발에 가까웠다. 쉽게 이해되지 않는 이 과정 때문에 아인슈타인의 업적이 표절이라거나 사실은 밀레바 마리치의 것이라거나 하는 괴담 수준의 구설들이 계속되었다. 1905년이 어떻게 기적의 해일 수 있었는지, 다시 말해 아인슈타인이 스위스 특허청에서 어떻게 그렇게 창조적인 시기를 보냈는지에 대한 의문은 역사적 수수께끼이고 아직 진행형의 질문이다. 하지만 한 세기에 걸친 집요한 연구 끝에 몇 가지 수긍할 만한 기본적 설명들은 제시되어 있다.

먼저 1905년 아인슈타인의 작업들은 갑작스러운 것이 절대 아니었다는 것이 강조될 필요가 있다. 아인슈타인의 빛에 대한 고민은 10년 이상 계속되었다. 이미 김나지움 시절부터 아인슈타인은 자신이 빛의 속도로 날아가면 세상이 어떻게 보일지 생각하고 있었다. 1895년 16세의 아인슈타인은 아직은 남들처럼 에테르를 믿었지만, 광속은 우리가 결코 따라잡지 못할 것이라는 것은 충분히 의식하고 있었다. 1905년은 그로부터 10년이나 지난 뒤다. 그 사이 그는 물리학을 전공하며 자신의 연구 질문과 관련 있는 내용은 모두 흡수할 충분한 시간이 있었다. 관심 없는 분야들은 거의 무시했고 수업을 자주 빼먹는 학생이었지만 반면에 최신의 과학이론을 잘 이해하고 있었고 그 핵심 모순을 잘 간파하고 있었다. 당시 최신이론인 맥스웰의 전자기학을 가르치지 않는 교수들을 구닥다리라고 비판하면서 학부시절 아인슈타인은 독학으로 충분한 수준으로 맥스웰 이론을 이해하고 있었다. 상대성이론은 기존 과학의 딜레마 상황에서 해법을 찾는 과정에서 나타난 혁신이다. 따라서 기존과학의 내용을 정확히 이해하고 있어야 했고 아인슈타인은 그것이 가능할 만큼의 시간을 충분히 투자했던 인물이었다.

다음으로 특허사무국 서기관이라는 직업은 일상적인 업무가 그리 많지 않은 공무원이었다. 그래서 오랜 기간 사람들은 여유로운 공무원이었기에 자기 연구에 할애할 충분한 시간이 있었던 것으로 생각해왔다. 하지만 피터 갤리슨((Peter Galison, 1956~)은 19세기 말 유럽의 상황과 상대론의 관계성에 대한 진일보한 연구결과를 내놓은 바 있다.[24] 19세기 말에서 20세기 초는 전 세계에 철도망이 급격히 확장되는 시절이었다. 수많은 기차역이 생기고 철도망이 늘어나자 철도사고도 빈발했다. 표준시의 개념이 생겨났고 각 역간 기차운행시각을 맞추는 일이 중요해졌다. 이쪽 역이 몇 시일 때 다른 역은 몇 시이고, 서로 간에 기차시간을 어떻게 배정할 것이며, 갑작스런 변동이 발생하면 어떻게 대응하고 연락해야 하는가에 대한 경우의 수들이 너무 많아졌다. 즉 당시 쏟아지고 있던 많은 특허들은 이런 문제들을 해결하는 '시간동기화'에 대한 것이 아주 많았다. 아인슈타인의 주요 업무는 이런 특허들의 가치를 심사하는 것이었다. '동시'라는 개념과 '속도'라는 개념은 당시 아인슈타인의 업무에서 '기차'와 함께 너무나 자주 접하고 고민해봐야 하는 일상적 주제였다. 아인슈타인이 상대성이론을 설명할 때 왜 기차의 비유를 그렇게 많이 들었는지 짐작케 하는 부분이다. 그의 업무 자체가 시공의 관계성에 대해 생각할 여지가 많았던 것이다. 갤리슨의 설명에 따르면 아인슈타인은 '특허국 직원이었음에도' 상대성이론을 만들 수 있었던 것이 아니라, '특허국 직원이었기 때문에' 상대성이론을 만들게

---

24 이에 대한 피터 갤리슨의 연구는 『아인슈타인의 시계, 푸앵카레의 지도』에 잘 정리되어 있다.

된 것이다. 이 설명은 19세기 말 유럽 산업화 과정의 시대상이 상대성이론이라는 형이상학적 이론의 탄생에도 직접적 영향을 주고받는다는 것을 잘 보여주었다.

또 하나의 살펴봐야 할 부분은 얼핏 아인슈타인의 과학과는 무관한 엉뚱한 취미 정도로 오해될 수 있는 부분이다. 바로 그의 독서토론 클럽 '올림피아 아카데미'에서 읽었던 내용들이다. 콘라트 하비히트, 모리스 솔로빈과 함께 겨우 세 명의 젊은이가 모여 읽고 대화를 나눴던 책들은 주로 칸트, 스피노자, 흄, 마흐 등의 저작이었다. 이 시기 읽었던 책들의 일반적 공통점은 대부분 철학과 과학의 미묘한 경계에 있는 책들이었다는 점이다. 특히 칸트와 마흐의 저작들에 나타난 입장들은 상대론과 연계를 많은 부분에서 생각해볼 여지가 있다.

임마누엘 칸트
칸트는 독일에서 학창시절을 보낸 사람이라면 모를 리가 없는 독일의 대표 철학자다. 윤리학, 형이상학 모두에서 그의 업적은 탁월하지만 과학적 주제에 대해서도 적지 않은 언급을 남겨놓았다. 물론 그의 절대시공간에 대한 부정은 영국학자 뉴턴의 이론에 반감을 가진 독일학자들의 전형적 어깃장에 불과하다는 우스개도 있다. 어찌되었건 아인슈타인은 바로 그런 칸트의 나라 독일에서 성장했다. 좀 더 명확하게 말하면 뉴턴역학에 의문을 제기할 수 있는 문화적 토양을 가졌던 국가에서 성장했다.

칸트는 일찍이 시공의 절대성에 의문을 제기한 바 있다. 칸트는 우리가 배우지 않고 나면서부터 가지고 있는 감성적 직관의 형식이 두 가지 있는데 그것이 바로 공간과 시간이라고 했다. 그리고 우리는 그 틀에 기반해서 주변세계를 인식한다. "공간과 시간은 경험적으로 실재적이지만 초월적으로는 관념적이다." "만일 우리가 주관을 제거해버리면 공간과 시간도 사라질 것이나. 현상으로서 공간과 시간은 그 자체로서 존재할 수 없고 단지 우리 안에서만 존재할 수 있다." 우리는 공간과 시

에른스트 마흐
"질량이란 존재의 우주에 대한 자기 표현이다." 실재가 객관적으로 존재하는 것인가 아니면 인식되므로 존재가 성립하느냐의 논쟁에서 마흐는 언제나 후자의 편이었다. 마흐의 입장들은 아인슈타인 같은 젊은 물리학자들에게 직접적 영감을 주었다. 하지만 재미있게도 마흐는 상대성이론 역시 같은 이유로 받아들이지 않았다. 볼츠만, 플랑크와도 충돌했던 마흐는 '모든 것에 대한 의심'을 전파하는 사도였다.

간을 실재라고 생각하지만 사실은 매우 관념적인 개념임을 칸트는 강조했다. 시공에 대한 칸트의 생각들은 10대 때부터 아인슈타인을 사로잡았다. 직관을 수학적 증명보다 상위에 두었던 칸트였기에 반과학적 태도로 보일 수는 있어도, 시공이 우리 직관의 산물일 뿐이라는 생각은 주효했다. 시공의 측정이 주관적이라는 칸트의 주장은 결국 상대성이론이 내포한 철학의 한 축을 이룬다.

마흐는 언제나 관찰되지 않는 것에 대한 강력한 회의적 태도를 견지했다. "어느 누구도 절대공간과 절대운동에 관해 단언할 자격이 없다. 그것은 순수한 사고의 결과물이고 순수한 정신적 구조이지, 경험할 수 있는 것은 아니다." 마흐의 어법은 칸트보다 훨씬 강했다.— 그러니 볼츠만은 얼마나 고통스러웠을까?—마흐의 저작들은 당대의 시대 유행이기도 했기에 아인슈타인에게 직접적인 동력원이 되었다. 물리이론은 일차적인 감각지각에만 기초해야 하며 형이상학적 구조로부터 자유로워야 한다는 마흐의 경구는 큰 힘이 되어주었다. 아인슈타인은 마흐를 따라 의심하며 에테르 개념을 과감히 버렸다. 그랬더니 입자로서의 빛이 나타났다. 시공의 절대성을 버렸더니 이번에는 맥스웰 이론의 모순이 사라졌다. 아인슈타인의 작업은 '정도(正道)를 걷는' 퀴리 가문 구성원들이라면 결코 시도하지 않았을 길이다. 특유의 반골기질을 가졌던 아인슈타인이 마흐가 제시한 길을 따라갔기에 가능했던 길이다.

올림피아 아카데미가 독파한 책을 하나 더 들자면 당시 푸앵카레가 쓴 『과학과 가설』(1903)이 있다. "절대시간은 존재하지 않는다. 두 시간의 길이가 동일하다고 말하는 것은 아무 의미가 없고 다만 약속으로서 의미가 있을 수 있을 뿐이다. 우리는 두 지속시간의 질을 직관할 수 없을 뿐 아니라, 다른 장소에서 일어나는 두 사건의 동시성을 직관할 수도 없다." 프랑스 대표지성의 문장에 대해 아인슈타인과 동료들은 '몇 주 동안'이나 이야기했다. 아인슈타인이 상대성이론을 만들기 전 이미 그 생각의 원형은 유럽 지성들의 사유 속에서 거의 형태를 드러내고 있었다.[25]

또 하나 그의 4차원 좌표계라는 해법 역시 출발점은 취리히 공대였다. 아인슈타인의 스승 헤르만 민코프스키는 다차원 기하학의 전문가이기도 했다. 상대성이론의 또 하나의 필요조건은 바로 스승 민코프스키가 제시한 직접적인 수학적 방법론일 것이다. 이 부분을 이해하기 위해 우리는 뒤에서 괴팅겐 수학을 살펴볼 필요가 있다. 고차원 기하학에 대한 민코프스키의 수학적 해법들을 아인슈타인은 시간과 공간이라는 '실재'에 적용했다. 아인슈타인의 스승들 역시 아인슈타인의 생각보다 훨씬 많은 영향을 아인슈타인에게 준 것 같다.

강조컨대, 아인슈타인은 시대성과 담쌓은 독불장군이 절대 아니다. 독일 역사 속 문화, 학술 전통 내에서 절대 시공간에 대한 비판적 사유

---

25 실제 조금만 더 나아갔다면 천재 수학자 푸앵카레는 아인슈타인보다 먼저 상대성이론을 내놓을 수도 있었을 것이다. 하지만 푸앵카레는 결정적 난제에서 시간과 공간에 대한 친숙한 개념들에 머물렀다. 이것은 푸앵카레의 한계를 보여주는 것이라기보다 아인슈타인이 얼마나 거대하고 용기 있는 선택을 한 것인지를 보여주는 것이다.

는 많이 발견된다. 아인슈타인은 그 속에서 성장했다. 독일적 문화전통 내에서 아인슈타인은 칸트 등의 철학적 질문을 물리학적 문제의식에 적용했다고 볼 수 있다. 아인슈타인은 이처럼 자신이 속한 문화권의 관점에서 시작했고 용기를 얻었다. 그런 기반하에 최신의 과학이론을 철저히 이해한 뒤 그 핵심 모순을 간파했다. 그리고 긴 시간의 빛에 대한 고민, 기존 과학의 모순에 관한 고찰, 칸트나 마흐 등의 기본적 문제의식, 민코프스키 고차원 수학의 방법론, 특허청 직원으로서의 업무적 경험들이 만나 상대성이론으로 융합되었다. 이런 많은 것들이 기적의 해에 기반이 되었다. 아인슈타인만 바라보면 우리는 아인슈타인을 모르게 된다.

아인슈타인의 작업들은 너무나 갑작스럽게 세상에 나왔다. 도저히 26세의 젊은이가 해낼 수 있는 일로 믿어지지 않았다. 그래서 많은 이들은 이를 천재성의 순간적인 폭발로 받아들였다. 하지만 그것은 방안에 홀로 틀어박힌 몽상가의 백일몽 같은 것이 결코 아니다. 아인슈타인의 작업들이 절대공간과 절대시간을 완전히 부정한 마흐의 논문까지 하나하나 섭렵해갔던 현실적인 과정임을 간과해서는 안 될 것이다. 또한 그 결론들은 대학시절과 특허청 시절에 걸친 10년 동안의 긴 노력의 결실이었고, 철학과 과학과 수학의 수백 년 역사가 중첩된 것이기도 했다.

특수상대론 이후

광 에테르 제거, 광속의 절대성, 시공간의 상대성, 물질과 에너지의 통합을 동시에 진행해버린 과격한 이론에 대한 세간의 반응은 어떤 것이었을까? 열광적 환호와 강력한 반대를 떠올리기 쉽지만 둘 다 아니었다. 아인슈타인은 공격에 대비했지만 사실 물리학계 대부분은 몇 년간 무관심했다. 그 기간 동안 아인슈타인의 경력은 계속 특허국에서 일하며 취리히 대학에서 박사학위를 받아둔 정도였다.—물론 박사학위 논문과는 비교도 되지 않을 논문을 이미 쓴 사람이었지만 대학에 자리 잡으려면 이 요식행위는 반드시 필요한 일이기도 했다.

오직 플랑크만이 질문을 보내왔다. 그나마 그 후 몇 달간 침묵이 또 흘러갔다. 사실 플랑크는 1905~1906년 겨울 내내 베를린에서 특수상대성이론을 주제로 한 세미나를 열면서 베를린 대학의 총명한 제자들과 긴 검토와 숙고의 시간을 보냈다. 1906년 4월 아인슈타인은 2급 사무관으로 승진했다. 이렇게 스위스 공무원으로 삶에 만족해야 할지도 모를까봐 조바심이 날 무렵, 1906년 여름 플랑크는 제자 라우에를 아인슈타인에게 보냈다. 라우에는 처음에 무작정 베른 대학교를 찾아갔다. 그리고 나서야 아인슈타인이 교수가 아니라는 사실을 알았다. 우여곡절 끝에 특허청에 찾아와서도 서로가 한참을 못 알아보는 해프닝이 지난 뒤, 라우에는 자신과 동갑인(!) 너무나 앳된 청년 하나가 그 논문의 저자라는 사실을 알고 충격을 받았다.[26]

사실 이 연계로부터 시작된 플랑크의 후원은 강력했고 지속적이며 실용적이었다. 1907년 7월 아인슈타인에게 보내는 편지에서 플랑크는 "상대성이론을 전공하겠다는 학생들이 떼로 몰려 있다."고 언급했다. 하지만 그 상황은 사실상 플랑크가 조장한 것이기도 했다. 플랑크는 상

---

26 1906년 베른에 파견되었던 조교 라우에는 1914년 엑스선 회절 발견으로 노벨상을 받았고, 라우에를 아인슈타인에게 보낸 스승 플랑크는 1918년에 노벨상을 받았다. 막상 아인슈타인은 1922년이 되어서야 노벨상을 받았다.

대성이론 관련 후속 논문을 발표한 최초의 과학자이고, 상대성이론을 주제로 한 박사학위논문을 지도한 최초의 교수였다. 그는 자신의 제자들이 상대성이론을 연구주제로 삼도록 적극적으로 독려했다. 아인슈타인을 프라하 대학 교수로 추천할 때는 코페르니쿠스에 비유했다. 베를린 대학 교수로 임용시킬 때는 강의 의무 면제, 높은 연봉과 지위를 발 벗고 나서서 제공했다. 플랑크는 아인슈타인의 광전효과 이론에 대해서는 부정적이었음에도, 상대성이론에 대해서는 매우 개방적인 태도를 취했다. 플랑크는 거의 직관적으로 이 이론이 옳으며 단기간에 대체 불가능한 최종적 이론임을 간파했다. 플랑크를 언급하지 않고 상대성이론의 성공을 말하는 것은 중요한 연결고리를 빼놓는 것이다. 플랑크를 포함한 아인슈타인의 지지자는 소수였지만 막강했기에 상대론은 빠르게 학계에 받아들여질 수 있었다. 물론 이 빠른 수용이라는 설명은 상대적인 것이다. 독일 물리학계의 핵심세력들의 지원을 받았음에도 특수상대성이론의 국제적인 인정은 천천히 이루어졌다. 마이컬슨은 에테르 개념을 절대로 포기하지 않았고, 아인슈타인이 존경했던 로렌츠도 최종 판단만은 유보했다. 푸앵카레도 1912년 사망할 때까지 상대성이론에 대해서는 계속해서 반대했다. 어쩌면 기적의 해에 일어난 마지막 기적은 당시 『물리학 연보』 편집장이 막스 플랑크였다는 점일 것 같다. 그는 이 혁명적 논문들을 모두 『물리학 연보』에 싣는 용기(?)를 보여주었다. 아인슈타인이 당연시한 개념들, 즉 원자, 분자, 양자, 상대적 시공간 등은 모두 당시 결코 당연한 개념이 아니었다. 플랑크의 혜안이 아니었다면 무명의 26세 특허청 직원의 오만한 논문들은 빛을 보기 쉽지 않았을 것이다.

시간에 대한 고전적 사유의 부활(?)

기원전 4세기 아리스토텔레스는 『자연학』에서 시간을 이렇게 정의했다. "시간이란 '운동의 수'이다. 운동이야말로 실재하는 것이며, 시간은 운동을 기술하는 도구에 불과하다." 즉 아리스토텔레스가 보기에 운동이 없다면 시간도 없는 것이었다. 하지만 17세기 뉴턴은 아리스토텔레스와는 다른 전제에 기반해 자신의 이론들을 발전시켰다. 뉴턴에 의하면 시간은 운동의 유무와 상관없이 우주에서 한결같이 흐르고 있는 것이다. 시간과 공간은 모든 존재에 우선하는 절대적인 것이다. 뉴턴역학은 이런 절대적 시공간의 개념을 전제한다. 시간과 공간은 물질과 운동과 구분되어 독립적으로 존재하는 실체적 틀이다. 뉴턴적 해석에 따르면 운동이 없어도 시간은 흐른다. 수많은 아리스토텔레스의 사유들이 공격당해 파괴되는 시기였기에 이는 시대 흐름과도 잘 어울리는 해석이었다. 19세기까지 이 전제에 기초해서 물리학은 매끄럽게 잘 동작했다.

아리스토텔레스
어쩌면 아인슈타인의 시간론은 뉴턴 이후 무시되었던 아리스토텔레스적 사유의 부활이기도 하다.

하지만 1905년 발표된 아인슈타인의 논문은 이 상식적 과학관을 뒤집는 새로운, 그러나 한편으로 생각해보면 아리스토텔레스적인 해석으로 등장했다. 이 주장에 의하면 광속이라는 절대적 기준하에 물질과 운동이 주체가 되고 시간과 공간은 그 반영일 뿐이었다. 그래서 시공은 운동에 의해 상대적인 것이 되었다. 시공의 상대성이라는 놀라운 개념의 충격에 착안해 사람들은 「움직이는 물체의 전기동역학에 대하여」라는 재미없는 제목의 이 논문을 '상대성이론'이라 부르게 된다. 상대성이론에 따르면 관측자의 입장에 따라 시간과 공간은 늘어나고 줄어들 수 있다. 그리고 시공은 분리된 것이 아니라 절대 끊을 수 없는 관계를 가진다. 시간이 늘어나고 줄어들면 공간도 이에 맞춰 적절히 늘어나고 줄어들어야만 한다. 이 모든 해석은 '광속불변의 원리'를 전제할 때 얻어진 것이며, 절대적 기준으로서 광속이 모든 내용의 중심에 있다. 그리고 그 광속불변의 원리는 맥스웰 방정식으로부터 얻어진 것이다. 전기시대를 열어젖힌 19세기 패러데이-맥스웰의 전자기학은 17세기 뉴턴역학과 충돌을 일으켰고 20세기 아인슈타인은 맥스웰의 편에서서 이 문제를 해결하는 데 성공했다. 그 결과 시간에 대한 정의는 놀랍게도 다시 아리스토텔레스의 생각으로 어느 정도 되돌아갔다.

5

막스 플랑크

'독일과학의 아버지', '양자(quantum)'의 작명자, 아인슈타인의 발견자. 막스 플랑크(Max Planck, 1858~1947)를 수식하는 표현들이다. 그의 이름을 딴 막스플랑크 협회는 현재 독일을 대표하는 연구기관으로 뚜렷하게 자리 잡고 있다. 그리고 현대과학을 지탱하는 불변량 중 하나가 플랑크 상수라고 작명됨으로써 그의 이름은 문명과 과학이 존재하는 한 기억될 이름이 되었다. 플랑크는 20세기 전반 독일 이론물리학의 지도자였고, 독일과학의 상징 그 자체였다. 그는 과학의 제도화, 과학철학적 해석, 그리고 모범적 과학자의 롤 모델로서의 역할을 성공적으로 수행해냈다. 그의 철학, 행동, 교육, 정책은 수미일관되었고, 그의 자아, 국가, 세계상도 모순 없이 단호하게 연결되어 있었다. 하지만 그의 삶은 여러 면에서 모순적이다. 그처럼 다양한 비참과 고뇌를 겪으며 시대를 살아야 했던 사람도 흔치 않다. 언제나 베를린 주위를 크게 벗어나지 않은 삶을 살았음에도, 그의 생존 기간 그의 조국의 명칭은 다섯

막스 플랑크

번이나 바뀌었다. 근본적으로 보수주의자였음에도 어마어마한 과학적 혁명을 시작시켰다. 전통가치의 보존에 필사적으로 노력했음에도 수많은 격변과 파괴의 중심에 있었다. 정직성의 화신임에도 극도로 미묘한 정치적 입장들이 주어졌다. 아흔 살에 가까운 삶을 산 사람인데도 유품은 거의 남은 것이 없다.—1944년 연합군의 융단폭격에 그의 집이 전소되었기 때문이다. 이 폭격으로 인한 자료소실로 플랑크의 유년기는 단편적인 이야기들만 전해온다.

플랑크의 유년기와 청년기

플랑크는 1858년 독일 북부의 항구도시 킬에서 대대로 목사, 학자, 법률가를 배출하던 집안에서 여섯째 자녀로 출생했다. 증조부는 괴팅겐 대학의 신학 교수로 그의 스승은 라이프니츠의 제자였다. 할아버지도 신학자였으며, 아버지는 키일과 뮌헨 대학의 법학 교수였다. 보수적이나 자유로우며, 합리적이나 신앙심 깊은, 고전적인 품위를 유지했던 가문이었다. 막스 플랑크의 성격과 생애도 그런 가문의 틀에서 크게 벗어나지 않았다. 플랑크의 아버지는 1900년에, 어머니는 1914년 8월 93세로 사망했다. 부모 모두 독일제국의 안정성이 최고도로 유지되던 시기를 살고 죽었다. 하지만 이후 그들의 아들은 그런 행복을 누릴 수 없었다. 플랑크는 뮌헨의 명문 막시밀리안 김나지움을 다녔는데 상위권

석차였지만 한 번도 수석은 하지 못했다. 20~30명 중 반 석차 4~8등 정도를 유지하는 수준이었다. 모든 과목에서 고른 성적 분포를 보였고 부지런하고 성실했다. 김나지움 선생님들은 플랑크의 내성적이면서 강한 성품과 인간적 자질은 훌륭히 평가했지만, 특별한 재능이나 적성을 발견하지는 못했다. 한 마디로 결코 '천재적'이지는 않았다. 플랑크의 장점은 오랜 기간 몰두하며 서두르지 않는다는 것이었다. 전기 작가 존 하일브론의 표현을 빌리자면, '빨리'는 그의 속도가 아니었다. 하지만 일단 그가 이해했다는 것은 최선의 명쾌함으로 이해했음을 의미했다.

플랑크는 1874년 말 김나지움 졸업 후 뮌헨 대학 철학부에 등록해 학업을 시작했다. 1878년, 플랑크가 20세의 나이로 열역학에 대한 박사학위 논문을 쓸 때 뮌헨 대학의 지도교수였던 필립 폰 욜리(Philip von Jolly)는 "열역학 원리의 발견으로 이론물리학의 구조는 완성되었으니,—이제 더 발견할 것도 사실상 없으니—물리학자의 길을 택하지 말라."고 조언했다. 실제로 19세기 말까지도 유럽지식인들은 자연과학은 인문학에 비해서 하급지식이라고 생각했었다. 당시의 여러 정황들로 볼 때, 플랑크가 세속적 유명세를 염두에 뒀었다면 인문학을 하는 것이 정상적이었다. 하지만 플랑크는 물리학의 길을 선택했다. 플랑크가 물리학을 선택한 이유는 그것이 자신이 추구하는 가치와 일치한다고 보았기 때문이었다. 19세기 정립되던 열역학은 영원과 불변성을 추구하는 플랑크의 내면과 잘 맞아떨어졌다.[27] 그리고 스승의 조언을 듣

---

27 19세기에 발전한 클라우지우스(Rudolf Julius Emanuel Clausius, 1822~1888)와 윌리엄 톰슨(William Thomson, 1824~1907, 후일 캘빈 경(Baron Kelvin이 됨)의 열역학 이론들은 에너지는 변환되나 보존된다는 점을 명확히 했다는 점에서 플랑크의 심리적 지향과 일치하는 측면이 있었다. 이에 대해서는 뒤에 살펴볼 것이다.

지 않은 것은 결국 올바른 선택이 되었다. 그로부터 20~30년 뒤 물리학은 가장 뜨겁고 복잡하게 변화하는 분야가 됐다. 플랑크는 학교를 옮겨 베를린 대학에서 헬름홀츠(Hermann von Helmholtz, 1821~1894)와 키르히호프(Gustav Kirchhoff, 1824~1887) 밑에서 수학할 중요한 기회를 가졌다. 그리고 1879년 6월 21세의 나이로 「열역학 제2법칙에 관하여」라는 학위논문으로 뮌헨 대학 최우등으로 박사학위를 받았다.[28] 이후 1880년에 뮌헨 대학에서 교수자격 논문이 통과되어 사강사 생활을 시작했고, 27세인 1885년 고향인 킬 대학에서 수리물리학 부교수가 되었으며, 1889년에는 31세로 키르히호프 후임으로 베를린 대학 부교수가 되는 행운을 얻었다. 학자로서 안정적이고 보편적인 성장과정을 거치고 1892년 34세 나이로 마침내 베를린 대학 정교수로 자리 잡음으로써 학자로서 가장 안정적으로 창조적 활동을 할 수 있는 주기에 들어갔다. 이는 결국 40대 초반인 1900년 흑체복사이론의 완성으로 귀결되며 과학사적 격동으로 연결된다. 하지만 그 사이 플랑크가 해낸 작업들을 먼저 주목해볼 필요가 있다.

볼츠만과 열역학

열역학에 대한 학위논문으로 물리학계에 발을 들여놓은 플랑크의 삶을 알아보기 위해서는 먼저 당시의 열역학에 대해 간단히 살펴볼 필요가 있다. 19세기에 발전한 열역학은 결국 20세기에 이르러 상대성이

28 플랑크가 박사학위를 받던 해에 아인슈타인이 태어났고, 아인슈타인 가족은 곧 뮌헨으로 이사를 왔다. 서로 전혀 의식하지 못했겠지만 1885년 플랑크가 킬로 떠날 때까지 5년 정도 둘은 모두 뮌헨에 있었다.

론과 양자역학의 성립에도 근본적 토대가 되었다. 열역학의 최종적 성립은 앞서 살펴본 마흐와 볼츠만의 충돌 이야기에서 잠시 언급되었다. 열역학의 완성은 볼츠만의 핵심적 업적에 해당한다.

열에 대한 과학적이고 정량적인 연구는 온도계의 발명을 필요로 한다. 온도계는 이미 16세기 말인 1592년 갈릴레오에 의해 처음 발명된 것으로 알려져 있고 계속 개량되었다. 그리고 18세기 초에 파렌하이트가 화씨 온도를, 1742년에 셀시우스가 섭씨 온도를 창안하면서 우리가 익숙한 온도체계가 정착했다. 19세기 초가 되면 증기기관의 시대를 맞아 열 효율에 대한 연구가 산업적으로 중요해졌고, 열 현상은 큰 관심을 받았다. 열 현상을 연구하던 학자들은 1840년대를 지나면서 운동, 화학반응, 열 등이 같은 물리적 양이고 이것들이 상호변환 가능하다는 생각을 하기 시작했다. 그래서 이를 통칭하는 '에너지(energy)'라는 개념이 자리 잡았다. 이제는 너무나 보편적인 개념이지만 이 개념이 처음 등장한 지는 200년 정도가 지났을 뿐이다. 그렇게 19세기 후반이 되면 여러 연구와 논쟁 끝에 두 개의 열역학법칙이 만들어진다.

열역학 제1법칙은 '우주의 에너지는 항상 일정하다.'는 에너지 보존 법칙이다. 에너지는 새로 만들어지거나 사라질 수 없으며 그 형태를 바꿀 수 있을 뿐이라는 의미다. 사실 이 법칙은 오늘날 대중들의 상식과 잘 부합하며 어렵지 않게 이해되고 논쟁이 발생할 여지도 거의 없다. 문제는 제2법칙이다. 열역학 제2법칙은 '우주의 엔트로피(entropy)는 항상 증가한다.'는 엔트로피 증가의 법칙인데 이 법칙을 일반인들이 직관적으로 이해하기는 사실 쉽지 않다. '엔트로피'라는 개념 자체가 난해하기 때문이다. 처음 이 개념을 만든 과학자들에게도 그랬다. 19세기 말까지 과학자들은 엔트로피라는 단어를 만들고 심지어 계산했음에도 불구하고 엔트로피가 뭔지는 논쟁거리였다.

열역학 제2법칙은 제1법칙으로 설명할 수 없는 현상을 설명하기 위해 만들어졌다. 예를 들어 같은 양의 30도의 물과 70도의 물을 섞으면 50도의 물이 된다. 당연하게 생각되지만 왜 30도의 물과 70도의 물이 그대로 있지 않고 반드시 서로 섞일 수밖에 없는가라는 질문에 답을 하기는 쉽지 않다. 두 온도의 물이 섞이지 않더라도 에너지는 잘 보존되지 않는가? 그리고 50도의 물이 왜 30도와 70도의 물로 반반씩 나눠지는 현상은 일어나지 않는 것일까? 그래도 에너지는 동일하게 잘 보존되고 있는데 말이다. 이 과정은 에너지 보존 법칙 이상의 설명이 필요하다. 즉 에너지 보존 법칙과는 별개로 열은 시간의 흐름에 따라 일정한 경향성을 띠며 움직인다. 바로 그 경향성을 설명하기 위해 열역학 제2법칙이 만들어졌다.

엔트로피 증가의 법칙을 이해해보기 위해 좀 더 쉬운 예를 생각해볼 수 있다. 정상적인 꽃병과 깨진 꽃병의 사진이 있을 때 자연 상태에서 우리는 어느 사진이 나중의 사진이라고 생각할까? 당연히 깨진 꽃병이다. 꽃병이 깨지는 일은 자연적으로 발생할 수 있어도, 깨진 꽃병이 저절로 다시 붙는 일은 일어나지 않는다. 19세기 과학자들은 이런 자명해 보이는 결론의 이유를 설명하기가 쉽지 않다는 것을 깨달았다. 분명히 질서정연한 상태(꽃병인 상태)는 시간이 지나면서 무질서한 상태(꽃병이 깨진 상태)로 진행하려는 경향성을 가진다. 이런 상상은 여러 상황에 확대해 적용해볼 수 있다. 도시도 문명도 인간에 의해 관리되지 않는다면 어떻게 될까? 계속해서 혼란과 무질서가 증가하는 방향으로 진행되어 결국 사라지게 될 것이다. 우주 전체의 운명은 어떻게 진행될까? 결국 시간이 흐르면 우주 속의 다양한 열 분포는 서로가 이리저리 뒤섞이다가 균질화되는 방향으로 진행될 것이다. 그렇다면 우주는 무질서하게 뒤죽박죽되다가 결국 어느 시점에 '아무 일도 일어나지 않는' 모든 공간이 균질화된 상태로 종말을 맞을 수밖에 없지 않을까? 실제 19세기 과학자들의 상상 속 결론은 그랬다. 오늘날까지도 이 19세기적 해석으로 열역학 제2법칙을 받아들이는 사람들은 많다. 그래서 엔트로피 증가의 법칙을 흔히 '무질서도 증가의 법칙'으로 단순하게 이해하는 경우도 생긴다. 하지만 이런 해석은 볼츠만을 거치며 세련되게 바뀌었고, 양자론에 의해 결과에 대한 예측까지 바뀌게 된다.

많은 논란 끝에 이 질문에 현대적 답을 해낸 사람이 바로 볼츠만이다. 볼츠만의 많은 고민 끝에 정리된 난해한 해석을 단순화를 무릅쓰고 좀 더 쉽게 설명해보겠다. 열역학 제2법칙은 결국 다음 질문에 대한 답이다. 주사위를 여섯 번 던지면 1에서 6까지의 번호가 순서대로 나올 것인가 아니면 다른 순서로 나올 것인가? 우리는 분명 후자를 선택할 것이다. 순서대로 번호가 나올 확률이 아주 작기 때문이다. 앞서 꽃병의 상태에 대해서도 마찬가지 설명이 가능하다. 꽃병이 온전한 모습으로 존재할 확률은 꽃병이 깨져 있는 다양한 상태보다 존재할 확률이 아주 작다. 시간의 흐름에 따라 꽃병이 깨져 있는 상태가 될 확률이 훨씬 높은 것이다. 그래서 우리는 꽃병이 깨져 있는 사진을 시간상 나중에 발생한 상황으로 추정하는 것이다. 이 설명에는 중요한 함의가 있다. 주사위가 1에서 6까지 순서대로 나오는 것이 불가능한 것이 아니듯이, 깨진 꽃병이 '저절로' 다시 붙는 것도 불가능하지는 않다. 단지 그 확률이 무시해도 좋을 정도로 작을 뿐이다. 마찬가지로 섭씨 50도의 물이 저절로 30도의 물과 70도의 물로 나눠지는 것이 불가능한 것은 아니다. 단지 그럴 확률이 아주 작을 뿐이다. 즉 볼츠만의 설명을 따르면 엔트로피 증가의 법칙은 불가능의 선언이 아니다. 단지 과거에서 미래로 되어져 갈 '확률의 정도'를 표현하는 법칙이다. 이런 설명은 매우 논쟁적이고 철학적이어서 과연 이 법칙을 어떻게 분석할 것이냐는 오늘날에도 여전히 난제 중의 난제라 할 수 있다. 열역학 제2법칙은 바로 그 난해함으로 인해 많은 논쟁의 중심에 놓였다. 볼츠만은 바로 이 열역학 제2법칙을 통계적 법칙으로 분석해낸 과학자다. 결국 엔트로피의 개념은 볼츠만에 의해 시간의 진행에 따른 물리적으로 '가능성이 가장 높은 배열'로 해석되어 오늘에 이르고 있다.

열역학법칙에 대한 짧은 생각

제1법칙 에너지 보존 법칙 —

열역학 제1법칙인 에너지 보존 법칙은 간단히 설명할 수 있다. 어떤 과정에서도 에너지는 생성되거나 사라지지 않으며 형태만 변할 뿐이라는 것이다. 그러니 엄밀히 말하면 흔히 쓰는 '에너지 생산'이라는 말은 사실 틀린 말이다. 에너지 회사는 에너지를 '생산'하는 것이 아니라 우리가 원하는 '형태'로 공급할 뿐이다. 즉 에너지를 우리가 사회적 용도로 쓸 수 있는 형태로 변환한 것뿐이다. 인류에게 에너지라는 개념이 친숙하게 된 것은 극히 최근인 19세기를 지나면서부터의 일이다. 열에서 운동으로, 빛으로, 전자기로 에너지는 천변만화한다. 19세기에 정량적인 양으로서 에너지의 발견은 물리학의 성립 자체에 결정적인 영향을 미쳤다. 그리고 이 개념을 통해 많은 현상이 설명되고 이해되었다. '에너지 보존' 개념이 성립하기까지는 많은 시간이 필요했다. 그 태동은 전자기학이었다.

전기력이나 자기력은 19세기 초까지도 신비한 현상이었다. 그런데 패러데이가 19세기에 이 신비한 두 가지 힘을 하나로 묶어 전자기학으로 통합한다. 그러니 전기와 자기라는 전혀 다른 '힘'이 단일한 것이 아니겠는가? 그리고 곧 열, 소리, 전기, 자기, 빛, 운동 등이 모두 서로 변환가능한 단일한 것이라는 생각으로 연결되었다. 그러니 지칭할 용어가 필요했다. 그리스어 에네르게이아(energeia)는 '활동'을 의미한다. 이 단어가 에너지의 어원이 됐다. 에너지 개념은 1807년에야 물리학에 사용되었다. 그리고 에너지 보존의 개념으로 진행된 것이다. 에너지 보존 원리는 한 마디로 '에너지는 불멸이다.'라는 의미다. 오늘날까지도 '에너지의 존재'나 '시작'은 이해하기 어렵다. 사실 열역학 제1법칙은 수학적으로 증명할 수 있는 것이 아니다. 경험에 앞서는 믿음일 뿐이다. 그리고 이 열역학 제1법칙은 즉 과거에도 미래에도 언제나 일정한 양의 에너지가 보존된다는 말이니 시간 대칭성을 가진다. 우리는 에너지의 본질이 무엇인지, 원래 무엇이었는지에 대해서는 전혀 모르고 있다. 하지만 단지 그것의 형태는 변화되고 총량은 보존된다는 것은 알고 있다.—혹은 믿고 있다. 이 깨달음이 열역학 제1법칙이다.

제2법칙 엔트로피 증가의 법칙 —

문제는 이것만으로 설명할 수 없는 현상이 있기 때문에 또 다른 열역학 제2법칙이 필요해진다. 예를 들면 이런 의문이다. '왜 깨진 꽃병은 저절로 다시 붙지 않는가?' '각각 다른 온도의 물을 섞으면 왜 열평형 상태로 돌아가는가?' 이런 시간 경과에 따른 경향성은 에너지 보존 법칙으로는 전혀 설명되지 않는 영역이다. 그래서 열역학에는 새로운 법칙이 필요했다. 1851년에 윌리엄 톰슨은 외부의 도움 없이는 차가운 물체에서 뜨거운 물체로 열이 스스로 옮겨갈 수 없는 이유를 '열은 낭비(dissipation)되기 때문에 일단 일이 열로 바뀐 뒤에는 그 열이 모두 일로 바뀔 수 없기 때문이다.'라고 해석했다. 따라서 열이 낭비되는 과정은 돌이킬 수 없어서 '현재 물질계에는 역학적 에너지가 낭비되는 일반적 경향이 있다.'고 결론 내렸다. 그리고 1857년에 루돌프 클라우지우스(Rudolf Julius Emanuel Clausius, 1822~1888)가 이 법칙의 수학적 표현을 만들려는 노력 중 엔트로피라는 새로운 물리량을 정의했다. 그리고 우주의 엔트로피는 항상 증가한다는 새로운 법칙을 정의한 것이다. 그래서 열역학 제2법칙은 이른바 엔트로피 증가의 법칙이라 불린다. 즉 엔트로피는 시간이 흐르면서 증가한다. 최대치가 될 때까지. 열역학 제2법칙은 그게 전부다. 아주 간단하다.

그런데 문제는 바로 그 엔트로피라는 것이 도대체 무엇인가라는 부분이다. 19세기 과학자들도 자신들이 만들고 정의한 이 개념을 이해하는 데 오랜 논쟁을 거쳤다. 그리고 결국 볼츠만의 해석으로 현대적 열역학법칙은 정리되었다. 볼츠만의 설명의 핵심에는 '입자들의 확률적 배열'이 전제되어 있다. 확률은 미래적 불확실성을 수로 표시한 것이다. 즉 엄밀히 얘기하면 모르기 때문에 사용하는 것이 확률이다. 다시 말해 확률은 '모르는 것의 정도'를 수로 표시한 것이다. 그러니 우리는 엔트로피를 계산한다고 엔트로피를 '아는 것'이라고 말하기 대단히 미묘해진다. 동전을 던지면 앞이 나올지 뒤가 나올지 모른다. 그런데 '동전을 던지면 앞이 나올 확률이 1/2임을 안다'라고 표현하는 것이 과연 무슨 의미가 있는 것일까? 엔트로피는 계산된다. 하지만 확률적 계산일 뿐이며 불가능의 선언은 아니다. 참으로 기묘한 법칙이다. 그러니 우리가 과연 이해한 것일까? 뒤에 살펴보겠지만 더더욱 확률이라는 수학에 기반을 둔 양자역학도 같은 의문이 제기될 수밖에 없다. 주사위를 던져 1이 나올 확률이 1/6이라는 것은 과연 예측인가? 과학적 앎인가? 그렇다면 우리가 알게 된 것의 본질은 도대체 무엇인가?

플랑크가 바라본 볼츠만과 열역학

그런데 볼츠만처럼 기체나 액체의 흐름을 통계적으로 다루려면 기체나 액체가 무수히 많은 작은 '입자'들로 구성되어 있음을 전제해야 한다. 볼츠만의 열역학은 분명하게 원자론의 토대 위에 건설되었던 것이다. 이것이 앞서 살펴본 마흐와 볼츠만의 논쟁이 발생한 이유였다. 마흐는 아무리 보아도 수상해 보이는 확률과 통계라는 수학을 사용하여 원자론을 과학의 영역으로 확대하고 있는 볼츠만을 향해 강력한 공격을 가했던 것이다. 이런 충돌이 한창이던 시기 플랑크는 열역학에 대한 학위 논문을 썼다. 플랑크는 볼츠만에 대해 어떻게 생각했을까? 플랑크는 볼츠만을 존경했지만 볼츠만의 기체론을 받아들이지는 않았다. 정확하게는 열역학 제2법칙이 절대적인 것이 아니라 통계적인 성격을 지니는 것이라는 볼츠만의 생각을 받아들이지 않았다. 절대 확실한 진리를 찾고자 하는 플랑크로서는 볼츠만의 확률론적 해석이 마음에 들지 않았다. 후일 확률에 기대는 양자역학을 마주했을 때도 플랑크는 똑같이 반응했다. 볼츠만이 보기에는 엔트로피가 감소하지 못할 이유가 없다. 깨진 꽃병은 언젠가 원래 상태로 돌아올 수도 있는 것이다. 볼츠만은 열역학 제2법칙은 '원자론에 기초한 통계적 원리'일 뿐이라는 자신의 해석을 되풀이해서 주장했다. 엔트로피는 '항상' 증가하는

열역학 제2법칙의 완성자(?) 볼츠만
'열평형은 최종적인 불변의 상태가 아니라 단지 가장 가능성 높은 상태'라는 것이 엔트로피에 대한 볼츠만의 생각이었다. 플랑크는 이 생각을 받아들이기 거부해왔지만 결국 마지못해 인정하는 순서를 밟는다. 후일의 양자역학도 그랬지만, 볼츠만의 생각도 과학에 대한 플랑크의 핵심 관념을 위협하는 것이었다.

것이 아니라, '거의 항상' 증가할 뿐이라는 것이다. 플랑크는 표면적으로 이 주장에 반대하면서도 신중히 고민해갔다. 1880년대에는 플랑크도 원자론이 과학 발전에 별 소득을 주지 못하리라 보았다. "지금까지 원자론이 거둔 거대한 성공에도 불구하고, 결국 원자론은 물질의 연속성이라는 가정에 밀려 폐기되어야 할 것이다." 플랑크는 이런 입장을 1880년대 내내 유지했다. 이후에도 플랑크는 20여 년간 물질과 자연에 대한 연속체적 시각이 엔트로피 원리와 양립 가능할 것이라는 믿음을 버리지 않았다. 1897년까지도 플랑크는 역학과 열역학의 조화가 물리학의 당면 과제라고 인식했다. 그런데 그런 플랑크가 중년의 나이에 원자론으로 '개종'했다. 그리고 볼츠만을 이어 마흐와 싸우기 시작했다. 이것이 플랑크의 놀라운 점이다. 그는 자신이 틀렸다고 생각하면 언제나 그것을 솔직히 인정했다. 그것이 플랑크의 매력이다. 그런 그였기에 50대의 나이에 시공의 상대성을 논하는 특허청 직원 아인슈타인의 도발적 논문의 가치도 한눈에 알아볼 수 있었으리라. 플랑크는 자기 노력의 결과와 업적들이 사실과 다르다고 판단될 때는 미련 없이 사실의 권위에 굴복했다. 정확한 측정결과에 어긋나는 이론은 양심에 따라 배제시켰다. 양자론은 그런 플랑크였기에 시작될 수 있었다.

플랑크는 처음에 볼츠만의 주장 중 엔트로피가 최대가 될 때 평형에 이르고, 그 이후는 어떠한 변화도 일어날 수 없다는 부분까지만 받아들였다. 그 해석의 기반이 되는 원자론은 마지못해 사용해야 하는 '보조 가설'일 뿐이었다. 그런데 플랑크의 이런 보수적 해석조차도 당시 대부분의 물리학자들은 이해 못하거나 별 인상을 받지 못했다. 그래도 다행히 1885년 27세의 나이에 킬 대학 부교수가 되는 것에는 도움을 준 듯하다. 이론물리학 분야는 이제 막 시작된 신생분야여서 정교수 자리가 매우 적었기에 운이 아주 좋았던 셈이다. 그리고 1889년 31세의 나이로 키르히호프의 자리를 계승하며 베를린 대학 교수로 옮겨 갔다. 이때부터 죽음에 이르기까지 58년간 그는 베를린 사람이었다. 이제부터 젊은 플랑크가 전혀 상상하지 못한 영광과 고통으로 얼룩질 그의 인생이 남아 있었다.

양자의 발명 혹은 발견

1889년 베를린 대학에 부임한 플랑크는 베를린이 아직도 열역학에 부정적이고 엔트로피 개념에 무지함을 발견했다. 하지만, 1891년이 되면 그는 자신의 논문을 동료들에게 자주 빌려주어 너덜너덜해지게 된다. 물리학의 유행이 플랑크에게 유리하게 빠르게 바뀐 것이다. 1892년 34세로 정교수로 승진했고, 1894년 헬름홀츠의 추천으로 베를린 아카데미 정회원이 되면서 뚜렷한 학계의 중진이 되었다. 그리고 1897년 자신의 연구를 책으로 엮어내면서 마흔을 바라보는 시점에는 고전 열역학의 권위자로 자리매김한다. 이렇게 무난한 19세기를 보내고 플랑크는 20세기를 맞이한다. 그리고 20세기 과학을 특징짓는 양자론은 정말 상징적이게도 '1900년'에 시작했다. 1900년 12월 14일에 막스 플랑크가 '작용양자' 개념을 제창하면서 고전물리학과 구별되는 양자역학이 시작되었다고 볼 수 있다. 플랑크는 이날 독일물리학회에서 "흑체복사의 에너지(e)는 특정한 상수(h)—후일 플랑크 상수라 불리게 된다—와 진동수(v)의 곱의 정수배가 되어야 한다."는 주장을 했다. 그의 유명한 공식 'e=hv'가 등장하며 이 세계가 아날로그가 아니라 사실은 디지털의 세계라는 것이 선포된 것이다.

양자론에 대한 설명은 어떤 자료를 보아도 예외 없이 플랑크에서 시작한다. 양자론에 대한 플랑크의 업적을 한 마디로 요약하면, 빛이라는 것은 무언가 띄엄띄엄 떨어져 있는 에너지 값을 갖는 '덩어리'로만 흡수되거나 방출된다는 혁명적 학설을 제시한 것이다. 그리고 그 덩어리를 '양자(量子, quantum)'라 이름 지었다.[29] 한 마디로 플랑크가 양자를 낳았다. 이렇게 태어난 양자론은 20여 년이 지나면 플랑크가 도저히 받아들이기 힘든 수준으로 발전해가게 된다. 곧 이 연구를 이어받은 학자들은 플랑크의 해석을 일반화해서 빛이 본래 '덩어리'라고 설명하기 시작했고, 나아가 모든 것이 '덩어리'임을 선언했던 것이다. 플랑크가 보기에 이런 변화들은 전위적이고 극단적인 철학이었다. 하지만 결국 세상은 그 해석을 좇아갔다. 아들은 어머니가 원한 대로 커주지는 않는 법이다. 뒤의 설명들이 어렵다면 이 내용만 기억해도 플랑크가 해낸 가장 중요한 일과 그의 핵심 입장은 이해한 것이다.

플랑크 이전 과학자들은 빛에 대해 다양한 지식을 축적해놓고 있었다. 물체의 온도가 올라가면 물체는 열을 방출하기 시작하고, 온도가

---

29 사실 한자어 양자(量子)와 덩어리는 똑같은 뜻의 말이다. 우리가 플랑크의 퀀텀(quantum)을 처음부터 '덩어리'라 불렀으면 현대물리학이 좀 더 쉽게 느껴졌을 것으로 필자는 생각한다. 양자라는 어마어마하게 현학적으로 느껴지는 표현에 겁을 집어먹고 그것이 무엇인지 알아볼 생각조차 못했던 시절을 떠올리면 더욱 그렇다.

더 높아지면 빛을 방출하기 시작한다. 빛의 색깔과 강도는 온도에 따라 바뀐다. 온도가 올라갈수록 방출하는 빛도 붉은색에서 진홍색, 청적색, 푸르스름한 흰색 순으로 바뀌어 간다. 원인은 알 수 없었지만 이런 사실은 예로부터 잘 알려져 있었다. 또 뉴턴이 찾아낸 빛의 스펙트럼(무지개 색)의 양끝 너머에 무엇인가 있다는 것은 1800년 이후에 밝혀지기 시작했다. 1800년 천문학자 윌리엄 허셜이 적외선을 발견했다. 프리즘 스펙트럼의 붉은 색 바깥쪽에 우리 눈에는 보이지 않는 '무엇'이 온도계의 눈금을 높이는 구간이 있었다. 즉 우리 눈에 보이지 않는 빛이 있었던 것이다! 그러자 과학자들은 당연히 바로 반대편, 즉 보라색 바깥쪽을 찾아보기 시작했다.

다음 해인 1801년 요한 리터는 질산은이 빛에 노출되면 검게 변하는데 스펙트럼 보라색의 바깥에서도 이 현상을 발견했다. 자외선이 발견된 것이다. 그래서 빛은 적외선, 가시광선, 자외선의 영역으로 나뉘었다. 또한 같은 온도에서 물체들은 언제나 똑같은 색깔의 빛을 방출했다. 도자공들은 이미 오랜 경험을 통해 어떤 물질을 가열해도 같은 온도에서 똑같은 색을 띤다는 사실을 잘 알고 있었다. 하이델베르크 대학에서 키르히호프가 1859년에 이런 현상들의 본질을 연구하기 시작했다. 그리고 그는 도자공들이 알던 사실을 수학적 법칙으로 정리했다. 그리고 복사를 완전히 흡수하거나 방출하는 물체로서 '흑체(blackbody)'의 개념을 도입했다. 속은 비어 있고 벽에 작은 구멍이 뚫려 있는 상자가 흑체로 가정되었다. 이 흑체를 가열하면 처음에는 열만 복사하다가 조금 지나면 붉은 색을 띠고, 시간이 지나면 백색광을 방출한다. 이 과정을 수학화한 키르히호프 법칙은 흑체 복사량의 범위와 세기는 물질의 종류, 모양, 크기와는 전혀 무관하며 오직 온도에만 영향을 받음을 분명하게 보였다. 하지만 왜 그런지는 여전히 몰랐다. 특정 온도에서는 왜 일정한 색, 즉 일정한 파장의 빛만 방출되는 것일까? 여기까지가 플랑크 이전 키르히호프까지의 과학자들이 알아낸 빛의 특성들이었다.

하지만 연구의 진전에도 불구하고 복사광 세기의 정밀측정은 요원한 문제였다. 40년간 답보상태에 있던 이 문제는 1880년대 이후 갑자기 중요해졌다. 전기조명산업이 발전하면서 효율적 전구를 개발하려는 노력 속에 다양한 표준이 마련되어야 했던 것이다. 1881년 22개국 대표가 모여서, 볼트나 암페어 등의 단위에 합의했다. 하지만, 광도 표준에는 합의하지 못했다. 이때 전력산업의 주도권을 쥐고 싶은 독일의 욕심이 투자를 이끌어냈다. 엄청난 예산을 투입해 황립물리기술연구소가 만들어졌다.[30] 독일제국에서 '흑체 문제(blackbody problem)'는 세계적인 조명산업 경쟁에서 중요한 문제가 되었다. 양자의 발견은 그런 '제국산업'의 맥락과도 관련되어 있었던 셈이다. 한 마디로 양자론은 백열전구 상용화 과정에서 전기적 측정에 대한 합의된 단위와 표준설정 문제로 시작된 것이다. 물체에서 방출되는 빛의 색과 세기의 상관관계에 대한 연구는 결국 흑체에서 방출되는 에너지의 양을 알아내는 문제로 변환되었다. 이것이 플랑크 앞에 제시된 흑체 문제였다. 그 최종

---

30 황립물리기술연구소(PTR; Physikalisch-Technische Reichsanstalt)는 영미의 기술체계에 도전하려는 독일의 야심찬 계획의 일환으로 만들어졌다. 최고의 연구소를 만들기 위해 10년 이상에 걸쳐 공사를 진행했고, 과학적 응용분야에서 독일의 과학기술을 세계 최고 수준에 올리기 위한 분명한 목표하에 만들어졌다. 국제적으로 공인된 정확한 광도 단위를 고안하는 것도 이 연구소의 중요 연구과제 중 하나였다. 결국 더 좋은 전구를 만들어야 한다는 필요성이 1890년대 PTR의 흑체연구사업으로 이어졌고, 이 시대적 우연 속에서 양자의 발견이라는 필연이 뒤따랐다. 플랑크는 그가 필요한 적절한 곳에 있었다.

공식은 당연히 흑체의 온도와 방출되는 복사파장이 변수로 들어가 있어야 했다. 이제 플랑크는 키르히호프 등이 알아낸 현상의 동작구조를 설명하고자 했다.

국가적 요구로서의 흑체복사 문제

흑체복사란 무엇인가? 흑체복사는 말 그대로 검은 물체, 즉 빛을 내뿜지 않는 물체에서 나오는 에너지 복사를 의미한다. 흑체복사와 관련된 체계적인 실험이 진행된 이유는 당시 독일산업의 요구에 부응한 결과였다. 19세기 말 전기조명산업은 새로운 첨단산업으로 각광받았다. 독일은 전기조명산업의 주도권을 쥐기 위해 여러 투자를 아끼지 않았다. 전기조명산업을 체계화하기 위해서는 먼저 전기적 표준들을 정해야 했고, 특히 전구의 필라멘트에서 방출되는 가시광선과 비가시광선(즉 적외선과 자외선) 등의 복사현상에 대한 폭넓은 이해가 필요했다. 전기조명산업 종사자들은 밤을 밝히는 전기불빛을 만들어냈지만 아직 그것이 무엇인지는 알지 못했던 것이다. 다시 말해 당시 사람들은 정말 빛이 뭔지 알고 싶었다. 어쩌면 끝없이 빛을 탐구했던 아인슈타인도 같은 환경의 영향하에 있었다고 볼 수 있다. 독일의 유능한 실험물리학자들이 이런 전기조명산업의 요구에 부응하기 위해 다양하고 면밀한 실험들을 진행하며 복사에 대한 엄청난 자료를 축적했다. 결국 이 방대한 실험결과들이 플랑크가 복사 관계식을 찾게 되는 토대가 되었다. 이 사례는 왜 양자가 독일에서 탄생했는지 알려준다. 양자의 발견은 독일산업의 발전과정과 무관하지 않았다. 그리고 전기조명산업이라는 신산업이 결국 이론과학의 발전을 앞당

긴 것이라 볼 수 있다. 사회환경의 변화가 가장 근본적인 이론과학의 흐름에도 큰 영향을 줄 수 있음을 보여주는 사례다.

플랑크는 정교수가 된 직후인 1893년부터 흑체복사에 관심을 가지기 시작했다. 그리고 1897년부터 1899년까지 다섯 개의 연속 논문을 써낸다. 그리고 1900년 이 흑체복사 연구를 통해 얻어낸 새 복사법칙의 이론적 근거를 찾다가 볼츠만의 통계역학적인 엔트로피 개념을 받아들여야 하는 상황에 봉착해버렸다. 1877년 볼츠만이 제기했던 논의였고, 1880년대 자신은 반대한 해석이었다. 하지만 결국 플랑크는 겸허히 이를 인정했다. 흑체복사 과정에서 에너지는 연속적이지 않고 불연속적으로 방출된다! 이것은 빛이 입자라고 가정하면—즉 낱개 단위의 빛 알갱이가 방출되는 현상으로 바라보면—손쉽게 이해되는 것이었다. 플랑크는 먼저 그 알갱이를 이름 지었다. '양자'라고. 그리고 그 알갱이의 최소크기도 결정했다. 그것이 플랑크 상수 h다. 그리고 19세기에 원자론을 미심쩍게 바라봤던 플랑크는 이제 20세기에 들어 열렬한 원자론자가 되어 원자를 홍보하기 시작했다. 고전물리학에서는 에너지가 연속적인 양이었는데, 이제 플랑크가 열어놓은 물리학에서는 모든 것을 양자에 기반해서 생각해야 했다.

이제 인류는 자연이 아날로그인줄 알았더니 디지털이었다는 깨달음에 도달했다!!! 양자역학 이후의 시대를 사는 우리에게는 이 부분이 아주 중요하며 모두가 이 상황을 그렇게 해석한다. 그런데 사실 오늘날 우리가 가치를 두고 있는 이 에너지의 불연속 개념은 플랑크에게 중요한 부분은 아니었다. 그래서 그는 그 의미를 심각하게 검토하지 않았다. 플랑크의 머릿속에는 양자적 불연속보다는 볼츠만의 역학과 맥스웰의 전자기학을 동시에 만족하는 법칙을 유도하는 것이 핵심 목표였다. 그래서 흑체복사의 에너지가 정수배로 변화한다는 가정을 쓰고 있으면서도 스스로는 빛이 입자 알갱이라는 생각에 매우 강한 저항감을 유지하고 있었다. 그러다보니 나중에 아인슈타인의 광전효과에 대한 논문에서도 유보적인 태도를 취한 것이다. 양자는 그렇게 1908년까지 미봉책으로만 여겨졌던 가설이었다. 플랑크의 복사 식은 실험적 사실로 받아들여지는 데만 10여 년의 과정을 거친다. 그리고 플랑크를 포함한 과학자들이 빛의 입자론을 정면으로 받아들인 것도 아니었다. 1910년에도 플랑크는 자신의 플랑크 상수를 아주 보수적으로 꼭 필요한 경우에만 사용해야 한다고 주장했다. 그리고 1911년에는 빛이 물질에 흡수될 때는 연속적으로 변화하고, 방출될 때만 불연속적으로 변화가 일어난다는 오늘날에는 황당해 보이는 주장을 한다. 플랑크로서는 고민 끝에 내린 결론이었다. 빛이 입자임을 받아들이는 것은 그만큼 힘든 일이었다. 그래서 생애 내내 플랑크가 양자 불연속성에 대해 보여줬던 태도는 복잡하다. 혁명을 일으켰는지는 모르지만 결코 혁명을 원하지는 않았다는 점에서 플랑크는 코페르니쿠스와 유사한 인물이었다. 플랑크는 아인슈타인의 상대론을 찬양한 진보적 과학자였지만, 아인슈타인의 광양자 가설에 대해서는 회의적이었고, 양자역학의 비결정론 혹은 확률적 결정론에 대해서는 아인슈타인과 함께 죽을 때까지 받아들이지 않은 보수적 인물이었다.

1910년에도 그는 자신이 던져놓은 수수께끼의 h를 고전적 관점에서 해결하기 원했다. 그렇게 자신의 '양자' 개념들을 계속 복사와 선자간 상호작용에만 국한시켰다. 하지만 1910년이 되면 아인슈타인, 네른

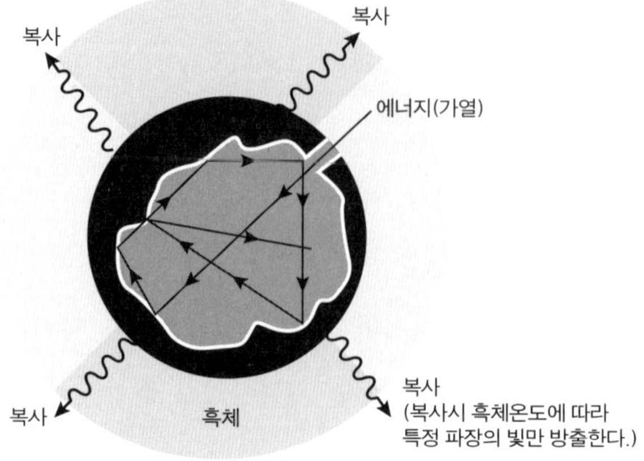

흑체복사
흑체는 별다른 것이 아니다. 말 그대로 가상의 속이 빈 검은 색 물체를 의미한다. 흑체를 가열하면 도자공들이 이미 알아냈던 것처럼 특정 온도에서 특정한 색의 빛을 내게 된다. 플랑크는 그 과정의 규칙성을 수식화하고자 했다. 관찰결과들은 흑체에서 에너지가 일정한 크기의 정수배로 방출된다는 것을 전제하지 않고는 결과를 설명할 길이 없어 보였다. 그래서 플랑크는 '마지못해' 양자의 개념을 도입했다. 그리고 그 양자의 특정한 크기를 의미하는 틀랑크 상수 h가 계산되었다. 양자와 플랑크 상수는 현대과학에 한줄기 찬란한 빛이었다. 하지만, 막상 플랑크에게는 이 개념과 자신의 성공이 당혹스러운 것이었다.

스트, 슈타르크 등이 에너지 양자 개념을 훨씬 폭넓은 영역에 적용시켰다. '양자'의 시대는 플랑크의 입장에서는 타협과 포기의 결과였다. 몇 년 동안의 연구주제가 자신이 생각한 방식으로 풀릴 수 없음을 인정하는 순간에야, 그는 마지못해 '양자'의 실재성을 인정했다.—플랑크의 양자와 플랑크 상수 h는 양자역학에 대한 이야기에서 좀더 자세히 다뤄질 것이다.

이후 플랑크의 인생에서 그의 학문적 지위는 독일제국의 세계적 위상과 정비례하며 커져갔다. 이런 인생에서라면 당연하게도 독일제국에 대한 자부심, 지식의 통일성이라는 학문적 이상에 대한 추구, 자신의 가치에 대한 믿음 모두가 불가분의 가치였을 것이다. 법과 제도에 대한 신뢰, 의무의 준수, 철저한 정직, 지나칠 정도의 도덕률 고수가 그의 특징이다. 능력, 명성, 권위를 가지고 있으면서도 이와 명료하게 대비되는 겸손함과 과묵함을 갖추고 있었다. 한 마디로 '좋은 독일인'의 전형적 인물이라 할 만하다. 그의 비극은 '나쁜 독일인'의 전형인 히틀러와 같은 시대를 살아야 했다는 점일 것이다.

6

다비트 힐베르트

쾨니히스베르크의 소년들

1878년 10월, 프로이센의 고도 쾨니히스베르크. 알트슈타트 김나지움의 학생 아르놀트 조머펠트(Arnold Sommerfeld, 1868~1951)는 선배인 친구를 기다리고 있었다. 조머펠트는 4개 국어에 능통했고, 전 과목에서 뛰어난 성적을 거두었지만 수학에는 훨씬 더 뛰어났다. 반에서는 당연히 1등을 놓친 적 없었다. 후일 조머펠트는 하이젠베르크, 파울리, 베테, 폴링, 디바이 등 현대과학의 중추가 된 인물들의 지도교수가 된다. 일설에 독일의 원자과학자 1/3은 조머펠트에게 배웠다는 말이 있을 정도다. 그런데 그런 조머펠트조차도 그가 기다리고 있던 친구보다는 한 수 아래였다. 그 친구는 약속한 시간이 한참 지나서야 어두운 표정으로 조머펠트 앞에 나타났다. 이유를 물어보니 물리선생님과 논쟁을 했고 자신의 뜻을 굽히지 않아 야단을 맞았다고 했다. 그 친구의 이

조머펠트, 민코프스키, 힐베르트
이 세 사람이 같은 시대, 같은 도시에서 성장한 것은 작은 기적이라 해도 좋을 것이다.

름은 헤르만 민코프스키(Hermann Minkowski, 1864~1909)였다. 그는 한 번 읽은 글은 또렷이 기억했고 수학적 재능은 따를 자가 없었다. 수업 시간에 수식을 풀던 수학선생님이 막히면 친구들은 "민코프스키, 도와드려!"라고 했다고 한다. 민코프스키는 칸트가 가르치던 쾨니히스베르크 대학에 가고 싶어했고, 이후 5년 반 만에 수석으로 김나지움을 졸업한 뒤 결국 그 꿈을 이루었다. 어쨌든 그날 물리선생님은 '물질은 무엇으로 구성되어 있는가?'를 물었다고 한다. 선생님이 원하는 답은 '원자'였다. 하지만 민코프스키는 다른 답을 했다. "수(數)입니다." 만물의 근원이 원자 따위라니! 민코프스키는 결코 인정할 수 없었다. 만물의 근원을 겨우 물질 입자에서 찾고 있는 것은 조악해 보였고 동어반복에 지나지 않았다. 그래서 민코프스키는 저녁이 다 될 때까지 버티며 선생님과 자존심 싸움이나 다름 없는 벌을 받고 온 것이었다. 물리선생님은 야단을 쳤지만 민코프스키는 끝끝내 자신의 답을 정정하지 않았다. 떡잎부터 달랐던 이 피타고라스의 진동을 이은 학생은 후일 자신이 사랑하는 수학에서 놀라운 아름다움을 찾아내게 된다. 많은 수학적 업적을 이루었음에도 오늘날 많은 사람들은 그의 이름에서 '아인슈타인의 스승' 혹은 '민코프스키 공간'만을 떠올린다. 당시 다비트 힐베르트(David Hilbert, 1862~1943)는 민코프스키보다 두 살이 많았다. 민코프스키와 조머펠트가 다니던 알트슈타트 김나지움이 아니라 인근의 프리드리히 김나지움에 다니고 있었다. 그래서 이후 대학에 가서야 이들은 서로를 알게 되고 평생에 걸친 우정을 쌓게 된다. 힐베르트에 대해서는 긴 설명이 필요 없다. 그는 '현대수학의 아버지'로 불린다. 우연이라기엔 참으로 기적 같은 일이었다. 20세기 수학과 과학의 역사에서 빼놓을 수 없는 세 명의 걸출한 인물이 19세기 말의 쾨니히스베르크에서 함께 성장하고 있었다.

힐베르트의 유년기

쾨니히스베르크는 지금은 존재하지 않는 도시다. 독일의 제2차 세계대전 패전 후 쾨니히스베르크는 소련에 편입됐고 칼라닌그라드로 개명됐다. 1945년에 이 위대한 도시를 잃은 것은 히틀러가 독일에 남긴 여러 재앙 중 하나였다. 이 도시는 두 가지 상징을 가지고 있었다. 하나는 칸트였다. 근대 독일이 도달한 학문적 성과의 진면목을 보여준 대철학자가 바로 이 도시 출신이다. 그의 무덤과 산책길은 이 도시 시민들에게 강한 문화적 자긍심을 주었다. 또 하나는 '왕의 도시'라는 의미의 도시 명칭에서 알 수 있듯이 쾨니히스베르크는 프로이센 군국주의의 상징도시이기도 했다. 베를린에 있는 프로이센 국왕은 즉위식 후 항상 쾨니히스베르크를 들러 프로이센의 뿌리가 이 도시임을 재확인하는 전통을 지켰다. 이 두 가지 이질적이지만 지극히 독일적인 전통들이 조

쾨니히스베르크

프로이센 군국주의의 상징이자 고매한 근대 도덕률의 확립자 칸트의 도시. 일찍이 13세기부터 동프로이센의 수도인 유서 깊은 도시. 프레겔 강이 발트 해로 흘러들어가는 소금 냄새 나는 해안 도시. 언덕 위의 고성, 왕들의 대관식이 열리던 크나이호프 섬의 대성당, 그 옆 칸트의 무덤. 당연하게도 이 도시의 소년들은 독일의 역사와 칸트를 호흡하며 자랐다.

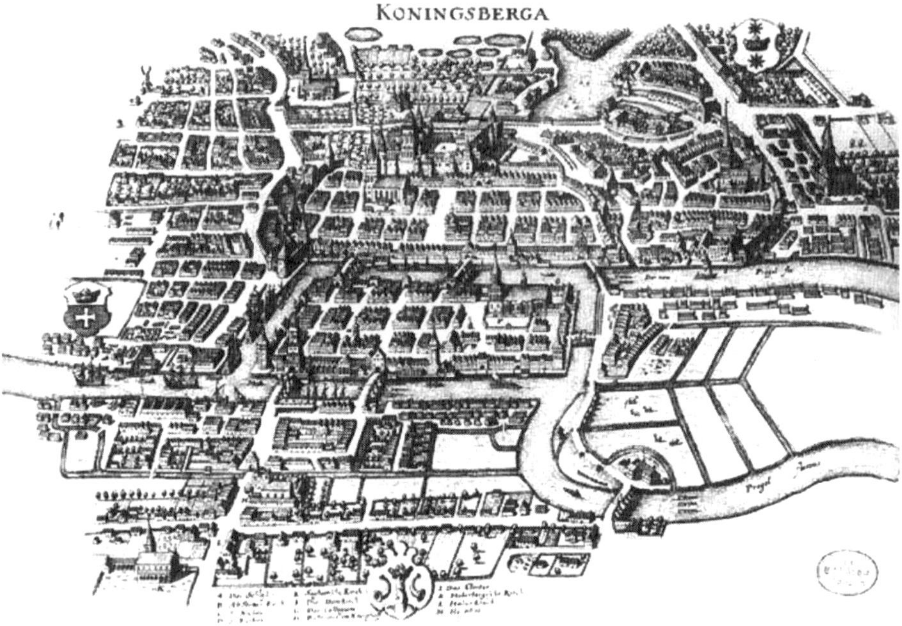

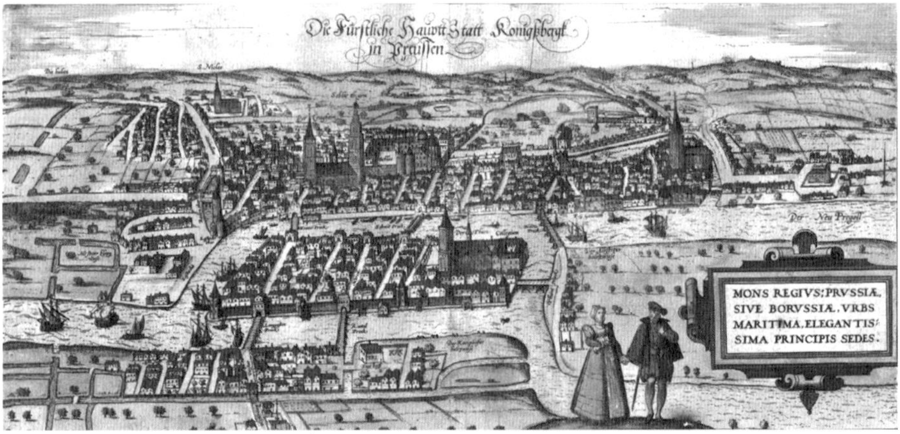

크나이호프 섬과 다리들

쾨니히스베르크를 흐르는 프레겔 강에는 7개의 다리가 있고 이 중 5개는 강 가운데 크나이호프 섬과 연결되어 있다. 오일러는 이 다리들을 한 번만 건너는 방법이 있는지에 대한 유명한 위상수학 문제를 제시한 바 있다.

합되며 힐베르트의 인생관이 만들어졌다. 힐베르트는 일생에 걸쳐 더없이 학구적이었고, 수학에서 모험적이었지만, 일상의 행동양식은 전형적인 프로이센인이었다.

힐베르트는 1862년 1월 23일 동프로이센 쾨니히스베르크 근처의 벨라우에서 출생했다. 아버지 오토 힐베르트는 판사였고, 어머니 마리아는 철학과 천문학에 관심이 많았던 학구적 여성이었다. 그리고 여섯 살 연하인 여동생 엘리제가 있었다. 19세기 말 20세기 초를 살던 많은 독일학자들처럼 힐베르트도 아버지로부터 강직한 프로이센식의 준법정신을, 어머니로부터는 학문적 관심을 물려받았다. 독일통일전쟁이 한참이던 시기 아버지가 쾨니히스베르크 시 판사가 되어 힐베르트의 유년은 이 도시의 공기를 호흡하게 된다. 힐베르트가 다섯 살이던 1867년 나중의 빌헬름 황제가 될 빌헬름 5세가 쾨니히스베르크에서 프로이센 국왕으로서 대관식을 했고 오토 폰 비스마르크 쉔하우젠 백작을 수상에 임명했다. 1870년 프랑스-프로이센 전쟁에서 승리한 프로이센군은 파리에 입성했다. 1872년 그 무적의 프로이센 군대는 쾨니히스베르크에서 개선행진을 했다. 여덟 살 이후 힐베르트는 하루가 다르게 발전하는 독일제국 신민이 되었다. 그래서 힐베르트의 유년기는 독일 군국주의의 고속팽창기와 그대로 일치했다. 힐베르트는 자신의 가문과 소국에 대해 의심 없는 자부심으로 무장한 채 학문의 길을 마음껏 걸을 수 있었다.

임마누엘 칸트
쾨니히스베르크가 배출한 근대 윤리학의 창시자 칸트, "가장 놀라운 것은 별들이 가득 찬 하늘과 내 마음속 도덕률이다." "인간의 모든 지식은 직관에서 시작되어 개념이 된 후 이상으로 끝난다." 그는 학문의 길을 가고자 하는 이들이 곱씹고 곱씹을 만한 말들을 많이 남겼다.

통일독일은 이민족에 대한 구시대적 차별정책들을 과감하게 폐지해 나갔다. 그러자 특히 유대인들에 대한 차별정책이 심했던 러시아와 동유럽에서 재능 있는 유대인들이 대거 독일로 이주하기 시작했다. 독일로 이주한 유대인들은 대부분 지식인 계층이어서 독일의 발전에도 큰 도움이 되었고 그들도 상당한 사회적 성공을 이루었다. 하지만 19세기 말의 이런 상황은 결국 독일인들의 심중에 질투를 불러일으켰고 반세기 뒤에는 부메랑처럼 가장 끔찍한 유대인 박해가 독일에서 발생하는 한 이유가 되었다. 이 시기 헤르만 민코프스키의 가족도 차르의 유대인 박해를 피해 러시아에서 이사와 쾨니히스베르크에 정착했다. 그리고 헤르만 민코프스키의 아버지는 사업으로 상당한 부를 축적했다. 형제들은 모두 재능이 뛰어났다. 러시아에서 유대인은 고등학교 입학이 불가능했기 때문에 학교를 다니지 못했던 큰형 막스는 부친의 사업을 물려받았다. 둘째형 오스카어는 명문 알트슈타트 김나지움에 입학해 후일 의사가 되었고, 당뇨병 연구 끝에 '인슐린의 아버지'로 불리게 된다. 그리고 삼남이었던 헤르만 민코프스키는 현대사에 족적을 남긴 위대한 수학자가 되어 가장 유명해졌고, 막내인 여동생 파니는 오빠들의 이야기를 『우주의 세 천재』라는 책으로 출판해서 삼형제의 매력적인 일화들을 남겼다.

한편 힐베르트는 칸트가 졸업한 최고의 김나지움인 프리드리히 김나지움에 입학했다. 하지만 전통적이고 보수적인 학교였다. 라틴어, 그리스어는 최고 수준의 교육을 했지만, 수학 수준은 낮았고 과학은 아예 가르치지 않았다. 힐베르트는 기억력이 좋지 못했는데 과목은 모두 암기형 교과였다. 거기다 이웃인 알트슈타트 김나지움에는 당시 민코프스키와 조머펠트가 재학 중이었는데 이들과 유년기에는 단절되었던 것도 아쉬운 부분이다. 후일 자신이 수학을 좋아한 이유는 '그것을 이해하는 데 아무 힘도 들지 않았기 때문'이라고 밝혔다. 그나마 마지막 해에 수학 수준이 높은 빌헬름 김나지움으로 전학해 대학 입학 전 수학의 기초를 다질 기회를 가졌다.

청년기 힐베르트와 민코프스키

1880년 힐베르트는 쾨니히스베르크 대학에 진학했다. 최고 수학자들이 많은 업적을 내놓은 학교였고, 독일에서 최초로 이론물리학 연구소가 만들어졌던 곳이기도 하다. 또 오늘날은 일반화한 세미나식의 수업형태도 처음 개설되었던 진보적인 명문대학이었다. 가업을 잇기 바라는 아버지의 반대를 무릅쓰고 힐베르트는 법학과가 아닌 철학부 소속의 수학과에 입학했다. 동급생들은 이제 '술과 여자'를 즐길 자유를 얻어 기뻐했지만, 힐베르트는 '수학을 즐길 자유'를 얻어 기뻐했다. 힐베르트보다 두 살 연하로 1864년생이었던 민코프스키는 김나지움 8년 과정을 5년 반 만에 끝내 대학입학은 힐베르트와 같은 시기에 하게 된다. 이쯤에서 오늘날과는 차별화되는 당시 독일대학의 중요한 특징들을 살펴볼 필요가 있을 것 같다. 먼저 가장 눈에 띄는 특징은 교수는 가르치고 싶은 것을 가르치고, 학생은 배우고 싶은 것을 배울 수 있었다는 것이다! 필수과목, 출석, 시험, 강의평가 같은 개념은 전혀 없었다. 졸업을 위한 학위시험만 있을 뿐이었다. 더구나 다른 대학에 가서 오랜 시간 청강을 하는 것도 가능했다. 이 놀라운 자유는 19세기 말~20세기 초 독일의 학문과 과학 발전의 중요한 촉매제였다. 특히 당시는 두 번째 학기에 대학을 옮기는 것이 유행이었다. 이런 전반적 분위기들은 20세기 전반 놀라운 독일의 과학적 성취들을 위한 다양성과 창조성을 제공해주었다. 이런 시대 분위기 속에 힐베르트도 하이델베르크 대학에 가서 한 학기를 보내고 다음 해에 돌아왔다. 그리고 1882년에 베를린 대학에서 세 학기를 보낸 17세의 민코프스키가 귀환했다. 그리고 다음 해인 1883년 18세의 민코프스키는 수리과학 그랑프리를 수상하면서 자신의 천재성을 과시했다. 계속 같은 도시에서 성장했음에도 만날 기회가 없었던 힐베르트와 민코프스키는 이 시기에 친구가 되었고 이후 평생 동안 우정을 나누며 수학에 대한 사랑을 공유했다. 당시 수학은 최고 완성도에 도달했다고 모두 자축하는 시대이기도 했다. 하지만, 칸토어가 집합론을 연구하며 '무한대' 개념에 대한 새로운 시각을 제시하며 수십 년간 격렬한 수리철학적 논쟁이 계속되었다. 또한 플랑크의 사례에서 살펴본 바대로 자연과학에 대해서는 비관론이 일반적인 시기였다. 이런 때에 파이가 초월수[31]임을 증명했던 린데만이 부임해왔고, 뒤를 이어 1884년에는 괴팅겐에서 학위를 받은 아돌프 후르비츠(Adolf Hurwitz, 1859~1919)가 쾨니히스베르크 대학에 왔다. 그는 갓 스물다섯이 되지 않은 부교수로 힐베르트와는 두세 살 차이였다. 후르비츠는 힐베르트와 친해져 평생의 스승이자 동료가 됐다. 이때부터 후르비츠, 민코프스키, 힐베르트 3인은 오후 5시면 학교의 사과나무 있는 곳까지의 수학토론 산책을 시작했다. 그렇게 이후 20여 년간 이어질 3인의 우정이 맺어졌다.

1885년 2월 힐베르트는 학위시험을 통과하며 23세로 박사학위를

31 파이가 초월수라는 것을 쉽게 표현하면 원과 같은 넓이의 정사각형은 작도가 불가능함을 증명한 셈이다.

받았다. 하지만 교수가 되는 것은 쉽지 않았다. 쾨니히스베르크 대학의 경우만 해도 수학 정교수는 1명뿐이었다. 그래서 젊은 박사들은 보통 국가시험을 쳐서 김나지움 교사 자격을 받아두기도 했다. 힐베르트도 1885년 5월에 이 김나지움 교사 자격시험에도 합격해두었다. 그리고 여름에는 민코프스키가 박사학위를 받고 군에 입대했다.

독일에서 교수가 되는 과정

당시 독일에서 교수는 고귀한 신분이었다. 묘비명에는 보통 교수신분과 전공분야를 함께 새겼다. 독일에서는 박사가 되었다고 바로 교수가 될 수 있는 것이 아니었다. 교수자격시험(Habilitation, 하빌리타치온)이 따로 있었고, 여기에 합격해야만 교수자격증(venia legendi, 베니아 레겐디)이 나와 대학에서 강의가 가능했다. 베니아 레겐디는 고귀한 특권 같은 것이었다. 뒤에 살펴보겠지만 20세기가 되어 여성들에게 박사학위를 수여하기 시작할 때도 베니아 레겐디를 주는 것만은 여전히 저항이 있었다. 처음에는 보통 사강사(Privatdozent)로 시작하게 된다. 이때 학교는 사강사에게 강의자격만 주고, 강의료는 따로 주지 않았다. 사강사는 학생의 수강료를 직접 받아 생계를 유지했다. 소수 학생만 강의를 듣는 것이 보통이기 때문에 가난할 수밖에 없는 시절이기도 했다. 조교수(Extraordinarius)가 되어야 월급이 나오기 시작하고, 정교수(Ordinariat)가 되면 직업적 안정성과 최고의 명예를 얻은 것이었다. 이 일반적 과정을 이해해두면 뒤에 살펴볼 거의 대부분의 독일 과학자들의 이야기들을 이해하는 데 도움이 될 것이다.

이 시기 힐베르트는 여러 곳을 주유하며 중요한 네트워크들을 만들어 나갔다. 먼저 라이프치히에 가서 36세의 펠릭스 클라인(Felix Christian Klein, 1849~1925)에게 배웠다. 프랑스의 앙리 푸앵카레와 맞수로 일컬어지는 전설적 인물이었다. 둘은 서로의 천재성을 바로 알아봤다. 이로부터 클라인은 중요한 기점마다 힐베르트의 경력을 이끌어줬다. 1886년에 클라인은 힐베르트에게 파리행을 권고하면서 푸앵카레를 만나볼 것을 권했다. 힐베르트는 3월에 파리로 가서 푸앵카레를 만났고 여러 수학자들을 보고 살폈다. "(그런) 기회가 다시 오지 않을 테니 항상 눈을 크게 뜨고 있게." 클라인은 계속 편지로 조언해주었다. 민코프스키가 영하 20도 날씨 속 군복무를 푸념하는 편지를 보낼 때 힐베르트는 파리에서 수학에 최고조로 몰두해 있었다. 그리고 힐베르트는 곧 교수 자격을 취득한 뒤 모교에서 사강사 생활을 시작했고, 같은 해 제대한 민코프스키는 본 대학에서 사강사가 되었다. 민코프스키는 힐베르트를 그리워해 자주 휴가를 같이 보내며 산책을 계속했다. 둘은 착실히 경력을 쌓아나갔다.

1888년에 힐베르트는 21명의 유명 수학자를 만나볼 야심 찬 계획을 세우고 여행을 했다. 괴팅겐과 베를린을 거쳐 쾨니히스베르크로 돌아왔다. 그 와중에도 괴팅겐에서는 고르단의 불변식 이론을 더 짧게 증명하는 데 성공했다. 이제 힐베르트는 유럽 수학자들에게 충분히 알려져 있었다. 괴팅겐으로 옮겨가 있던 클라인은 이때부터 힐베르트를 빨리 괴팅겐으로 데려오려고 움직이기 시작했다. 1890년을 지나면서 힐베르트는 수학을 넘어 학계 전반에서 업적을 인정받고 지위가 확고해지는 즐거운 시기를 보낸다. 그런데 힐베르트가 순수수학을 연구 중이던 이 시기 민코프스키는 순수수학에서 멀어진다. 29세에 맥스웰의 전자기파를 발견한 하인리히 헤르츠(Heinrich Hertz, 1857~1894)가 31세의 나이로 본 대학 물리학 교수로 온 것이다. 헤르츠는 민코프스키를 물리학의 신비로 이끌었다. 민코프스키는 "나는 지금 완전히 물리학에 감염되었다."고 힐베르트에게 편지를 보냈다. 이런 경험들이 후일 그가 시공간에 대한 아인슈타인의 수학적 작업을 마무리할 수 있는 통찰을 주었을 것이다. 1892년에는 후르비츠가 결혼하고 부교수 8년 만에 취리히 대학 정교수로 옮겨갔고 힐베르트가 후임자가 되어 모교의 조교수가 되었다. 힐베르트도 이제 여유가 생기자 10월에 결혼을 하고, 정수론을 연구하기 시작했다. 같은 시기 민코프스키도 본에서 부교수가 되었다. 헤르츠가 37세에 갑자기 병으로 요절하자 민코프스키는 수학으로 돌아왔지만 이때의 경력은 뒷날 취리히에서 물리학 전공인 아인슈타인을 가르치는 계기가 된다. 1893년 린데만이 뮌헨으로 옮겨가자 힐베르트는 정교수로 승진했다. 그리고 자기 자리 후임으로 민코프스키를 불렀다. 이들은 이런 식으로 계속 앞서거니 뒷서거니 하며 서로의 경력을 밀어주었다. 1894년 민코프스키가 쾨니히스베르크로 오자 10년 만에 둘은 사과나무까지 산책을 다시 시작했다. 하지만 1894년 말에 클라인이 "괴팅겐 교수로 지명되면 거절하지 말라."는 부탁편지를 몰래 힐베르트에게 보냈다. 두 천재의 수학자로서의 인생은 막힘없이 흘러갔지만 서로의 소원처럼 오랜 기간 함께 일하기는 쉽지 않았다.

괴팅겐의 '피리 부는 사나이'

"괴팅겐을 떠나서는 삶도 없다.(Extra Gottingen non est vita.)"

—괴팅겐 시청사의 표어

(cc) Daniel Schwen

괴팅겐

괴팅겐은 하노버 주에 있다. 하노버 공국은 1866년 프로이센에 합병되었고, 현재 독일의 하노버 주가 되었다. 하노버는 문화예술의 측면에서 강한 자부심을 가진 지역이다. 17세기 사례를 하나 들어본다면 라이프니츠가 모시던 하노버의 주군은 영국의 조지 2세가 되어 뉴턴의 주군이 되었다. 즉 현재의 영국 왕실이 바로 하노버 왕가의 후손이다. 영국의 하노버 왕가는 1차 대전 시기 독일과 적국이 되자 윈저왕가로 이름을 바꿨다.

가우스가 괴팅겐에 입학한 1795년을 괴팅겐 수학 전통의 시작으로 볼 때, 힐베르트는 꼭 100년 뒤인 1895년 3월 33세로 괴팅겐에 부임했다. 이제 힐베르트의 괴팅겐 시대가 열렸고 이로부터 '빛은 괴팅겐으로부터'부터라는 말은 최소한 수학에서 액면 그대로의 진실이 되어갔다. 쾨니히스베르크에서는 민코프스키가 바로 힐베르트의 후임자가 되어 정교수가 되었다. 하지만 1896년 취리히 연방공과대학에서 민코프스키에게 제의가 왔다. 힐베르트가 떠난 뒤 외로웠던 민코프스키는 '오직 후르비츠와 어울리고 싶은 마음에' 가을에 이를 수락했다. 민코프스키와 아인슈타인은 이렇게 연결되게 된다. 한편 힐베르트는 괴팅겐을 학문적 자극은 충만한 곳이나 인간적 따스함은 부족한 곳으로 느꼈다. 힐베르트는 괴팅겐에서 네른스트, 조머펠트와 친구가 되었다. 조머펠트와는 어린 시절을 같은 도시에서 보내고도 김나지움이 달라 괴팅겐에 와서야 만난 것이다. 1897년에는 여동생 엘리제가 출산 중 사망하는 비극을 겪는 와중에도 걸작 『수론 보고서』를 완성했다. 같은 해 민코프스키는 결혼했고 취리히에서 제1회 국제수학자 대회가 열렸다.

1898~1899년 겨울학기 힐베르트는 기하학 원론을 강의했다. 학생들은 힐베르트가 정수론 이외의 강의를 새롭게 시작한 것에 놀랐다. 이후 힐베르트는 평생에 걸쳐 수학의 어떤 분야든 건드리면 업적을 쏟아냈다.—물리학에서는 그렇게 성공적이라고까지는 표현하기 힘들겠지만 뒤에서 살펴볼 내용처럼 일반상대성이론의 결론에 아인슈타인보다도 빠르게 접근하는 역량을 보여주었다. 이 시기 힐베르트의 강의를 청강했던 라우에는 "수학적 방법을 통해 자연에 관해 얼마나 많은 것을 알 수 있는지 깨닫고 지극히 놀랐다."라고 순수수학에 대해 받은 감명을 표현했다.

펠릭스 클라인

클라인은 뒤셀도르프에서 태어나 유년기를 보내고, 본 대학교에서 수학과 물리학을 공부했다. 1886년부터 1913년까지 괴팅겐 대학 교수였으며 이 기간 동안 20세기 괴팅겐 대학의 수학과 과학 분야 중흥의 기틀을 만든 사람으로 평가된다. 힐베르트를 괴팅겐으로 불러온 것도 클라인의 작업이다. 1925년 괴팅겐에서 죽었다. 그가 괴팅겐의 '하드웨어'를 구축하고 힐베르트가 '소프트웨어'를 구축했다고 비유해볼 만하다. 클라인은 뛰어난 직관력의 소유자였다. 하지만 다빈치처럼 아이디어맨에 가까웠고 자신이 참이라고 믿는 정리를 완전히 증명해내는 참을성은 없었다. 비행기에서 내려다보듯이 빠르게 관심사를 이동해가는 유형이었다. 하지만 힐베르트는 처음부터 끝까지 참을성 있게 모든 과정을 마무리하는 유형이라는 점에서 클라인과 큰 차이를 보인다.

힐베르트

전체 과정에 대한 집요하고 꼼꼼한 검증은 힐베르트의 특징이다. 그랬기에 그의 업적들이 나왔다. '그러나, 아니다.(Aber nein!)'는 힐베르트의 말버릇이었다.

1900년 여름 파리에서 열린 제2차 국제 수학자 대회에서 힐베르트는 수학사에 남을 연설을 한다. '수학의 미래'라는 주제로 새로운 세기를 맞아 풀어야 할 문제 23개를 제시한 것이다. 이 강연은 결국 20세기 수학이 나아가야 할 방향이 되었다. 20세기에 들어서자 『수론보고서』, 『기하학의 기초』, '20세기 수학의 과제' 등을 비롯한 찬란한 업적의 결과, 힐베르트는 더 이상 유명해질 수 없을 만큼 유명해졌고 추밀고문관(Geheimrat)이 되었다.[32] 힐베르트는 최고의 영예 속에서 1902

32 독일에서 추밀고문관은 영국에서라면 뉴턴이나 캘빈 경처럼 기사 작위를 받은 정도에 비견할 수 있다.

민코프스키와 아인슈타인
취리히에서 민코프스키의 강의 스타일은 인기가 없었다. 무대공포증이 있어 수업시간에 수줍음을 타고 말을 더듬는 편이었다. 특히 건방진 학생이었던 아인슈타인은 민코프스키의 수업에 싫증나 자주 결석했고 그런 아인슈타인을 민코프스키는 '게으른 개'라고 표현했다. 결국 아인슈타인은 상대성이론을 만들고 민코프스키보다 훨씬 유명해졌다. 하지만 아인슈타인의 업적은 바로 민코프스키에 의해 세련되게 정리되었다.

년 40세를 맞았다. 이렇게 힐베르트가 괴팅겐에서 클라인과 양대 산맥을 이룬 시점에 베를린 대학에서 초청이 왔다. 베를린에 갈 생각은 없었으나 힐베르트는 이 기회를 또다시 활용한다. 힐베르트는 괴팅겐에 남는 대가로 민코프스키를 취리히에서 데려오는 조건을 걸었던 것이다. 민코프스키는 괴팅겐에 돌아가게 된 것이 한없이 반가웠다. 죽마고우 힐베르트와 함께 근무할 수 있게 된 것이 가장 중요했지만 다른 이유도 있었다. 5년간의 취리히 생활이 민코프스키는 썩 마음에 들지 않았었다. 민코프스키의 눈에 취리히 공대의 학생들은 괴팅겐의 학생들에 비하면 '떠먹여줘야만' 하는 수준 낮은 학생들로 보였다. 더구나 한 학생은 커플인 여학생과 수시로 수업을 빼먹었고, 졸업할 때까지 교수에 대한 기본적 예절을 지키지도 않는 불성실한 태도를 보였다. 그 학생은 민코프스키의 '교수답지 않게' 말을 더듬거나 수줍어하는 모습들을 싫어했고 표시를 냈다. 민코프스키의 짜증은 더해갔고 이 버릇없는 학생을 결국 '게으른 개'라고 불렀다. 운 없게도 민코프스키의 짧았던 취리히 시절은 하필 그 학생의 재학기간 전체와 겹쳐버렸다. 잊지 못할 그 학생의 이름은 알베르트 아인슈타인이었다. 민코프스키는 다시는 이런 시간을 보내지 않아도 된다는 안도감 속에 괴팅겐으로 돌아갔다. 1902년 가을 민코프스키가 괴팅겐에 합류한 뒤 두 천재의 목요일 수학 산책이 다시 시작되었다. 이제 괴팅겐에는 클라인, 민코프스키, 힐베르트가 집결했다. 클라인은 뛰어난 행정력을 발휘해서 여러 연구소들을 괴팅겐 대학 근처로 유치하기 시작했고 이는 현대 대학연구소들의 모델이 되었다. 괴팅겐의 영광이 최고도에 다다른 1903년에는 헤르만 바일(Hermann Klaus Hugo Weyl, 1885~1955)과 막스 보른(Max Born, 1882~1970)이 괴팅겐에 왔다. 1904년에는 후일 블랙홀의 가능성을 입증한 카를 슈바르츠실트(Karl Schwarzschild, 1873~1916)도 괴팅겐에 왔다. 괴팅겐은 수학과 과학 모두에서 중심지가 되어갔다. 힐베르트의 가르침을 받은 바일과 보른은 결국 1920년대 괴팅겐 물리학의 황금기를 이끈다.—바일은 후일 힐베르트를 '괴팅겐의 피리 부는 사나이'라고 적절하게 호칭을 붙였다.

민코프스키 공간—통합된 시공간

후일 아인슈타인과 긴밀히 연결될 막스 보른은 1905년에 힐베르트의 조수였다. 그 해 힐베르트와 민코프스키는 세미나 주제로 '움직이는 물체의 전기역학'을 잡았다. 그런데 바로 그 해 『물리학 연보』에는 아인슈타인이 쓴 논문 「움직이는 물체의 전기동역학에 대하여」가 실

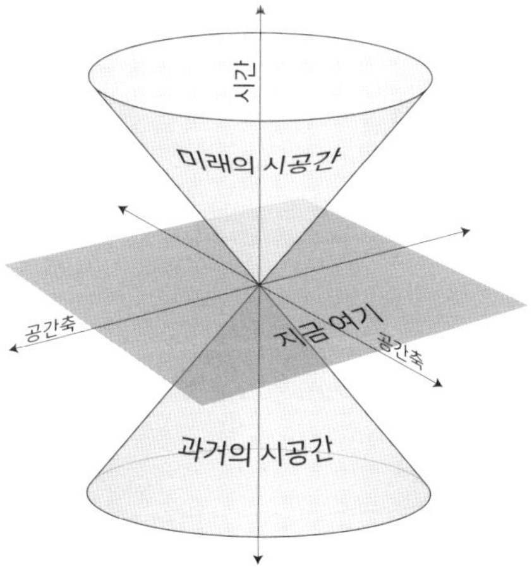

민코프스키 공간

렸다. 후일 특수상대성이론이라 불리게 될 논문이었다. 민코프스키는 깜짝 놀랐다. 항상 결석하던 아인슈타인이 전혀 다른 곳에서 같은 것을 연구하고 있었던 것이다. "항상 결석하던 그 학생이었구나. 그 친구가 그런 일을 해낼 줄 몰랐는데." 뒤에 이 논문을 보고 민코프스키는 훌륭한 제자를 알아보지 못했음을 탄식했다. 민코프스키의 스타일은 수학적 방향을 제대로 잡았고 깔끔했지만, 추상적이었다. 하지만 아인슈타인은 수학적 완성도는 낮았지만, 실재의 문제에 과감하게 적용했고 현실적인 물리적 문제들에 응용했다. 사실 거의 비슷한 동시발견의 하나였다. 민코프스키는 적잖이 당황했다. 아인슈타인의 수학 수준은 분명 보잘것없었다.—물론 민코프스키 수준에서 본다면 수학자로 대성할 자질은 없었다는 의미다.— 그런데도 특수상대성이론 논문은 명백한 결과를 보여주었다. 시공을 다차원 수학으로 연결한 제자의 아이디어는 탁월했다. 민코프스키는 짜릿한 감동을 느낀 뒤 제자의 연구내용

往古來今謂之宙 (왕고래금위지주)

四方上下謂之宇 (사방상하위지우)

옛날부터 지금까지를 주(宙)라 하며, 사방과 상하를 우(宇)라 한다.
—회남자 제속훈 (淮南子 濟俗訓)

회남자에 나오는 한자어 '宇宙'의 설명

서양에 '우주'라는 단어가 없어서 그렇지 민코프스키가 한자어를 알았다면 아마도 world line을 세계선이 아니라 우주선(宇宙線)이라는 용어로 번역어를 채택했을 듯하다. 한자어 '宇宙'는 이미 민코프스키가 제시한 시공간의 개념을 그대로 담고 있다.

을 좀 더 엄밀한 수학의 세계로 끌어들이기로 했다. 아인슈타인의 아이디어는 훌륭했지만 아직 수학적으로는 둔탁했다. 민코프스키는 바로 후속연구에 들어갔다. 그리고 1908년까지 작업을 계속했다. 1908년 힐베르트는 46세, 민코프스키는 44세가 되었다. 친구가 된 지 25년이 되는 시점이었다. 9월 21일 쾰른에서 열린 학회에서 민코프스키는 「공간과 시간(Raum und Zeit)」이라는 제목의 역사적 강연을 한다. 청중의 구성이나 반응과 상관없이 민코프스키는 역사적 문장을 읽었다. "(개별적인) 시간과 공간은 사라질 것이며, 이 두 개념의 융합만이 독립적인 실체로 남을 것입니다." 이 역사적 순간에 아이러니하게도 수학자들은 없었다. 참석자는 주로 의사와 박물학자들이었다. 대다수의 청중은 이해하기 어려웠을 것이다. 세계선(worldline), 광원뿔(light cone), 시공간(timespace)의 독특한 개념이 이렇게 세상에 소개되었다. 4차원의 '단일한' 기하학적 구조 속에 시공은 상호연관을 맺고 있다. 이 기하학적 '세계'(4차원적 우주) 속에서 각 사건(event)이 세계점(world point)이고, 그 점을 연결한 선이 세계선(world line)이다. "전 우주는 결국 이 세계선들로 환원된다. 나는 물리법칙이 이 세계선들 사이의 관계를 통해 가장 완벽하게 표현될 수 있다고 생각한다."

이때 보른도 청중 속에 있었다. 아마도 보른만이 민코프스키의 이 연구 안에 상대성이론에 필요한 모든 수학적 도구가 들어 있음을 알았던 유일한 청중이었을 것이다. 20세기 과학과 철학을 관통할 휘어져 합쳐진 시공간이라는 개념이 일목요연하게 제시된 순간이었다. 그렇게 민코프스키는 몇 년 뒤 자신의 옛 제자 아인슈타인이 특수상대성이론에서 일반상대성이론으로 나아갈 수 있는 수학적, 철학적 기반을 마련했다. 이 위대한 업적을 남기고 민코프스키는 괴팅겐으로 금의환향했다. 힐베르트가 칭송했고, 제자 보른과 친구 조머펠트도 환영했다. 이후 아인슈타인이 일반상대론을 전개할 수 있었던 것 자체가 민코프스키가 정의한 명확한 수학적 시공간 개념 덕분이었다. 민코프스키는 한때 자신과 사이 나빴던 제자가 다음 단계로 나갈 수 있는 튼튼한 다리를 만들어놓았다. 4차원적 시공 연속체 개념의 아이디어는 아인슈타인으로부터 비롯되었지만 최종적인 수학적 완성은 민코프스키의 공적이었다. 그래서 우리는 일반상대론에서 제시되는 시공간 개념을 '아인슈타인 공간'이 아니라 '민코프스키 공간'이라고 부르고 있다.

1909년 1월 6일 수요일, 휴가에서 돌아온 민코프스키는 목요일의 수학 산책을 함께하고 금요일 강의를 수행했다. 그런데, 일요일 저녁 식사 후 민코프스키는 갑자기 급성맹장염에 걸렸고 충수가 파열됐다. 의사들이 가능성이 낮은 어려운 수술을 시도했으나 결국 월요일에 상황은 절망적이 되었다. 민코프스키는 아직도 많은 일을 할 수 있는 자신의 단명을 슬퍼했고, 다음 날인 1월 12일 힐베르트를 마지막으로 한 번 더 보고 싶어했다. 힐베르트는 급히 병원으로 왔으나 민코프스키는 이미 사망한 뒤였다. 수요일 수업에서 민코프스키의 죽음을 전하며 힐베르트는 울고 있었다. 목요일의 수학 산책 대신 수학교수들은 민코프스키의 관을 따라갔다. 운명이 두 친구의 사이를 시샘했는지, 민코프스키가 아직 인류가 도달해서는 안 되는 지점을 기웃거리는 것이 걱정되었는지, 불꽃처럼 타오른 1908년을 보내고 민코프스키는 갑작스럽게 사망했다. 1909년 45세인 민코프스키의 급한 퇴장으로 힐베르트와 민코프스키라는 쌍두마차의 괴팅겐 황금시대는 7년에 그쳤다. 하지만 견고한 괴팅겐의 시스템은 민코프스키의 작업을 훌륭히 이어받았다. 이후 보른과 프랑크는 힐베르트의 수학제국에 성공적으로 물리학의 자치구를 만들어내게 된다.

7

톰슨과 캐번디시 연구소

20세기 초 프랑스의 퀴리 부부가 새로운 원소를 발견하며 방사능을 매력적인 연구주제로 만들었고, 독일에서는 플랑크, 아인슈타인 등이 고도의 철학적 사유를 엄밀한 수학적 해석으로 뒷받침하며 시간, 공간, 양자에 대한 관심을 재고시켰다. 한편 같은 시기 영국에서는 직관적 실험을 통한 시각적 모델을 제시하며 원자 내부에 대한 새로운 지식을 만들어내고 있었다. 영국에서 벌어진 이 작업들의 중심에는 한 연구소가 있었다. 그 연구소는 케임브리지의 캐번디시 연구소였고, 이를 이끈 중심인물들은 조지프 톰슨(Joseph John Thomson, 1856~1940)과 어니스트 러더퍼드(Ernest Rutherford, 1871~1937)였다. 캐번디시 연구소장으로서 톰슨과 러더퍼드의 재임기간의 합은 반세기가 넘는다. 그 기간 동안 캐번디시 연구소는 원자 연구의 중심지였다. 닐스 보어 역시 러더퍼드에게 배운 리더십을 발전시켜 그만의 코펜하겐 연구소를 이끌었다. 톰슨, 러더퍼드, 보어는 특유의 리더십으로 20세기적 집단연구와 후학양성의 모범을 보여주었다. 어쩌면 현대과학의 주요한 외형들은 캐번디시 연구소와 코펜하겐 연구소에서 비롯되었다고 해도 과언이 아니다. 20세기에 들어 과학이 거대화하면서 자연스럽게 과학은 개인에서 연구실과 팀 위주의 연구활동으로 변화해갔다. 개별 과학자의 개성을 유지하며 집단적 연구를 진행시켜야 하는 딜레마가 발생했고 새로운 리더형 과학자의 필요성이 부각되었다. 사제지간이고 동료지만, 동시에 미래의 라이벌과 연구주제와 업적을 올바로 나눌 줄 아는 과학자가 필요한 시절이다. 그런 의미에서 톰슨과 러더퍼드의 이야기는 현대의 새로운 과학자상을 제시하는 데 더할 나위 없는 사례다.

원자의 시대

중등교육과정에서 배우는 원자모형의 발전사에 반드시 등장하는 그림이 있다. 돌턴이 1807년 근대적 원자모형을 제시한 뒤 여러 과정을 거쳐 1920년대 확률구름 형태로 전자를 표현하는 현대물리학의 원자모형에 이르기까지의 사이에 세 사람의 원자모형이 차례로 위치하고 있다. 톰슨의 1904년 원자모형, 러더퍼드의 1911년 원자모형, 보어의 1913년 원자모형이다. 이들의 연구결과들은 개인의 업적이라기보다는 집단연구의 결실에 훨씬 가까웠다.

톰슨과 러더퍼드가 진행한 작업의 의미를 이해하려면 먼저 퀴리 부부의 '한계'에 대해 생각해볼 필요가 있자. 마리 퀴리의 학위논문은 분명히 실험 결과의 기술일 뿐이었다. 1903년에도 라듐이 방출하는 에너지의 '원천'은 수수께끼였다. 피에르는 그 원천이 외부라고 추측했고, 마리는 내부의 원천이 있을 것으로 막연히 추측하고 있었다. 방사능이

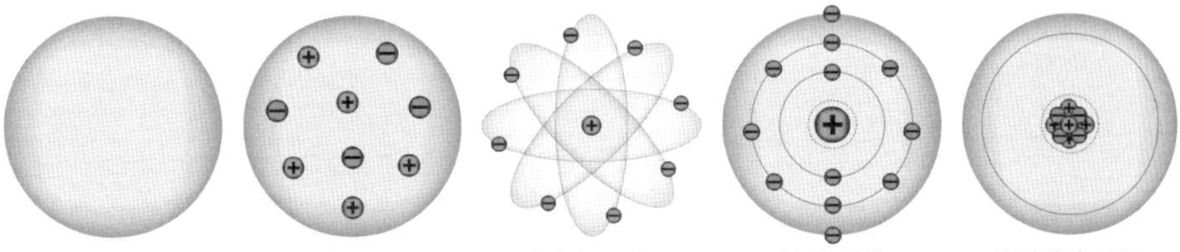

원자모형 변천사

돌턴–톰슨–러더퍼드–보어–현대로 이어지는 원자모형 변천의 역사. 하지만 중간의 세 단계는 최종적으로 정리된 답을 얻기 위한 중간 기착지 같은 것이었다. 톰슨, 러더퍼드, 보어 세 사람은 사제지간으로 연결되어 있다. 각자는 스승들의 작업에서 더 나아가 끝없이 원자모형을 발전시켜갔다. 그리고 훌륭한 스승을 둔 제자들은 스승보다 훨씬 더 유명해졌다.

무엇이며 그 에너지의 원천이 무엇인가에 대한 사유는 없었다. 퀴리 부부는 가설을 설정하지 않고 확실한 것만 서술하는 스타일이었다. 엄밀성에서 최고의 연구지만 상상력은 부족하다고 할 수 있다. 후일 딸 이렌 부부의 연구도 마찬가지 특징을 보였고 결국 그로 인해 중성자 발견의 기회를 놓친다. 반면 러더퍼드의 영향하에 캐번디시에서 행해진 연구들은 과감한 시각적 모델을 상상하고 이를 확인하는 형태를 취하며 진행됐다. 그 결과 20세기 초반 원자 연구의 중심축은 프랑스보다는 영국 쪽으로 빠르게 기울게 된다.

캐번디시 연구소가 진행했던 원자구조 연구과정을 쉽게 이해해보기 위해 우리가 중등교육과정을 통해 배우는 원자에 대한 상식들을 먼저 정리해보자. 다음의 정보를 이해하고 있다면 앞으로의 설명을 이해하는 데 별 무리가 없을 것이다.

(1) 원자는 양성자와 중성자로 구성된 원자핵이 중심에 있고, 그 주변에 전자가 분포되어 있다. (사실은 더 많은 입자들이 있지만 일단

중등교육과정에서 이 세 가지 이상을 언급해야 하는 경우는 거의 없다.)

(2) 양성자는 양의 전하를 띠고, 중성자는 전기적으로 중성이며, 전자는 음의 전하를 띤다. 그리고 전자 하나는 정확히 양성자 하나의 양의 전하를 상쇄할 수 있는 음의 전하를 띤다. 양성자와 중성자의 질량은 거의 같고, 전자는 양성자 질량의 1/1840 정도다. 엄청난 질량의 차이에도 양성자와 전자는 동일한 크기의 반대전하를 가지고 있다.

(3) 일반적인 경우의 원자는 양성자와 전자의 개수가 같고, 그래서 전기적으로 중성을 띤다. 그리고 양성자와 전자의 숫자에 차이가 있을 때, 그 차이만큼 전하를 가지며 이를 이온이라 부른다.

(4) 원자의 종류는 원자번호에 따라 결정된다. 원자번호는 해당 원자 속 양성자의 개수다. 다시 말해 원자의 특성(혹은 개성, 정체성)은 양성자의 개수로 결정된다. 예를 들어 산소는 원자번호 8, 질소는 7, 수소는 1, 헬륨은 2이다. 만약 산소 원자핵에서 양성자를 하나 빼낸다면 그것은 전혀 다른 질소의 원자가 된다. 한 마디로 원소변환이라는 연금술의 꿈은 단순히 원자핵에서 양성자의 개수를 바꾸는 일이라고 설명할 수 있다.

(5) 원자의 질량에 해당하는 원자량은 양성자와 중성자의 개수를 합한 값이다. 양성자와 중성자의 질량은 거의 같고, 전자의 질량은 거의 무시해도 되기 때문이다.

(6) 같은 원자 내에, 즉 같은 양성자 개수를 가진 원자핵 내에 중성자 개수는 다를 수 있다. 이 경우 화학적 특성은 같고 질량은 다르기 때문에 이를 동위원소라고 한다.

위에서 번호로 표기된 중등교육과정의 지식들은 1895년까지는 그 누구도, 단 하나도 알지 못했던 것들이다. 화학반응은 경험에 의해 암기되는 지식에 가까웠다. 심지어 20세기 초까지도 원자의 존재 자체를 의심하는 것이 지식인다운 태도였다. 물리학자들의 입장에서 '원자론자'들은 계산상의 유익을 위한 환상의 입자를 가정하는 경박한 화학자일 뿐이었다. 원자를 믿는 사람들에게도 원자란 그냥 그런 특징을 가진 나눌 수 없는 궁극입자일 뿐이었다. 우리가 아는 원자에 대한 모든 지식은 철저하게 20세기에 시작된 지식이다. 그리고 더 놀랍게도 우리가 배운 이 모든 지식의 대부분이 캐번디시 연구소에서 탄생했다. 그리고 그로부터 반세기가 지나자 원자폭탄이 폭발했고, 중성자, 양성자, 전자가 초등교육에서도 언급되는 상식이 되었다. 중등교육과정에서는 최외각 전자의 수만 알면 웬만한 화학반응의 결과를 논리적으로 추정할 수도 있게 되었다. 덧붙이면, 현재 원자번호 순으로 정리되어 있는 주기율표는 118번 원소까지 표기되어 있다. 중등화학 교육과정에서는 이들 중 몇몇의 원자번호와 특성을 외워야 한다. 그리고 나면 아주 많은 화학문제들을 손쉽게 해결할 수 있게 된다. 하지만 왜 그렇게 되는지, 주기율표가 왜 그런 모양인지는 거의 설명되지 않는다. 20세기 초 바로 그것을 알고자 했던 사람들에 의해 현대입자물리학과 양자역학이 만들어졌다. 캐번디시 연구소는 그 의문의 발원지였다.

캐번디시 연구소의 시작

산업혁명의 중심지로서 영국의 위상과 패러데이, 맥스웰, 다윈 등 19세기의 걸출한 과학자들이 모두 영국인이라는 점을 생각해보면 19

세기 영국과학은 여전히 건재해 보일 수도 있다. 하지만 19세기 들어 영국의 과학은 대륙에 비해 뚜렷이 뒤처지고 있었다. 더구나 독일의 19세기 약진—특히 화학, 광학, 전기기술에 관한 대부분의 주요 발전들이 독일을 중심으로 이루어지고 있었다.—이 너무나 눈부셨기 때문에 영국과학계가 체감하는 상대적 정체감은 훨씬 컸다. 사실 19세기 영국의 물리화학적 역량은 더 이상 '뉴턴의 나라'라기에는 너무 초라해져 있었다. 캐번디시 연구소가 만들어질 당시만 해도 케임브리지 대학 내에 자연과학을 공부하는 학생이 19명에 불과했다는 것은 당시 상황을 단적으로 보여준다. 사실 영국은 기술산업과 통상의 규모에서는 세계 제일이었지만 '과학이 천천히 후퇴중인 부자나라'였을 뿐이다.

그래서 19세기 중엽, 케임브리지 대학은 이를 인식하고 자연과학 교수법 개선을 위한 노력을 시작한다. 학생 몇 명을 불러 가르치는 전통적인 도제교육으로는 새롭게 대두된 물리학자의 대량 배출이란 시대적 과제를 맞출 수 없던 상황이었다. 캐번디시 연구소는 바로 이런 상황을 타개하기 위해 만들어졌다. 처음부터 학생들이 직접 실험에 참여할 수 있게 설계된 연구실을 갖추고 실험공개 강의가 가능한 대형 강의실을 마련하는 등 연구와 교육을 병행할 수 있는 공간으로서 연구소 건물이 설계되었다. 전통적인 강의 위주의 수업에서 직접 실험을 하는 체계로 바꾸기 시작한 것은 전통고수 경향이 큰 영국대학들로서는 큰 변화였다.

연구소를 만들기로 결정하고 초대소장을 임명하는 과정은 순탄치 않았다. 처음 물망에 오른 것은 바로 캘빈 경 윌리엄 톰슨이었다. 하지만 스코틀랜드인으로서 정체성이 강했던 톰슨은 글래스고 대학을 떠날 생각이 없었다. 두 번째로는 에너지 보존 법칙을 제창한 베를린 대학의 헬름홀츠를 영입하려 했으나 그 역시 독일을 떠날 생각이 없었다.

그래서 세 번째로 연구소장직을 제의 받았던 것이 바로 제임스 맥스웰이었다. 다른 사람을 섭외하기 힘들었던 상황이라 맥스웰은 거의 반강제로 취임했다. 그렇게 1871년부터 강좌가 신설되고 캐번디시 연구소가 운영되기 시작했다. 100년간 사용하게 될 연구소 건물은 1874년에 완공되었다. 캐번디시 연구소 건물은 당시 총장이었던 데본셔 공 윌리엄 캐번디시(William Cavendish)가 사재를 출연해 설립했다. 얼핏 연구소 설립에 사재를 출연한 윌리엄 캐번디시의 이름을 따서 연구소 이름을 지은 것으로 생각할 수 있다. 하지만 정확히는 총장의 먼 친척인 화학자 헨리 캐번디시(Henry Cavendish, 1731~1810)의 이름을 딴 것이다.—물론 윌리엄 캐번디시와 헨리 캐번디시가 같은 성이니 얄궂은 말장난 같기는 하다. 하지만 케임브리지의 새 연구소에 헨리 캐번디시의 이름이 붙게 된 이 작은 사건은 과학의 발전과정에 중요한 영향을 끼쳤다. 캐번디시 연구소 건물이 완공되었을 때 윌리엄 캐번디시는 헨리 캐번디시의 미발표 원고들을 그의 이름이 붙은 연구소에 기증했던 것이다. 그래서 이 헨리 캐번디시의 자료 대다수는 초대소장 맥스웰이 유고를 정리하며 세상에 나올 수 있었다. 맥스웰도 이렇게 얻은 헨리 캐번디시의 미발표 원고들을 통해 빛이 전자기파임을 보이고, 전자기학의 완성으로 연결되는 중요한 진전을 이루어냈다. 연구소의 이름과 초대소장의 조합이 우연찮은 과학적 진보를 이뤄낸 셈이다.

안타깝게도 뛰어난 연구업적을 쏟아내며 캐번디시 연구소 초기 운영을 총괄했던 맥스웰은 아인슈타인이 태어나던 1879년에 46세 나이로 요절하고 만다.—이 맥스웰 방정식의 주인공이 만약 10년을 더 살았더라면 세상은 정말 다른 모습이 되었을지 모른다. 2대 소장으로는 아르곤 발견으로 유명한 레일리 경(John William Strutt Rayleigh, 3대 레일리 남작, 1842~1919, 1904년 노벨 물리학상)이 1884년까지 5년간 재임했다. 그리고 3대 소장 인사는 파격적이었다. 불과 28세에 불과한 젊은 연구자를 소장으로 선출한 것이다. 그가 바로 조지프 톰슨이었고 톰슨은 그로부터 35년의 시간을 캐번디시 연구소장으로 살았다.

헨리 캐번디시

18세기에 수소를 발견하고 지구밀도를 측정하는 등 헨리 캐번디시의 업적은 화려했다. 하지만 헨리 캐번디시는 자신의 연구결과 대부분—3/4 정도로 추정—을 발표하지 않았다. 맥스웰이 자료를 정리해보니 그는 쿨롱보다 먼저 '쿨롱의 법칙'과 '옴의 법칙'을 발견했지만 알려지지 않아 이미 다른 사람의 이름이 붙었던 것이다. 헨리 캐번디시의 업적이 세상에 숨겨진 이유는 사실 단순하다. 그는 사람 만나는 것을 극도로 싫어했던 내성적 성격이었다. 고용인들에게도 자신과 마주치지 않도록 지시했고 실수로 얼굴이 마주친 하녀를 해고하기도 했다. 특히 여성 기피는 아주 심해서 여성과는 아무 말도 나누지 않았고 남자 하인과도 하루 몇 마디 말만 나눴다고 한다. 왕립협회 회합에 참석할 때는 주목받는 것이 두려워 항상 문 밖에 서 있다가 누군가 들어가면 따라 들어가곤 했다고 한다. 그런 이유로 헨리 캐번디시의 실험기록 상당수는 사후 수십 년

헨리 캐번디시 초상

간 알려지지 않은 채 있었다. 충분한 자산을 가진 귀족으로서 생계활동이 필요 없었던 헨리 캐번디시가 평생 남긴 자료는 엄청난 것이었고 그의 사후 수십 년이 지난 1870년대에도 중요한 가치를 가지고 있었다. 사망 시 캐번디시가 남긴 유산은 100만 파운드로 21세기 원화가치로 2조 원이 넘는 규모였다. 그래서 그는 '학자 중 가장 부자요, 부자 중 가장 학식 있는 사람'으로 불렸다. 20세기에 30명 가까운 노벨상 수상자를 배출한 연구소는 이처럼 그 이름의 유래에도 유쾌한 이야기가 포함되어 있다.

다른 톰슨들

과학사에 등장하는 톰슨은 여러 명이 있다. 더구나 우리가 살펴보고 있는 인물인 조지프 톰슨과 동시대 사람이면서도 중요한 영국인 '톰슨'들이 많다. 그래서 조지프 톰슨 이외의 '톰슨'들을 언급할 때는 혼동의 여지를 줄이기 위해 이름을 함께 명기했다. 일순위로 캐번디시 연구소장 물망에 올랐던 윌리엄 톰슨(William Thomson, 1824~1907)은 눈부신 업적으로 기사 작위를 받았다. 그래서 일반적으로 캘빈 경(Lord Kelvin 또는 Baron Kelvin)으로 불린다. 절대온도 단위 캘빈은 바로 그의 이름이 붙은 것이다. 러더퍼드와 아인슈타인의 활동기에도 캘빈 경 톰슨은 생존해 있었고 영국과학계의 웃어른이었다. 조지 톰슨(George Paget Thomson, 1892~1975)은 다름 아닌 조지프 톰슨의 아들이다. 아버지가 캐번디시 연구소장이던 시절 캐번디시 연구소의 연구원이기도 했다. 조지 톰슨은 전자의 파동성을 증명하는 실험으로 1937년도 노벨 물리학상을 받았다. 이로 인해 '아버지 톰슨은 전자가 입자임을 밝혀 노벨상을 받았고 아들 톰슨은 전자가 입자가 아님을 밝혀 노벨상을 받았다.'는 우스개가 생겼다.

톰슨과 캐번디시 연구소

흔히 전자의 발견자로 알려져 있는 조지프 톰슨은 1884~1919년 사이 제3대 캐번디시 연구소 소장이었다. 28세부터 35년간 캐번디시 연구소장이었으니 사실상 그의 인생 자체가 캐번디시 연구소장이었다고 봐도 과언이 아니다. 그의 제자 중 7명이 노벨상을 수상했으나 스승 톰슨 이상의 존재감으로 성장한 이는 러더퍼드 정도였다.

1856년 12월 18일 맨체스터 근교에서 출생한 톰슨은 어릴 때부터 영재였다. 1871년 불과 14세 나이로 맨체스터 대학 오웬스 칼리지(현 빅토리아 대학교) 입학했다. 당시 영국대학들과 달리 오웬스 칼리지는 소수의 실험물리학 강좌를 개설했던 것이 톰슨에게는 행운이 되어주었다. 물리, 수학, 공학을 위주로 공부한 후 1876년 케임브리지 대학교 트리니티 칼리지 입학 이후 그는 죽을 때까지 케임브리지 사람이 되었다. 맥스웰이 죽던 1879년 23세로 석사, 1881년 25세로 조교수, 1884년 28세로 교수가 되었다. 더 놀라운 것은 그 해에 맥스웰과 레일리를 이으며 제3대 캐번디시 연구소장이 되었다. 이후 그는 1919년까지 35년간 연구소장을 역임했다. 플랑크의 업적이 '양자와 아인슈타인의 발견'이라면 톰슨의 업적은 '전자와 러더퍼드의 발견'으로 요약될 수

조지프 톰슨(Sir J(oseph) J(ohn) Thomson)
1897년에 전자를 발견함으로써 원자 구조에 대한 연구에 혁명을 일으켰다. 1906년도 노벨 물리학상 수상자이기도 하다. 하지만 그를 대표할 가장 중요한 수식어는 3대 캐번디시 연구소장이다. 후학양성에 탁월한 재능을 보였던 그의 제자 중 7명이 노벨상을 받았다.(브래그, 바클라, 애스턴, 윌슨, 리처드슨, 러더퍼드, 그리고 아들 조지 톰슨)

있다. 이 기간 동안 그는 후학양성에서 탁월한 역량을 보였다. 그의 제자들 중 이 기간 동안 7명이 노벨상을 받았고, 27명의 왕립학회 회원과 수십 명의 교수를 배출했다. 스스로가 1906년 노벨 물리학상, 1908년 기사작위를 받은 정도는 사소한 이력으로 보일 정도다. 그리고 트리니티 칼리지 학장이 되면서 러더퍼드에게 연구소장직을 물려주어 캐번디시를 현대물리학의 중심지로 떠오르게 했다. 자신의 제자 러더퍼드를 1937년에 먼저 보내고 1940년 사망할 때까지 22년간 트리니티 칼리지 학장직도 훌륭히 수행했다. 84세로 사망하기 몇 달 전까지도 정력적으로 행정업무를 수행했다고 전한다. 그가 영국에서 한 일은 플랑크가 독일에서 한 일과 비견될 만한 것이었다. 과학자로서 그의 업적의 핵심은 전자의 발견이다. 1895년 뢴트겐의 엑스선 발견만큼이나 1897년의 전자 발견은 물리학계를 고무시켰다.

전자 발견

원자 내부가 '어떤 구조'로 되어 있을 것이라는 추정은 전자의 발견으로 시작되었다. 전자는 1897년 톰슨의 연구로 존재가 알려졌다. 그 때까지 전자의 존재는 아무도 몰랐지만 전자기학 법칙은 이미 맥스웰에 의해 확립되어 있었다. 그래서 산업적 응용의 분야에선 이미 전기에 대한 충분한 지식이 있었다. 하지만, 톰슨의 전자 발견으로 비로소 전기현상의 의미와 과정을 확실히 이해할 수 있게 되었고 원자 내부로의 탐사의 길이 열리게 되었던 것이다.

톰슨은 물리학의 역사에 있어 중요한 분기점에서 물리학을 시작했다. 19세기 전자기학과 열역학이라는 위대한 성취 이후 1880년대가 되

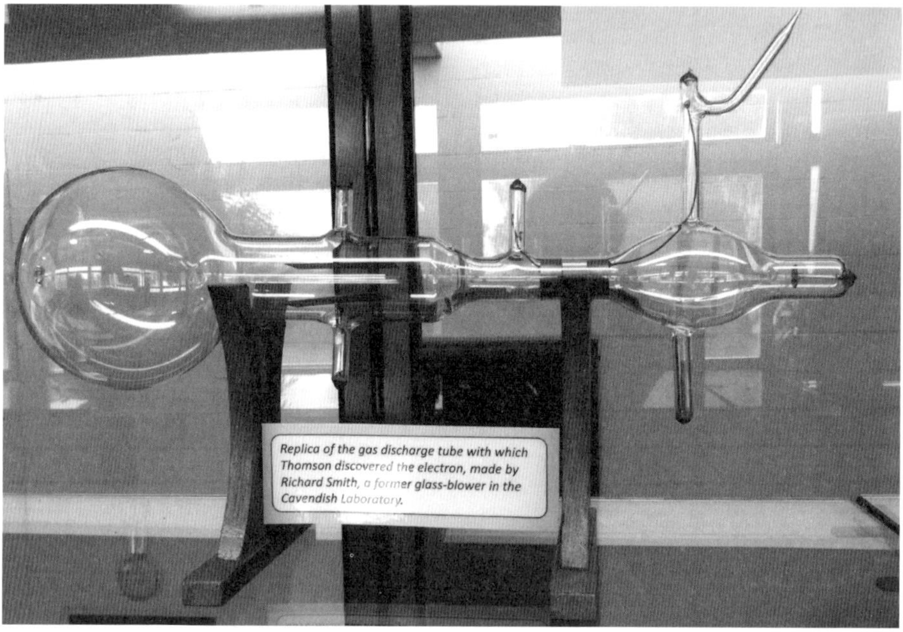

톰슨이 사용한 음극선관

음극선은 음극에서 방출되어 양극으로 흐른다고 생각해서 붙여진 이름이다. 실제 음극선은 음극에서 나온 전자들의 흐름이다. 음극선을 잘 관찰하기 위해서는 음극선관 안의 진공상태를 잘 유지하는 것이 중요하다.

면 많은 물리학자들은 물리학이 말라버린 우물이 되었다고 느끼고 있었다. 물리학에서 더 발견될 것이 없다는 회의감은 플랑크의 스승만 생각한 것이 아니었다. 하지만 1890년대가 되면 물리학에서 새로운 우물들이 발견되었다. 그리고 그 우물 중 하나는 톰슨이 판 것이었다. 뢴트겐의 엑스선, 베크렐의 방사능, 톰슨의 전자는 도미노처럼 새로운 연구들을 진행시켰다. 그리고 1910년대가 되면 물리학은 감당할 수 없을 정도로 많은 연구 질문들로 가득 차게 되고 이를 해결하기 위해서는 물리학의 근본 틀을 개혁해야 한다는 생각을 하는 사람들이 나타나는 지경에 이르게 되는 것이다. 사실 뢴트겐의 엑스선 발견에 대한 프랑스의 반응이 베크렐의 방사선 발견이듯, 전자 발견도 영국이 뢴트겐의 발견에 고무되어 반응한 결과물로 볼 수 있다. 그리고 독일과 프랑스가 엑스'선'과 방사'선'을 발견했지만, 영국은 전'자'를 발견한 것도 유념해볼 필요가 있다. 어쩌면 뉴턴 이래 영국과학의 입자론적 전통이 톰슨의 분석에도 영향을 미치고 있는 셈이 아닐까? 독일의 플랑크가 양'자'라는 입자적 설명에 스스로 강한 거부감을 가지고 있었던 것을 생각해보면 그런 생각은 더더욱 강해진다.

전자의 발견은 1장에서 뢴트겐의 엑스선 발견을 언급할 때 이미 간단히 설명된 바대로 음극선(cathode ray) 연구과정에서 나온 결과물이다. 음극선은 내부가 진공인 관에 설치된 양극과 음극 사이에 높은 전압을 걸어주었을 때 관측되는 것이다. 1869년에 처음 관측되었지만 작명은 1876년에 이루어졌다. 그리고 20년 이상 지난 1897년에 이르러서야 톰슨에 의해 이 음극선은 음전하를 띤 입자들의 흐름으로 봐야 한다는 설명이 만들어질 수 있었다. 음극선 자체는 눈에 보이지 않는다. 하지만 음극선이 양극 쪽 유리벽을 때릴 때 희미한 빛을 내는 것이 관측되기 때문에 발견할 수 있었다. 톰슨은 다음의 과정을 거치며 전자의 존재에 접근해갔다. 먼저 음극선관의 중간에 적절한 고체물질을 두면 뒤쪽에 그림자가 생긴다. 이것은 음극선관 안을 흐르는 것이 보이지 않는 미세한 입자들임을 의미한다고 해석할 수 있다. 또 음극선 주위에 자기장을 걸면 음극선이 (+)극 쪽으로 휜다. 그렇다면 이 선은 (-)전하를 띤 입자의 흐름일 것이다. 그 다음 음극선의 휘는 정도를 측정해서 전하량 대 질량의 비를 얻었다. 동일 질량일 때 그 전하량은 수소이온보다 1840배 컸다. 다시 말해 이 입자는 (-)전하를 띠고 있고, 질량에 비해 매우 큰 전하를 가지고 있는 입자라는 의미다. 처음부터 영국의 물리학자들은 가시광선이 전하를 띤 입자라고 믿고 있었다. 톰슨은 실험의 결과 입자의 존재를 알게 된 것이 아니라 개량된 방법들로 이런 설명을 설득력 있게 진행시켰을 뿐이다.[33]

톰슨은 입자를 '보고자 했기 때문에' 입자를 '발견'한 측면이 분명히 있다. 그리고 이때는 아무도 모르는 사실이었지만 수소이온은 결국 양성자다. 양성자는 전자와 같은 크기의 반대전하를 가지고 있고, 전자질량보다 1840배 무거우니 톰슨은 처음부터 아주 정확한 실험을 했던 것이다. 톰슨은 1897년 4월 30일 실험결과를 발표했다. 그리고 이 입자들은 음극선관의 (-)극을 이루고 있는 물질 내부의 '원자 안에서' 나온다고 주장했다. 즉 톰슨은 원자가 최소단위의 입자가 아님을 분명히 천명했다. 전자는 그렇게 '발견'되었다. 동시에 마치 푸딩에 건포도가 촘촘

---

33 독일의 헤르츠는 음극선이 휘지 않는다고 보았었는데 톰슨은 이것이 잘못이었음을 보였다. 헤르츠가 발견 못한 이유는 음극선관 안에 남아 있는 희박한 기체 때문이었다. 음극선관 안의 진공도를 높이자 기체 때문에 발생하는 전도도가 떨어져 음극선이 휘는 것을 뚜렷이 관찰할 수 있었다.

히 박혀 있듯 원자 내부에는 전자가 촘촘히 박혀 있는 '푸딩 원자모형'이 제시된 것이다. 이 모형의 제시는 꼬리에 꼬리를 물고 원자 '내부'에 대한 관심을 제고시키고 물리학의 여러 방면에 영향을 미치게 된다.

예를 들어 1901년 전자가 빛의 속도 1/30 이상으로 빠르게 움직일 때 외관상 전자질량이 증가하는 것이 발견됐다. 무언가 설명이 필요해졌고 아인슈타인은 1905년 특수상대성이론으로 그 이유를 설명해냈다. 즉 전자기학의 이해가 깊어졌을 뿐 아니라 특수상대성이론의 등장에도 영향을 미친 셈이 됐다. 그리고 1903년 예일 대학교 강연에서 톰슨은 전자에서 더 나아가 빛의 불연속 이론을 제안했다. 이 가설은 아인슈타인의 광양자설을 예언한 셈이 되었다. 이후 퀴리 부부의 방사능 연구업적이 나오자 많은 과학자들은 원자 안에 더 작은 구성원소가 되는 입자가 존재할 가능성을 진지하게 생각하기 시작했다. 이후 전자 1개의 정확한 전하량은 미국 시카고 대학의 로버트 밀리컨(Robert Andrew Millikan, 1868~1953)이 1909년의 기름방울 실험에서 측정해낸다. 그리고 자신이 알아낸 값을 톰슨의 계산에 대입해서 전자질량까지 덤으로 알아냈다. 이 발견 하나로 그도 노벨상을 받는다. 이런 식으로 1900~1930년대에는 원자 근처에서는 노벨상이 떼를 지어 '발생'했다. 그러니 원자에 대한 믿음은 여러 면에서 독일, 영국, 프랑스, 미국 과학자들의 합작품이었다고 볼 수 있다.

요약하면 톰슨은 1897년까지의 음극선 연구를 통해 어떤 물질이든 같은 종류의 입자들을 포함하고 있고 이 입자는 원자보다 훨씬 더 가벼우며 전하를 가진다는 결론을 얻었다. 자신이 발견한 입자에 자신이 만든 이름을 붙이지는 못했지만 톰슨은 빠르게 성공했다. 불과 몇 년 사이 전 세계의 물리학자들은 톰슨의 이 '발견 혹은 해석'을 완전히 받

실험중인 톰슨
원자라는 극미의 세계를 확인하려는 인류의 이 집요한 욕망은 1897년 톰슨의 전자 발견에서 시작되었다. 물론 뢴트겐의 발견 후 톰슨은 1896년부터 음극선 연구를 본격적으로 시작하고 다음해 자신의 가설을 발표한 것이니 모든 것의 시작은 엑스선이기도 했다.

아들였다. 아이러니 한 것은 톰슨은 평생 전자(electron)라는 표현을 못마땅해했다는 것이다. 물론 작명을 자신이 한 것이 아니라는 것도 영향을 미쳤을 것이다. 처음 톰슨은 이 입자를 미립자(corpuscles)로 불렀지만, 결국 1894년 이미 제안되었던 전자로 명칭이 정착된다. 전자는 발견자가 작명하지 못한 경우다. 그러니 톰슨을 '전자'의 발견자라고 불러야 되는지는 의문을 제기해볼 수도 있을 것이다. 냉정히 볼 때 톰슨의 이름이 남은 것은 그가 길러낸 제자들이 향후 현대물리학의 주도권을 쥐었기 때문이다. 물론 실험적으로 전자가 실재한다는 것을 훌륭히 보여주었기 때문이기도 하다. 전자의 존재를 믿고 설명한 이는 많았지만 그들은 생각일 뿐이었고 톰슨은 실험적 결과였다. '전자 발견자' 톰슨이라는 위상은 그의 실험과 교육의 업적이 함께 인정된 결과물로 봐야 할 것이다.

톰슨의 리더십

톰슨의 리더십은 따뜻한 리더십으로 요약될 수 있다. 그는 제자들을 자신의 연구계획의 부분집합으로 보지 않았다. 언제나 제자들이 스스로 연구주제를 선택하도록 격려했고, 더할 나위 없이 바쁜 일정임에도 제자들의 상담요청에 수시로 응했다. 그 친근함으로 인해 제자들은 톰슨을 '톰슨 교수님(Professor Thomson)'으로 호칭하지 않고 그의 이름의 약어인 '제이제이(J.J.)'라는 애칭으로 불렀다.—심지어 아들인 조지 톰슨까지 연구소에서는 그렇게 불렀다! 또 그가 만든 행사가 하나 있었는데 매년 연말 연구소에서 열리는 디너파티였다. 이 모임은 단순한 송년회가 아니었다. 이 모임에는 졸업하거나 연구소를 떠난 제자들까지 초대했기 때문에 연구소의 전 · 현직 연구원들의 네트워크를 강화시켜 주는 효과가 있었다. 뒤에 살펴보겠지만 보어는 이 행사의 혜택을 가장 크게 직접적으로 받은 경우다.

톰슨의 행정적 관리자로서 재능도 탁월했다. 캐번디시 연구소는 왕립학회에서 주는 약간의 정부보조금을 빼면 다른 어떤 정부보조금도 받지 못했다. 자선단체나 산업체로부터의 기부금도 없었다. 톰슨과 제자들의 업적은 이런 상황에서 이루어진 것이었다. 또 톰슨은 수업 의무를 중요시했다. 가르치는 일은 당연해 보이는 기본 개념을 재고하게 해주기 때문에 연구자에게도 도움이 크다고 봤다. 새로운 연구 분야를 시작해보려는 사람들에게는 기존의 연구들을 읽을 것을 권하지 않았다. 톰슨은 먼저 자신의 개념을 명확히 한 후 기존의 연구들을 살펴보는 것이 선입관을 가지지 않는 방법이라고 생각했다.

톰슨이 실행한 중요한 개혁 중 하나는 연구소의 문호를 개방한 것이었다. 오랜 역사를 통한 자부심이 과다한 나머지 트리니티 칼리지를 포함한 케임브리지 대학교 전체가 배타적인 학풍이 강했다. 캐번디시 연구소 역시 마찬가지여서 연구소 개설 후 20년 넘게 연구원을 모두 케임브리지 출신들로만 연구원을 채워왔었다. 하지만 톰슨은 1895년부터 다른 대학에서 수학한 학생들도 석 · 박사 과정 공부를 하면서 연구

톰슨과 캐번디시 연구소 연구원

매년 봄에 연구원 전원이 사진을 찍는 전통도 톰슨이 시작했다. 이 전통은 연구원들이 엄청나게 늘어난 현재까지도 이어지고 있다.

소 연구원이 될 수 있도록 하는 획기적인 조치를 취했다. 심지어 실무 경험과 연구 실적을 갖춘 경우는 학위가 없더라도 연구원으로 받아들였다. 이 파격적인 조치는 곧 효과를 발휘했다. 연구소를 개방하자 전 세계에서, 특히 대영제국 식민지들의 뛰어난 인재들이 몰려왔다. 개방 4년이 지난 시점에는 전체 연구원의 절반 정도가 외국학생들로 채워졌다. 이 조치로 인해 캐번디시가 얻은 최고의 인재가 바로 러더퍼드였다.

러더퍼드에 대한 지원

1895년 연구소 문호를 개방한 첫해, 뉴질랜드에서 러더퍼드가 첫 수혜자로 연구소에 들어왔다. 유학 초기 다른 이들로부터 무시 받던 러더퍼드의 재능을 톰슨은 바로 알아보았다. 그리고 전폭적으로 러더퍼드를 지원했던 것은 전자 발견만큼이나 물리학의 발전에 중요한 역할을 했다. 톰슨은 '뉴질랜드 촌놈' 러더퍼드를 엑스선 연구와 1897년 전자 발견 시 공동 연구원으로 참여시켜 중요한 경험을 쌓게 도와주었다. 하지만 야생마로 불리게 될 러더퍼드는 고분고분한 유형이 절대 아니었다. 이후 러더퍼드는 전자 전하량 측정실험을 계속하기 원하는 톰슨의 청을 거절하고 자신만의 연구를 진행했다. 톰슨은 이를 너그러이 받아주었다. 그러자 불과 1년 후 러더퍼드는 방사선의 성분이 2종류(α선 · 선)가 있음을 발견하는 쾌거를 이루어냈다. 이런 공적들을 인정받아 1898년 연구소에 온 지 불과 3년 만에 러더퍼드는 맥길 대학 교수로 떠났다. 러더퍼드를 위해 톰슨이 최고의 찬사로 가득 찬 추천서를 써준 것은 물론이다.

시간이 흘러 1907년, 유명해진 러더퍼드가 맨체스터로 옮겨오자 원자 연구의 중심지가 맨체스터로 이동하기 시작했다. 1911년 캐번디시에 왔던 보어는 반년 만에 맨체스터로 옮겨갈 정도였다. 또한 러더퍼드의 새로운 원자구조가 톰슨 원자구조를 대체했다. 학계 내 존재감에서 제자는 완전히 스승을 넘어섰다. 1919년 톰슨은 트리니티 칼리지 학장이 되면서 연구소장직을 사임했다. 35년 만의 은퇴였다. 톰슨은 자신의 후임으로 망설임 없이 러더퍼드를 추천했다. 마지막까지 톰슨은 제자와 연구소를 위한 최대한의 후원을 한 셈이었다. 이 과정에는 일화 하나가 전한다. 톰슨은 연구소장직을 그만둔 후에도 캐번디시 연구소의 일부 연구시설을 이용하며 소수 연구원을 지도하고자 했다.

이 사실을 안 러더퍼드는 스승에게 당돌해 보이는 편지를 썼다. "저는 캐번디시 문제에 관해서 많은 생각을 했습니다. 그리고 최종결정을 내리기 전에 선생님의 생각과 솔직한 의견을 듣고자 합니다. 제가 만일 후임으로 선출된다면, 연구소 운영에 관한 어떠한 잡음이나 분쟁의 소지가 없어야 한다고 생각합니다. 이는 연구소의 장래나 우리의 오랜 우정을 생각해서도 반드시 그래야 합니다. 저는 선생님께서 연구소에 나오신다면 매우 행복할 것이며, 더구나 학생들을 도와주신다면 더욱 그러할 것입니다……하지만 우리 둘이 동시에 존재한다는 것은 연구원들에게 어느 쪽을 선택해야 하는가 하는 매우 곤란한 문제를 제기하게 될 것입니다……" 직선적인 러더퍼드다운 글이다. 러더퍼드는 전임 연구소장이 자꾸 연구소에 나타난다면 자신의 명이 서지 않으리라 본 것이다. 한 마디로 그 편지는 이제 연구소에 나오지 말라는 말이나 다름없었다.

톰슨은 러더퍼드에게 답장을 썼다. "자네가 내 후임이 될 것을 간절히 원하네……캐번디시와 관련된 어떠한 행정 문제에도 전혀 개입하지 않을 것이며……내게 배정된 방에서만 연구를 하겠네……나는 내 방을 제외한 캐번디시가 1마일은 떨어져 있다고 생각하겠네." 섭섭함을 넘어서 충격적일 수도 있었고 배은망덕함을 느낄 수도 있을 만한 제자의 행동을 톰슨은 너그러이 수용했다. 두 사람의 성격을 적나라하게 보여주는 이 일화를 끝으로, 톰슨은 자신의 분신인 캐번디시 연구소를 위해 가장 중요한 일을 마무리 지었다. 톰슨은 야생마 러더퍼드를 언제나 넉넉히 안아줄 수 있는 더 큰 그릇이었기에 캐번디시 제2황금기가 시작될 수 있었다. 그리고 러더퍼드는 캐번디시 연구소를 톰슨 시절보다 훨씬 더 유명한 곳으로 만들어갔다.

톰슨 원자모형과 '영국적' 과학

톰슨의 푸딩 원자모형에 대해 당대 유럽의 과학자들은 어떤 반응을 보였을까? "모형이 유치하고, 멋대로고, 영국적이다." 퀴리 부부의 반응은 이처럼 간단하고 냉소적이었다. "너희는 우상을 만들지 말라." 독일의 오스트발트는 성경 구절을 인용하며 영국식의 시각적 모형화를 비판했다.[34] "영국인들은 쉬운 그림이나 물리모형을 좋아한다."는 오스트발트의 표현은 대륙과학자들이 영국과학을 바라보는 시각을 압축적으로 보여준다. 유럽대륙의 많은 과학자들에게 톰슨 식의 영국적 접근은 위험한 시도로 비쳤다. 어차피 모형은 실재를 그대로 반영하지도 않을 것이고 어떤 형태로든 왜곡되어 있을 것이기에 사실은 계속해서 오

34 오스트발트는 볼츠만과 싸웠고, 캐번디시 스타일을 폄하했으며, 작게는 조교자리를 간절히 찾는 아인슈타인의 편지에 답장 한 번 안 했지만 분명 뛰어난 과학자였다.

해를 불러일으킬 것이다. 그런 점에서 영국인들은 어린아이들 같은 천진난만한 장난을 치는 것 같았다. 영국적 과학방법론을 대표하는 표현은 캘빈이 남긴 바 있다. "설명하기를 원하는 현상은 도해 그림이나 역학적 모형을 만들지 않고는 추론할 수 없다." 얼핏 자연스럽게 들리지만 이 말은 결코 당연한 것은 아니라는 것을 염두에 두어야 한다. 실제 아인슈타인이나 후일 양자역학 연구가들은 시각적 모형 없이 자연계에 대한 놀라운 이해에 도달했을 뿐만 아니라 사실상 시각적 모형화를 시도하지 않았기 때문에 새로운 답을 얻어낸 것이기도 했다. 이런 사례에서 알 수 있는 것처럼 톰슨 식의 원자모형은 절대 당대의 일반적 과학방법론이 아니었다. 한 마디로 지극히 '영국적인' 스타일이었지만, 원자구조에 대한 연구에서는 이 방법론이 빛을 발했던 것이다.

그렇다면 톰슨 자신은 이런 모형화에 대해 어떤 태도를 취하고 있었을까? 톰슨은 "모형은 모형일 뿐이고 사실상 완전한 모형은 존재하지 않는다."는 생각을 가지고 있었다. 그래서 톰슨은 자신의 제자들이 어떤 형식의 모형을 받아들이든 상관하지 않았다. 즉 자신과 전혀 다른 모델을 따라도 개입하지 않았다. 하지만 최소한 한 가지는 사용해야 한다고 주장했다. 이 태도는 성공의 필수요인이 되었다. 그런 접근의 결과 톰슨의 제자들은 7명의 노벨상, 27명의 왕립학회 회원, 수십 명의 교수로 성장할 수 있었던 것이다. 후일 러더퍼드는 톰슨의 대학원생 집단을 이끄는 방법론과 함께 바로 이 영국식 모형화 방법론과 원자구조에 대한 문제의식도 이어받았고 이를 극적으로 발전시키는 데 성공한다. 톰슨은 플랑크처럼 통일과학에 대한 믿음을 공유한 사람이었다. 그래서 물질, 전기, 에너지를 통일할 수 있는 개념을 찾으려고 노력했다. 하지만 입자론적 전통의 영국적 환경에서 연구해온 사람이었다. 그래

올드 캐번디시 랩(Old Cavendish Lab)

케임브리지의 한복판 프리스쿨 가(Free School Lane CB2 3RF)에 있는 5층 건물. 1874년부터 1974년까지 100년간 캐번디시 연구소(Cavendish Laboratory)가 있던 곳이다. 이 건물에 연구소가 있던 기간에 28명의 노벨상 수상자를 배출했다. 1974년 창설 100주년을 맞아 연구소는 웨스트 케임브리지로 확장 이전했다. 정문 위에는 라틴어로 '신의 작품은 위대하다. 그 모든 것을 찾아내는 데 즐거움이 있다'"Magna opera Domini exquisita in omnes voluntates ejus'.(The works of the Lord are great, sought out of all them that have pleasure therein.)고 적혀 있다. '캐번디시 연구소. 1874~1974. 데본셔 공작에 의해 설립됐고 레일리 경(1908)과 오스틴 경(1940)에 의해 확장되었다. 캐번디시 연구소는 초대 캐번디시 소장인 제임스 맥스웰로부터 웨스트 케임브리지로 옮겨갈 때까지 (케임브리지 대학) 물리학부가 있었다.'는 표지판도 찾아볼 수 있다. 건물 인근 펍 '이글(Eagle)' 입구 벽에 붙은 표지판에는 '왓슨과 크릭이 DNA 이중나선 구조를 밝힌 사실을 처음 알린 곳이다.'라는 안내문도 보인다. 도처에 숨어 있는 과학사적 업적들에 대한 문구를 찾아보는 재미가 있는 장소다. 이 건물 하나에서 전자가 발견되고, 원자구조가 설명되고, DNA 구조가 발견되는 놀라운 일들이 모두 벌어졌다.

© Keith Heppell

현재 캐번디시 연구소

1974년 웨스트 케임브리지로 확장 이전한 캐번디시 연구소는 올드 캐번디시 랩과는 전혀 다른 느낌의 현대식 건물들로 이루어져 있다. 러더퍼드 동, 모트 동, 브래그 동 등 건물이름은 역대 연구소장의 이름을 붙였다. 지금은 수백 명의 연구진들이 연구하는 대단위 연구단지가 되어 있다. 캐번디시 연구소는 최근에도 천체물리학, 고체물리학, 나노전자학, 바이오물리학 분야 등에서 높은 성과를 보이며, 연구원들은 영국 기업들에게 최고의 대접을 받는다. '케임브리지 현상(Cambridge Phenomenon)'과 '실리콘 펜(Silicon Fen)' 등의 관용적 표현은 여전한 캐번디시 연구소의 위상을 보여준다. 케임브리지 현상은 케임브리지 인근에 소규모 첨단기술벤처 기업들이 밀집해 있는 현상을 말하는 것이며, 실리콘 펜은 주변에 특히 IT 기업이 많아서 미국 실리콘 밸리와 견주어 부르는 표현이다.

케임브리지 대학

캐번디시 연구소의 위상은 기본적으로 케임브리지 대학의 존재감에 의해 보증된다. 이 작은 대학도시의 존재감은 뉴턴과 다윈과 스티븐 호킹 등의 슈퍼스타를 배출한 역사만으로 유지되는 것이 아니다. 케임브리지 대학은 영국 대학 1위인 엄청난 기금에 기반해서 최고의 교육이 가능하다. 케임브리지 대학은 2020년 현재 원화로 10조 원이 넘는 재정을 보유중이고, 2만 명 미만의 학생을 6000명 이상의 교수가 가르치고 있다.

레일리 경(물리학, 1904)
조지프 톰슨(물리학, 1906)
어니스트 러더퍼드(화학, 1908)
로렌스 브래그(물리학, 1915)
찰스 바클라(물리학, 1917)
프랜시스 애스턴(화학, 1922)
찰스 윌슨(물리학, 1927)
아서 콤프턴(물리학, 1927)
오언 리처드슨(물리학, 1928)
제임스 채드윅(물리학, 1935)
조지 톰슨(물리학, 1937)
에드워드 애플턴(물리학, 1947)
패트릭 블래킷(물리학, 1948)
존 콕크로프트(물리학, 1951)
어지스트 월튼(물리학, 1951)
프랜시스 크릭(생리의학, 1962)
제임스 왓슨(생리의학, 1962)
막스 페루츠(화학, 1962)
존 켄드루(화학, 1962)
도로시 호지킨(화학, 1964)
브라이언 조지프슨(물리학, 1973)
마틴 라일(물리학, 1974)
앤서니 휴이시(물리학, 1974)
네빌 모트(물리학, 1977)
필립 앤더슨(물리학, 1977)
표트르 카피차(물리학, 1978)
앨런 코맥(생리의학, 1979)
애런 클루그(화학, 1982)
노먼 램지(물리학, 1989)

캐번디시 연구소 연도별 노벨상 명단(29명)
단순한 나열만으로도 가슴이 웅장해진다.

서 그의 궤적은 독일어권 학자들과는 달라졌다. 물이 스미듯 자연스러운 과정으로 그들은 입자론적으로 상상하게 되어 있었다. 그가 전자라는 입자를 떠올린 것은 어쩌면 지극히 영국적인 사유의 결과물이었다. "영국인들은 쉬운 모형을 좋아한다."는 오스트발트의 비아냥은 톰슨과 러더퍼드로 이어지는 영국식 원자 연구가 성공을 거둔 이유를 잘 말해준다. 보이지도 않고 만져지지도 않는 극미의 세계를 시각적인 친근한 상징으로 대체했기에 캐번디시 연구소의 연구원들은 다른 이들이 볼 수 없던 것을 보게 된 것이다. 우리는 러더퍼드의 이야기에서 그 극적인 사례를 찾아볼 수 있을 것이다.

8

제국의 시대, 도시의 공간

세기말 유럽의 제국과 도시들

우리는 1914년의 세계를 떠올릴 때 우리 시대와 크게 다르지 않은 시기로 상상하기 쉽다. 현대로 불리는 20세기에 접어든 가까운 과거의 시점이며 상대성이론과 같은 새로운 과학과 전기, 자동차, 무선통신 같은 최신의 기술들이 등장한 이후이기 때문이다. 하지만 단 한 가지만 떠올려보면 1914년과 우리 시대 사이의 거대한 차이가 드러난다. 당시 주요국가들 중 공화정을 채택하고 있었던 나라는 프랑스와 미국뿐이었다. 나머지 모든 국가는 세습군주정이었다. 공화정과 선거제도는 유럽인에게도 익숙한 정치제도가 아니었다. 1914년까지의 세계는 아직 19세기를 떠나보내지 못했다. 제국의 시대요, 식민지의 세계였다. 하지만 1919년이 되었을 때 세계는 전혀 다른 모습으로 탈바꿈했다. 불과 5년 만에 독일제국, 러시아 제국, 오스트리아-헝가리 제국, 오스만 투르크 제국이 세계지도에서 사라졌다. 이 지역들은 모두 공화정 국가로 변모했다. 독일 바이마르 공화국을 필두로, 오스트리아, 헝가리, 체코슬로바키아, 폴란드, 유고슬라비아, 터키 같은 새로운 공화국들이 지도의 빈 곳을 채웠다. 이제 주요국가 중 세습군주가 정치적 실권을 쥔 나라는 일본만 남았다. 이 격변은 19세기적 모순의 정점에서 발생한 세계대전이라는 미증유의 재난에 의해 발생했다. 단 몇 년 사이 세계상을 유지하는 틀 전체가 부서졌고 역사는 강제로 다음 단계로 진입해버렸던 것이다.

이 책에 등장하는 과학자들의 이야기에 지속적으로 등장하게 될 도시들은 그리 많지 않다. 그리고 대부분 제국주의 시대 중심 국가들의 도시들이다. 과학자들의 활동이 진행되던 시간과 공간에 대한 이해는 해당 과학자들의 인생과 업적에 대한 이해를 도와준다. 20세기 초, 퀴리 부부가 라듐을 모으고, 톰슨이 전자를 발견하고, 플랑크가 양자를 작명하고, 아인슈타인이 상대성이론을 만들던 시절, 이 모든 이야기가 지나던 국가와 도시들은 유럽이라는 지구상의 지극히 협소한 지역에 모여 있었다. 1870~1910년대, 아인슈타인, 마리 퀴리, 러더퍼드 등의 주요 인물들이 청년기를 보내며 미래를 꿈꾸던 시절 그들의 활동공간은 세계의 중심영역이었다. 세계의 부가 집중된 가운데 유럽 주요 국가들의 정치문화 전반의 상황과 과학기술 영역 모두에서 빠른 변화가 나타나고 있었다. 그래서 이 기간은 18세기 중반에서 19세기 중반 영국을 중심으로 발생한 산업혁명과 구분되는 제2차 산업혁명의 시대로 불리기도 한다. 이 시기 새로운 과학기술과 함께 유럽의 제국주의는 절정에 도달했다. 그리고 우리에게 익숙한 세계가 만들어지기 시작했다.

먼저 1860~1870년대의 짧은 기간에, 영 · 프 · 독 · 미 · 러 · 일 등의

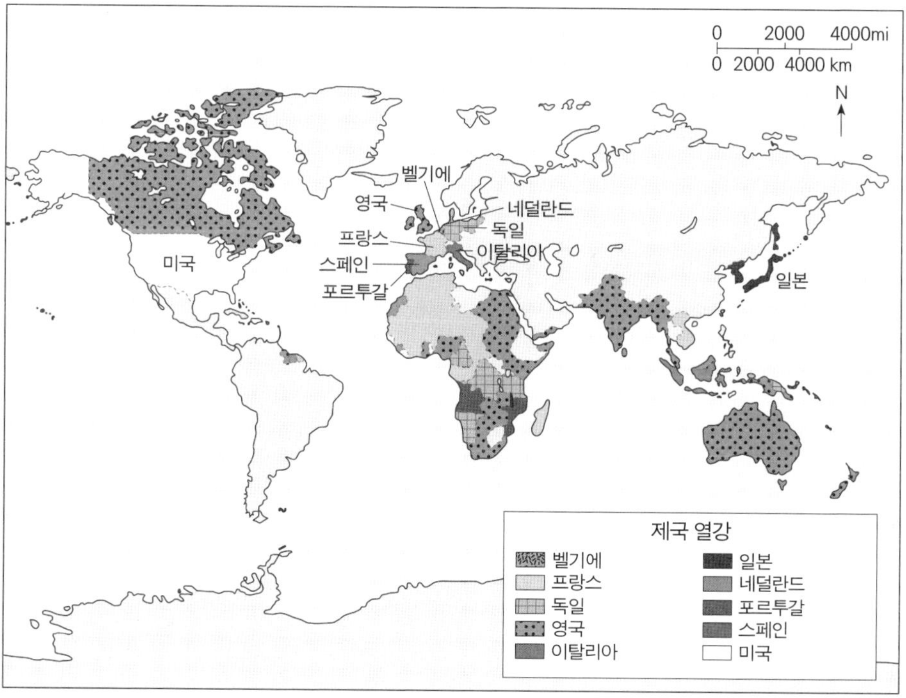

19세기 말 제국주의 열강 지도

19세기 말 당시 세계는 사실상 유럽과 유럽 바깥, 다시 말해 식민모국과 식민지로 구분할 수 있었다.

국가들은 일제히 과거와 단절하며 신시대로 접어들었다. 1861년 러시아는 농노해방을 통해 산업화한 근대국가를 목표로 움직이기 시작했다. 비슷한 시기인 1861~1865년 사이 미국은 남북전쟁을 거치며 노예제를 영구히 폐지했고 낙후된 농업국가에서 강력한 공업국가로 변모해갔다. 미국의 페리 제독이 흑선을 끌고 도쿄 만에 입성해 일본을 강제로 개항시킨 지 15년이 지난 1868년, 일본은 메이지 유신을 단행해 맹렬히 유럽의 모든 것을 모방하기 시작했다. 1869년 영국은 수에즈 운하를 개통해 '더 가까운 인도'를 만들며 대영제국의 안정성과 효율을 극적으로 강화했다. 1870년의 프랑스-프로이센 전쟁으로 나폴레옹 3세는 실각했고 프랑스는 영구히 공화정이 되었다. 그리고 같은 전쟁의 여파로 1871년 통일된 독일제국이 성립되었다.—비슷한 시기 이탈리아도 통일됐다.

'빅토리아 시대'라는 표현으로 대표되는 19세기 영국은 제조업 성장에 이상적인 사회 정치적 환경을 완성하고 있었다. 장인계급이 혁신가로서 대접받으며 부를 축적하고 성장할 수 있는 분위기, 즉 조상의 지위와 무관하게 개인의 능력이 인정받는 분위기가 팽배해 있었다. 비록 약육강식의 자본주의의 폐해도 함께 노출되고 있었지만. 면화, 담배, 노예에서 창출되던 자본은 이제 제조업에서 형성되기 시작했다. 미국에서 벌어졌던 남북전쟁은 이 신 · 구 산업간 불협화음의 결과이기도 했다. 특히 영국의 랭커셔 지역은 이런 새롭고 혁명적인 변화의 발상지였다. 이 지역 핵심도시인 맨체스터는 공산품을 대량생산하면서 급속도로 성장했다. 19세기 중반에 영국은 인구의 50% 이상이 대도시에 거주하는 최초의 국가가 되었고 1881년이 되면 도시거주자는 전체인구의 70%에 육박했다. 이 시기 영국은 경제성장과 함께 환경오염, 지독

빅토리아 여왕

나폴레옹 3세

니콜라이 2세

메이지 천황

제국주의 시대의 군주들

❶ 대영제국의 최전성기를 상징하는 여왕. '빅토리아 시대'로 대표되는 19세기 영국은 세계 최강 대국으로 '해가 지지 않는 나라'가 됐다.

❷ 프랑스 역사상 마지막 황제. 그의 실책은 독일제국을 탄생시켰다.

❸ 러시아의 마지막 황제. 러일 전쟁과 제1차 세계대전의 패전 책임자로 볼셰비키에게 처형당한 비극적 주인공이다.

❹ '메이지 유신'으로 일본은 근대화를 시작했다. 메이지 천황은 일본 군국주의와 근대화를 상징하는 인물이다.

미국의 발전: 19세기 말~20세기 초 뉴욕

남북전쟁 후 미국은 급속한 공업화를 통해 빠르게 강대국으로 성장해갔다. 특히 거대도시 뉴욕은 '미국의 입구'라 불러도 좋았다.

한 악취가 함께했다. 그리고 빈부격차도 심화되기 시작했다. 역설적이게도 세계 최대의 경제력을 가진 영국에서 극단적 가난은 더 광범위하게 퍼져 있었다. 당시 9세 아이가 12시간의 노동을 강제당하는 것이 영국 아동 노동의 현실이었다. 노예주조차 노예에게 시키지 않는 일이었다.—물론 노예를 인간적으로 사랑해서가 아니라 노예를 '가전제품처럼' 아끼는 마음에서였다. 언제나 대체가능한 고용된 노동자는 고용주의 소유물이 아니므로 노예보다 훨씬 못한 존재임을 영국의 현실은 적나라하게 보여주고 있었다.

1850년의 미국에 인구 10만 명 이상인 도시는 6곳으로 총인구의 5%였다. 하지만 1900년이 되면 미국에서 인구 10만 명 이상의 도시는 38곳으로 늘어났고, 총인구의 20%를 차지했다. 세인트루이스, 디트로이트, 시카고 등은 불과 몇 백 명의 마을이었는데 세기말이 되면 메트로폴리스가 되었다. 농업국가였던 미국은 공업국가로 탈바꿈했다. 뉴욕은 남북전쟁이 시작되던 1860년에 이미 인구 100만 명을 돌파했다. 인구의 42%가 이민자로서 앞으로 미국이 변화할 방향 또한 명확히 보여주었다. 1900년 뉴욕은 미국 국제교역량의 40%를 감당하는 항구가 되었다. 이제 계급차별은 혈통이 아니라 재산에 의해 이루어지기 시작했다. 이처럼 영국과 미국에서는 대동소이한 변화가 일어났다. 급격한 경제성장과 도시화, 그리고 양극화였다. 규모의 차이는 있지만 이 부분은 다른 국가들의 상황도 마찬가지였다.

프랑스는 오랜 시간 동안 언제나 유럽의 중심이었다. 나폴레옹 제국의 몰락 이후에도 프랑스의 경제력과 인구에 비견할 국가는 존재하지 않았다. 전 유럽이 힘을 합쳐야 프랑스를 상대할 수 있었다. 산업생산력의 측면에서, 과학기술의 측면에서 프랑스는 영국과 함께 언제나 서구 세력의 중심축이었다. 하지만 1870년을 기점으로 프랑스의 지위는 변화했다. 나폴레옹 3세의 실각으로 이제 프랑스는 공화정 국가가 되었지만 얄궂게도 이 긍정적 변화는 유럽대륙에서 프랑스가 상대적 패권을 잃는 과정과 함께 진행되었다. 1871년 독일제국이 성립하자 전통적 라이벌이던 영국과 프랑스는 힘을 합칠 수밖에 없었다. 어떤 국가도 단독으로 독일을 상대할 수 없었고 이제 유럽대륙 내에서 프랑스의 지위는 예전 같지 못했다.

에펠탑

에펠탑은 1889년 프랑스 혁명 100주년을 기념하는 만국박람회 상징물로 만들어졌다. 현대인들은 거의 떠올리지 못하지만 파리의 상징이 된 에펠탑은 당시 '강철의 시대'를 맞아 새로운 첨단기술력을 상징하며 건립된 것이다. 이 거대한 강철 구조물은 프랑스 과학기술의 우수성을 상징했다. 하지만 그 시기 독일과 미국 등의 신흥강국들은 전통강국인 프랑스와 영국을 무서운 속도로 추월하고 있었고 프랑스는 홀로 독일을 상대하기에는 힘이 부치고 있었다.

독일, 러시아, 일본의 산업화는 영국, 프랑스, 미국의 경우와는 많이 달랐다. 이들 국가들은 민주주의 전통이 자리 잡지 못한 채 정부 주도의 산업화를 진행했다. 그래서 빠른 산업화와 경제성장을 이루었지만 이에 걸맞는 시민계급과 정치구조의 성장을 이루지는 못했다. 20세기 초가 되었을 때 이들 세 나라는 어른의 몸에 어린아이의 사고법을 가진 사춘기 청소년들과 같았다.

러시아는 차르의 전제정치 체제하에서도 산업화를 적극 추진했지만 그리 성공적이지는 못했다. 1905년 러일 전쟁의 패배로 후발산업국이던 러시아와 일본의 운명은 극적으로 갈렸다. 러시아 제국은 산업화 이후 비유럽국가에게 패배한 최초의 유럽국가가 되었고 이 패배는 결국 러시아 혁명의 씨앗이 되었다. 한편 일본은 러일 전쟁의 승리로 한반도를 식민지화하며 열강의 일원이 될 절호의 기회를 얻었다. 일본은 메이지 유신 이후 온 힘을 다해 '탈아입구(脫亞入歐)'를 추진했고 곧 효과가 나타났다.[35] 오사카는 20세기 초 '동양의 맨체스터'라 불렸고, 동경은 뉴욕이나 런던과 비교가능한 도시가 되었다. 이는 20세기 중반까지 유럽 밖에서의 유일한 산업화 성공 사례였다. 이런 뚜렷한 변화에도 불구하고 유럽의 전통강국들은 러시아와 일본을 함께 이류 국가 취급했고 '비유럽열강' 일본의 의미를 평가 절하했다. 하지만 독일에 대해서는 그럴 수가 없었다. 갑작스럽게 등장한 거인 독일은 곧 자신들의 규모에 맞는 대접을 받지 못하고 있다고 느끼기 시작했다. 늦은 통일로 전 세계의 식민지 경쟁에서 뒤처져버렸고 세계지도에는 독일이 점령할 만한 땅이 남아 있지 않았다. 곧 독일은 스스로의 물리력으로 독일이 가져야 마땅한 영토와 자원을 확보하고자 했다. 이는 20세기 초반 전 세계적 비극의 도화선이었으며 이 책 전반을 관통하는 과학사적 혁신의 중요한 역사적 배경이 되었다.

---

35 탈아입구(脫亞入歐)! 아시아를 벗어나 유럽의 일원이 되겠다는 이 슬로건에 일본은 철저히 충실했다. 그 결과는 눈부셨고 당시 일본인들은 자신들을 '명예 백인'으로 여겼다. 곧 일본은 아시아 국가이면서도 오리엔탈리즘의 눈을 가지고 한국과 중국 등의 이웃국가들을 '미개한 나라'로 바라보기 시작했다. 일본은 유럽의 과학기술과 제도뿐 아니라 유럽인의 삐뚤어진 시각까지 그대로 배워버렸다. 일본을 포함한 아시아 전체의 비극의 씨앗이었다.

페리 제독의 일본개항

개항 당시 '칼을 찬' 사무라이의 나라였던 일본은 불과 50년 만에 유럽열강이었던 러시아를 상대로 승리할 수 있는 현대국가로 탈바꿈했다.

러일 전쟁

신흥공업국이자 군사강국을 꿈꾸며 성장하던 러시아와 일본은 20세기 초 한반도의 지배권을 놓고 충돌했다. 러일 전쟁에서 일본의 승리는 비유럽국가도 과학기술을 갖출 수 있음을 보여준 놀라운 사건이었다.

독일제국과 베를린의 모순

'독일제국(Deutsche Reich)'이라는 단어는 기묘한 함의를 가진다. 거기다 한자문화권에서 사용하는 '제국(帝國)'이라는 번역어 또한 많은 오해를 낳는다. 사실 한자어 '제국'으로 굳이 번역하는 '라이히(Reich)'는 문맥에 따라 제국도 국가도 될 수 있다. 한국이나 일본처럼 수백 년간 급격한 국경선과 민족구성원의 변화를 경험해보지 않은 나라의 사람들은 이 용어를 들을 때 오해의 소지가 크다. '오스트리아에서는 독일어를 쓴다.'라는 식의 표현들은 그런 오해의 연장선상에 있다. 정확히는 오랜 시간 빈을 중심으로 한 오스트리아가 독일의 구심점이었고, 베를린을 중심으로 한 프로이센이 독일 내에 부상한 것은 19세기의 일이었을 뿐이다. 제1차 세계대전까지도 오스트리아는 독일제국에 비견되는 크기의 대제국이었고, 독일제국 바깥의 독일인은 아주 많았다. 그런 의미에서 우리가 아는 독일이라는 '국가'는 독일어 문화권이라는 정체성의 일부분에 불과하고, 대표성도 약하다.

1871년 베르사유에서 출범했던 독일제국(1871~1918)은 왜 독일이 아니라 독일제국이었는가? 역사가 제바스티안 하프너는 처음부터 이 나라가 민족국가 독일 이상의 것이자 그 이하의 것이었기 때문이라고 했다. '독일 이하'인 이유는 독일제국이 수많은 독일인을 빼놓았기 때문이다. 독일제국은 프로이센의 영향력이 미치는 영역 내에서의 '작은 독일'이고, 프로이센의 독일제국일 뿐이었다. 한편 제국(라이히)이라는 표현은 중세부터 면면히 지속된 신성로마제국, 즉 대부분의 구성원이 독일인이었지만 민족을 초월한 유럽의 거대제국이라는 의미도 함축하고 있었다. 그래서 독일제국이라는 명칭을 하프너는 명쾌하게 다음과

베르사유 궁전에서의 독일제국 선포식

프랑스-프로이센 전쟁의 승리로 프로이센 국왕은 통일독일제국의 빌헬름 1세 황제가 되었다. 전 유럽의 세력균형을 일거에 뒤흔드는 사건이었다. 이제 어떤 국가도 현실적으로 독일에 홀로 맞설 수 없었다. 그 결과 유럽국가들은 기괴한 외교전 속에 얽히고설킨 비밀조약들로 이합집산하기 시작했다. 불안한 평화가 억지스럽게 계속되었고, 일단 문제가 발생하면 복잡한 동맹관계로 인해 대전쟁은 불가피했다.

빌헬름 1세와 빌헬름 2세
독일제국은 47년간 단 두 명의 황제가 재위하고 사라져버렸다.

철혈재상 비스마르크
"이 시대의 큰 문제들은 결의안이나 다수결이 아닌, 철과 피를 통해서만 해결될 수 있다." 비스마르크의 '철과 피'라는 슬로건은 분명 성공적이었다. 그래서 비스마르크는 얼핏 독일 군국주의의 상징처럼 보이지만 사실은 냉정한 현실주의자였다. 그는 언제나 해결 가능한 수준으로 정치적 갈등의 크기를 세련되게 조정했던 인물이다. 하지만 독일은 새로운 세기가 되면 비스마르크라면 절대 시도하지 않았을 규모와 투기적 형태로 이 '철과 피'의 시대를 구현하고자 했다. 그리고 비스마르크가 결코 바라지 않았을 결과로 귀결됐다. 17세기의 30년 전쟁처럼, 20세기 두 번의 세계대전과 대학살의 시대는 모두 독일을 중심축으로 벌어지게 된다.

같이 정리했다. "독일제국은 두 가지 의미를 지녔다. 프로이센이 통치할 수 있는 만큼의 독일이라는 의미와, 독일이 지배할 수 있는 만큼의 유럽과 세계라는 두 가지 의미였다. 앞의 것이 비스마르크의 생각이고, 뒤의 것이 히틀러의 생각이다." 그리고 제국이라는 용어를 매개로 비스마르크가 꿈꾼 독일제국은 결국 히틀러의 독일제국으로 진행할 운명이었다.

비스마르크 시대—1871~1890년 사이 비스마르크가 독일제국 재상이던 시기—통합된 독일제국의 경제력은 급성장을 시작했다. 반면 사회주의와 노동운동은 철저하게 탄압받았다. '요람에서 무덤까지'라는 슬로건을 걸고 세계 최초로 시작된 독일의 국민연금제도는 모든 것을 국가가 해결해줄 테니, 군대적 규율에 복종하고 국가에 무조건 충성하라는 암묵적 압력이었다. 비스마르크 집권기 단 20년 동안 독일의 군사비는 3배로 늘어났다. 장교는 3000명에서 2만 5000명으로 증가했다. 3년간의 의무복무가 자리 잡고 동원 체계들이 갖춰지자 독일은 유사시 수백만 병력을 동원할 수 있었고, 발전된 교통, 통신 체계를 사용해서 조직적으로 군사력을 집중시킬 수 있었다. 그러자 잠재적국인 영국, 프랑스, 러시아가 비슷한 조치들을 취했다. 독일이 촉발시킨 유럽의 군사적 긴장관계는 수십 년간 첨예하게 강화되었다. 독일에서 제복의 권위는 아주 높았다. 공식행사에서 주요 지도자들은 모두 군복을 입었고, 택시운전사들조차도 제복을 입었다. 군사적 규율이 사회 전반에 일반 윤리로 침투했다. 아인슈타인은 "초등학교 선생님들은 하사관처럼 느껴졌고, 김나지움 선생님들은 하급 장교 같았다."고 표현한 바 있다. 여러 모순적 상황들이 불과 한 세대 만에 발생했다. 산업화와 부의 증대와 더불어 지역적, 사회적 갈등은 더욱 첨예해졌다. 민족주의와 군국주의만이 사분오열된 독일을 묶는 힘이었다. 즉 독일제국은 탄생한 순간부터 스스로의 생존을 위해 어떤 길을 가야 할지가 결정되어 있었다. 그러니 어떤 결말을 맞을지도 결정되어 있었던 셈이다. 독일 통일 8년 후에 태어난 아인슈타인은 바로 그런 경제성장과 사회갈등의 모순이 첨예화되는 시기에 성장했다.

한편 이런 독일을 대표하는 도시 베를린은 1871년 통일독일제국의 수도가 되었다. 1871년 86만 5000명이던 인구는 비스마르크 시대 착실히 늘어나서 1900년에는 200만 명으로 런던과 파리에 이어 유럽 3위 도시로 도약했다. 제정 러시아의 탄압을 피해 도망친 유대인들이 독일과 베를린으로 대거 유입된 것도 이 시기의 일이었다. 특히 독일로 유입된 유대인들은 유능한 부류였고, 빠르게 독일 중산계층과 상류층

20세기 초 베를린 시가 전경

에 자리 잡았다. 동시에 베를린에서는 주거비가 치솟고 노숙자가 늘어나면서 반유대주의도 서서히 자리잡아갔다. 이 시기 독일은 유대인들의 안식처가 되어주었고, 그로 인해 역설적으로 비극을 잉태했다. 독일제국은 정부주도로 빠르고 강력한 산업화 정책을 추진해 나갔다. 하층민들의 삶은 절망적으로 내몰리고 있었지만, 독일은 과학, 기술, 산업, 경제 전반에서 부흥의 선순환 단계에 들어갔다. 1914년이 되었을 때, 독일의 산업생산력은 미국에 이어 세계 2위였고, 유럽철강의 2/3, 석탄의 1/2 이상을 생산하고 있었다. 거기에 영국, 프랑스, 이탈리아를 합친 것보다 많은 전기를 생산하고 있었다. 이제 독일은 국제사회에서 자신들에게 어울리는 위치를 가지고자 했다. 하지만 후발선진국에 나눠질 식민지는 더 이상 남아 있지 않았고, 점증하는 독일의 불만은 결국 세계대전의 참화로 표출된다. 1871년 너무 거대하고 강력한 국가가 유럽의 한복판에 갑자기 나타났고, 그들이 인접국가와 전쟁상태를 경험하지 않고 팽창할 방법은 없었다. 주변 강국들 각각은 독일보다 강할 수 없었고, 독일은 결코 그들 모두보다 강할 수 없었다. 이것이 독일의 불행이었으며 20세기 30년 전쟁이라 할 만한 양차 세계대전의 원인과 진행과 결과를 설명해주는 핵심일 것이다.

오스트리아—헝가리 제국과 빈의 이중성

빈이라는 도시에 대해 현대인들이 연상하는 것은 경쾌한 왈츠와 세련된 쾌락주의일 것이다. 오랜 제국의 고도에 늘어선 카페에서 한 잔의 차를 마시는 것이 빈에서 관광객들이 바라는 로망이다. 하지만 빈이라는 도시의 이런 동화 같은 순수성의 이미지는 어두운 시대의 단면들이

기도 하다. 앨런 재닉과 스티브 툴민의 『빈, 비트겐슈타인, 그 세기말의 풍경』을 보면 빈의 양면성에 대해 다양한 스케치를 제시하고 있다. 슈트라우스의 멋진 왈츠곡 〈아름답고 푸른 도나우〉는 오스트리아-헝가리 제국군대가 자도바에서 프로이센 군대에게 패배한 몇 주 뒤 작곡된 것이다. 사실 이 전투로 합스부르크 가문은 게르만 세계의 헤게모니를 완전히 상실했고 오스트리아 제국은 이류 강대국이 되어버렸다. 왈츠는 암울한 일상을 잊기 위한 일종의 주술의식 같은 것이었다. 당시 시대의 관찰자들도 빈의 춤에 대한 열정은 가혹한 현실에서의 도피욕구라고 평가했다. 한편 빈 거리의 줄지어 늘어선 카페들은 근심걱정 없는 고즈넉한 삶을 체현하는 이미지다. 하지만 그것은 빈의 심각한 주택부족현상의 또 다른 단면이었다. 노동계층은 궁핍한 자신의 주거에서의 현실을 한두 시간 잊어보기 위한 몸부림으로 카페를 선택했다.[36] 이런 분위기는 학문에서도 그대로 나타났다. 빈에서는 최고도의 학문이 꽃피면서 또한 이에 대한 경멸과 무관심이 함께했다. 세기의 전환기 빈은 세계의학의 중심지였다. 그리고 프로이트의 정신분석, 제멜바이스의 세균감염에 대한 선구적 연구들이 나타났다. 하지만 빈에서는 둘 다 인정받지 못했다. 성적 욕구를 중요하게 다루는 '유대적'인 프로이트의 설명들을 빈의 중산층들은 감성적으로 받아들이기 힘들었다. 제멜바이스는 의사의 더러운 손톱이 산모와 아기의 죽음을 부를 수도 있다는 중요한 발견을 했음에도 숱한 조롱의 대상이 되었고 정신병동에서 죽었다.

오스트리아의 합스부르크 왕조는 '하우스마흐트(Hausmacht)'라 불

---

36 2020년대 취업난과 주택난에 절망한 한국인들이 SNS에 자신의 여행지 사진과 점심에 먹은 호사스러운 음식의 사진을 올리는 것과 같은 이치다.

리는 '합스부르크 왕조는 신이 사용하는 지상의 도구'라는 이념을 오랜 기간 확고하게 견지했다. 프란츠 요제프 황제의 근 70년에 걸치는 통치기간(1848~1916)에 이런 이념을 구현한 빈이 만들어졌다. 수많은 개혁적으로 보이는 조치들이 프란츠 요제프의 제위기간에 있었다. 하지만 이런 조치들은 오로지 수구적인 목적에 의해 이루어졌다. 그래서 외관상 세계의 변화상을 잘 수용하면서 발전하는 듯 보이는 눈속임의 안정기가 계속되는 가운데 모순은 차곡차곡 누적되었다. 예를 들어, 1907년 자국 서부지역에서 성인 남성 전체를 대상으로 보통선거제도를 도입했다. 급진적인 자유주의적 조치로 보이지만 사실은 독자적 군대를 창설하려고 했던 헝가리에 맞서 황제의 군 통수권을 지키기 위한 조치였다. 제국행정에 효율성을 기하기 위해 라틴어 대신 독일어를 쓰게 되자, 그 반작용은 헝가리와 체코의 문화적 민족주의를 낳았고 결국 정치적 민족주의로 발전해갔다. 슬라브계 주민들의 정치경제적 민족주의가 그 반동으로 독일민족주의를 부추겼고, 극단적인 반유대주의로 연결되었으며, 이는 유대인들의 각성을 촉구시켜 시온주의를 탄생시켰다. 이런 식으로 꼬리에 꼬리를 물고 오스트리아 제국

프란츠 요제프 1세

1830년생으로 1848~1916년 사이 68년의 재위기간을 기록했다. 그는 아주 근면했다. 그럼에도 결국 오스트리아 제국의 종말을 만들었다. 그의 후계자는 2년여 재위한 뒤 공화국이 된 오스트리아를 뒤로하고 황망히 망명을 떠나야 했으니 사실상의 마지막 오스트리아 황제라 할 수 있다. 1866년 프로이센과의 전쟁 패배로 독일통일의 주도권을 놓쳤고 오스트리아-헝가리 이중제국 체제를 수용해야 했다. 프라하를 포함한 체코지역도 오직 비스마르크의 관용으로 영토를 간신히 유지했다. 가족사는 비극적이다. 동생 막시밀리안은 멕시코 황제가 되려다 처형당했고, 다른 가족사도 아름답지 못했다. 그의 실책들로 오스트리아-헝가리 이중제국이 탄생한 것은 과학사의 전개에도 중요한 영향을 미쳤다. 빈과 부다페스트라는 도시가 우리가 살펴볼 이야기들로 과학사에 이름을 남기게 되었던 것이다.

은 유럽의 주요 모순을 함축해서 보여주는 국가가 되었다. 세기가 바뀔 무렵 제국을 구성하고 있는 11개 민족 간 분쟁과 황제의 고집은 커져만 가서 제국은 내부에서도 폭발 일보 직전이 되었다. 1차 세계대전의 패전은 그 시간을 앞당겼을 뿐이다. 우리가 알고 있는 빈의 많은 외관은 황제 개인의 의지에 의해 만들어진 것이 많다. 황제는 아름다운 공원과 조각상들로 빈을 채워 나갔다. 유럽 전체에서 빈과 어깨를 나란히 할 도시는 파리뿐이었다. 다민족에 의해 이루어진 세계제국 수도라는 허울을 만족시킬 시각적 도시 외관은 어느 정도 성공적으로 만들어졌지만 오스트리아-헝가리 제국은 실제 그렇게 동작할 수 없었다.

현대인들이 19세기 말 빈에 대해 느끼는 친근함과 향수는 호사스러운 안정감과 자기만족, 솔직한 물신숭배, 사회적 불평등에 대한 노골적 망각 때문이라는 분석은 곱씹을 만하다. 어쩌면 우리가 빈을 흠모하는 이유는 현실에서는 작동할 수밖에 없는 양심의 발현을 효과적으로 차단하면서 흘러간 전설처럼 편안하게 즐기면 되는 우리의 이기적 본능이 원하는 사회이기 때문이다. 19세기 말 빈은 특별한 '사회적 압력솥'이었다. 다수가 제기하고 있는 많은 사회적 문제, 역사의 흐름이 요구하는 변화에 눈 막고 귀 막은 결과물. 그것이 합스부르크 왕가의 빈이었다. 정치적 변화의 요구가 거부당하자 그 역량은 철학, 문화, 과학의 영역으로 '튀어' 나왔다. 프로이트, 빈 서클, 비트겐슈타인, 괴델, 마흐와 볼츠만, 마이트너와 슈뢰딩거와 파울리의 이야기들은 바로 이런 빈에서 자라날 수 있었다. 그리고 제1차 세계대전은 오스트리아-헝가리 제국이라는 거대한 국가를 순식간에 사라지게 만들었다. 철저하게 지워져버린 제국의 수도였던 빈은 마지막 순간에 최고의 두뇌들을 배출해내며 나름의 역사적 소임을 다하게 된다.

The Curved Period

2부

개화

20세기가 시작될 무렵 엑스선, 전자, 라듐과 폴로늄, 방사능, 양자 등 이전에는 존재하지 않았던 단어가 과학에 추가되었다. 극미의 세계를 다루는 데 우리의 상식은 한계가 있음도 분명해졌다. 더구나 1905년의 특수상대성이론은 우리가 전통적으로 시공을 인식하던 방법까지 재고해야 함을 보여주었다. 19세기 말까지 자신만만해하던 과학자들은 흥분과 두려움을 동시에 느꼈다. 새로운 설명이 필요함은 분명해 보였지만 아직은 모든 것이 안개 속이었다. 뢴트겐, 톰슨, 퀴리 부부, 플랑크 등은 자신들이 전혀 의도하지 않았지만 무엇인가를 시작시켜버렸다. 이제 그 토대 위에 러더퍼드, 아인슈타인 등의 신진과학자들은 더 놀라운 결과들을 쏟아내기 시작했다.

물리학은 오늘날 과학의 대표격이 되어 우뚝 서 있고 수많은 물리학자들이 산업과 연계한 수많은 연구개발에 개입되어 있다. 그래서 현재의 관점에서 이 시기 물리학자들의 견고한 결속은 쉽게 이해되지 않을 것이다. 그들의 가족애에 가까운 우정이 어떤 것이었는지 상상하기 위해서는 20세기 초반까지도 물리학이 보편학문이 아니었다는 사실을 알아야 한다. 1910년판 브리태니커 백과사전에 화학항목의 설명은 50쪽에 걸쳤지만, 물리학 항목은 아예 없었다. 당시 전 세계 물리학자 수는 1000명 정도였고, 이 중 10% 정도가 방사능 연구에 종사했다. 그래서 불과 100여 명에 불과한 방사능 관련 연구자들은 국적에 상관없이 서로가 모두 알고 지냈다. 국가 간 경쟁은 어느 때보다 더 첨예했던 시기지만, 극소수였던 물리학자들의 유대는 그래서 더없이 국제적일 수 있었다. 때는 바야흐로 무모한 실험과 엉뚱한 가설들이 난무하고 '숨 막히는 긴장감'으로 가득 찼던 '영웅들의 시대'였다.

이 새로운 과학이 탄생하던 시기, 세계의 정치사회적 환경은 격변했다. 1914년까지는 유럽 패권의 절정기였다. 독일, 오스트리아-헝가리, 러시아, 오스만 투르크는 황제가 다스리는 거대 제국을 형성하고 있었다. 하지만 대전쟁의 결과 1919년이 되면 이 나라들은 모두 증발해 사라졌다. 유럽지도는 아주 복잡해졌고, 공화정이 세계적 유행이 되었다. 여러 나라의 국민들이 '투표'를 하기 시작했다. 많은 이들은 이제 구시대와 작별하고 좀 더 평화로운 새로운 세계질서가 형성될 수 있으리라 보았다. 구시대가 무너지는 1차 세계대전의 정치적 격변기에 과학도 돌이킬 수 없는 변화의 시대를 맞았음은 분명해졌다. 그리고 결국 20년 정도의 짧은 평화기가 지나면 남아 있던 사회적 모순들이 다시 끓어 넘치며 두 번째 대전쟁의 비극으로 터져 나오게 될 것이다. 30년에 가까운 대전쟁의 기간을 겪고서야 20세기는 비로소 모습을 제대로 드러내게 된다. 이 기간 과학과 과학, 과학과 사회 사이의 모든 사건들은 서로가 직간접적으로 밀접한 영향을 주고받으며 완성되었다. 곧 이전 세기에는 흔적조차 존재하지 않았던 비밀들이 갑작스럽게 인류에게 주어졌다. 이 지식들은 짧은 시간 발전에 발전을 거듭해 상상도 못한 결과물로 연결되어 가고 있었지만, 아직 1910년대의 그들은 눈치조차 챌 수 없었다. 바야흐로 정치적 격변과 과학적 혁명이 함께 이루어지고 있었고, 새로운 과학이 아스라니 형태를 이루기 시작했다.

1

마담 퀴리

퀴리 가의 상속녀

피에르가 죽은 다음 해, 피에르의 형 자크는 마리에게 이렇게 편지했다. "당신은 작은 세계의 중심이며 당신의 책임은 큽니다. 당신은 다시 살아나야 합니다. 모든 것을 무릅쓰고 계속 살아내야만 합니다." 피에르가 했던 말도 그녀를 채찍질했다. "무슨 일이 있어도, 설령 영혼이 빠져나가 빈껍데기만 남는다 해도 연구는 계속되어야 하오." 이후 마리는 홀로 '퀴리'라는 짐을 지고 그 말 그대로의 인생을 살았다. 12년이 못 되는 기간의 결혼생활이었고 이제 마리에게는 28년간 과부로서의 인생이 남아 있었다. 그녀는 슬픔을 잊으려는 듯 이 긴 기간 동안 강박적인 강도로 일했다. 그녀의 집에 잠시 함께 살았던 조카—오빠 요세프의 딸—는 대부분의 경우 마리는 밤늦게 지쳐 집에 돌아와 "수녀처럼 회색 모직 가운을 걸치고 거의 기척 없이 돌아다녔다."고 회고했다.

어쩌면 그녀는 연구실로 도피한 삶을 살아갔다.

피에르 사망 이후 마리의 생을 연대기처럼 줄여보면 다음과 같다. 피에르 사망 이듬해인 1907년 라듐 원자량을 정밀 측정했고, 1910년에는 순수한 금속라듐 분리에 성공했다.— 이전에 모은 것은 염화라듐이었다. 결국 1911년 순수 라듐 분리의 공로로 노벨 화학상을 수상했다. 두 번의 노벨상은 사실 모두 라듐으로부터 비롯된 것이다. 1914년에는 라듐 연구소— 마리 퀴리 사후 '퀴리 연구소'로 개칭되었다—를 건립함으로써 프랑스가 원자 연구에서 경쟁력을 유지하는 토대를 마련했다. 1차 세계대전 기간 엑스선 사진을 연구하며 방사능의 의학적 활용법을 연구하기 시작했다. 전후인 1920년대는 국제연맹의 국제 지식인 협력위원회 위원을 맡음으로써 과학 외적인 사회적 책임을 맡았고 큰딸 이렌을 연구자로 성장시켰다. 1934년에 사망할 때까지 마리 퀴리'라서' 할 수 있는 일들을 계속했지만 이제 이런 일들은 마리 퀴리'만' 할 수 있는 일은 아니었다. 영국과 독일에서 새로운 신진연구자들이 업적을 쏟아내는 시기가 되었고 마리가 과학계 내부의 핵심 이슈들을 1902년만큼 만들어낼 수는 없었다. 이 시기 그녀의 가장 중요한 가치는 1930년대 입자가속기가 출현할 때까지 방사선을 사용한 원자 연구 기법의 사실상의 창시자라는 상징성이었다. 피에르의 죽음 이후 마리의 이력을 보면 남편의 유지를 잘 이어서 차분한 삶을 살아가는 일견 평범한 여성과학자로서의 삶이 나타난다. 그리고 아마 마리도 그런 삶을 원했을 것이다. 하지만 연대기로 요약된 많이 알려진 마담 퀴리의 생은 그녀가 어떤 삶을 살아내야 했는지 거의 알려주지 않는다. 그녀의 남은 생도 그녀의 바람대로 진행되지는 못했다.

먼저 노벨상을 수상한 이후에도 몇 년에 걸쳐 라듐과 폴로늄은 시험에 들어야 했다. 피에르 사후인 1907년 영국의 캘빈 경(Lord Calvin)은 《런던타임스》에 라듐이 납과 헬륨 화합물일 것이라는 요지의 기고문을 쓰기도 했다.—그는 엑스선은 날조며 뢴트겐은 사기꾼이라고 주장했던 적도 있다. 캘빈의 존재감으로 라듐은 대중적으로는 또 한 번 의심의 대상이 되어야 했다.[1] 더구나 캘빈은 그 해에 사망해서 오류를 바로잡거나 사과할 기회를 가지지도 못했다. 곧 러더퍼드가 《네이처》에 퀴리 부부를 변호하는 글을 발표하며 유야무야됐다. 몇몇 다른 학자들은 폴로늄에 대해서도 의문을 제기했다. 이로 인해 마리는 악착같이 측정 가능한 수준으로 폴로늄을 생산해야 했다. 그 결과 어느 정도의 피폭은 불가피했다.[2] 하지만 1910년대 마리를 기진하게 했던 대표적 고통은 랑주뱅과의 스캔들이었다. 피에르에 대한 마리의 '지독한 사랑'을 놓고 볼 때 많은 부분 신빙성이 의심되는 이 스캔들은 '마담 퀴리'에서 '폴란드 여자'로의 추락이 얼마나 쉽게 일어날 수 있는지, 마리의 인생이 감당해내야 하는 일이 실제 어떤 것이었는지에 대해 많은 것을 생각하게 해준다.

스캔들

아인슈타인은 폴 랑주뱅을 가리켜 "내가 특수상대성이론을 발견하

1 19세기 과학사에 남긴 캘빈-앞서 소개한 윌리엄 톰슨-의 업적은 거대하다. 그의 업적을 기리며 절대온도의 단위에는 지금도 그의 이름이 붙어 있지만, 마리 퀴리에게는 얼마간의 기간 동안 캘빈은 재앙이었다

2 당시에는 위험성이 정확히 알려지지 않았지만 폴로늄은 오늘날 암살용으로도 쓰이는 치명적 방사성 물질이다.

폴 랑주뱅
피에르의 애제자였던 랑주뱅. 1910년대 랑주뱅과의 스캔들은 마리 퀴리 인생의 중대한 위기였다.

지 않았다면 아마도 랑주뱅이 발견했을 것이다."라고 말했다. 랑주뱅은 피에르 퀴리가 찾아낸 또 한 명의 천재였고 후일 이렌 퀴리와 루이 드브로이를 지도했다. 그의 과학적 천재성에 이의를 제기하는 사람은 없다. 하지만 그가 마리 퀴리와 정확히 어떤 사이였는지에 대해서는 자료마다 의견이 분분하다. 마리와 랑주뱅은 연인 사이였는가? 현재도 꽤 많은 책들은 아예 그렇다고 언급한다. 랑주뱅은 공식적으로 그런 사실은 없었다고 분명하게 부인했다. 하지만 단호하게 아니었다고 말할 수 없는 많은 애매한 정황들이 있었기 때문에 현재도 정확한 사실은 알 수 없다. 알려진 일반적 사실은 다음과 같다. 피에르의 애제자인 랑주뱅은 1872년생으로 마리보다 다섯 살 연하였다. 랑주뱅은 일찍 결혼했고 슬하엔 4남매가 있었다. 랑주뱅의 부인과 장모는 그가 보수가 훨씬 좋은 기업으로 자리를 옮겨 경제적 부를 얻기를 원했다. 그 모녀는 학문적 업적과 명예 같은 것에 별 가치를 두지 않아 라듐 연구소 일을 계속하는 것에 불만이 컸다. 결혼생활에 어려움이 있는 것은 주변인들이 일찍부터 눈치를 챘다. 둘은 자주 말다툼을 벌였다. 어느 날은 랑주뱅이 머리에 붕대를 잔뜩 감고 나타났고, 당황한 친구들이 물어보자 랑주뱅은 장모가 던진 철제 의자에 맞아 다쳤다고 했다., 위궤양을 앓으며 10여 년의 고통스러운 결혼생활에 대해 자주 얘기했고, 여러 차례 자살 의사를 내비쳤다. 수년 동안 진행된 이런 정황들은 마리도 잘 알고 있었다.

1909년에 외젠 퀴리가 죽었다. 그리고 가족묘의 아들 관 아래 잠들었다. 마리가 피에르의 관을 꺼내고 외젠의 관을 넣은 뒤 다시 피에르의 관을 올리라고 지시했기 때문이다. 물론 후일 자신이 남편 위에 차례로 묻히기 위해서였다. 이런 일화에서도 나타나듯 마리의 피에르에 대한 애틋함은 몇 년 뒤에도 변함없었다. 그런데 다음 해인 1910년에 진행된 일들은 어느 정도 외젠의 부재가 영향을 준 듯하다. 호의적으로 표현한다 해도 두 사람은 최소한 분명히 '부주의'했다. 1910년에 랑주뱅은—아내와 만나기 싫을 때 쉴 용도였겠지만—가명으로 자신의 빌라를 따로 임대했다. 마리와 랑주뱅은 이후 랑주뱅의 빌라에서 여러 번 만났다. 아마 확인된 객관적 정황에서 가장 의심될 만한 상황은 여기까지로 보인다. 가까운 친구들 입장에서는 이것이 서로에 대한 위로와 격려였지 연애를 한다고 볼 만한 상황은 아니었다. 하지만 사실이 대중들에게 알려졌을 때 그렇게 볼 사람은 많지 않았다.

그리고 마리는 랑주뱅에게 여러 편지를 남겼고 그 안에는—여자의 입장에서 흔히 말해줄 수 있는—부인과 헤어지는 방법에 대한 조언들과 연애편지에 준하는 여러 애틋한 표현들이 있었다. 랑주뱅은 이 편지들을 보관하는 데 있어 대부분의 남자들처럼 어리석었다. 랑주뱅의 아내는 법적인 공방에 대비해 마리의 편지들을 찾아내 가로챘고 일부분을 언론에 흘렸다. 문제는 이후 여러 언론들에 의해 발표된 다양한 수위의 마리의 편지들 중 어디까지가 진짜인지는 아직도 알 길이 없다는 점이다. 몇몇 언론사는 수십 년 뒤 자신들의 가짜편지에 대해 정중히 사과하기도 했다. 발표된 편지들의 신빙성을 어디까지 인정하느냐에 따라 마리는 교활한 악녀부터 핍박받은 과학의 성녀까지 다양한 역할이 주어질 수 있다. 물론 오랜 시간이 지난 지금 많은 사가들은 후자를 받아들인다. 마리는 정말 연애에 빠진 것일까? 1910년에 마리를 본 러더퍼드는 어머니에게 "나이보다 훨씬 더 늙어 보였습니다. 그녀는 건강을 돌보지 않고 일을 너무 많이 합니다."라는 편지를 남겼다. 하지만 당시의 프랑스 대중은 그렇게 보지 않았다는 것이 마리의 비극이었다. 이 시기 거리에서 랑주뱅 부인 자매와 마주친 마리는 프랑스를 떠나지 않으면 죽여버리겠다는 협박에 겁을 먹고 자기 집으로 돌아가지도 못하고 패랭 교수 집으로 도망치기도 했다. 패랭 부인은 "그녀는 쫓기는 짐승처럼 헤매 다녔다."고 표현했다. 상황이 훨씬 심각해진 것은 1911년이었다. 1910년 12월에 마리가 과학 아카데미 회원 후보로 등록한 것이 불에 기름을 부었다. 당시 남자회원 68명으로 이루어진 이 집단은 프랑스 과학후원체계 전체에 엄청난 영향력을 행사하고 있었다. 사실 마리는 자연스럽게 회원이 될 수 있을 것으로 보였다. 노벨상 수상자가 이 회원에 들지 못한다는 것은 현재 관점에서는 난센스다. 하지만 외국인을 혐오하는 극우파, 여성 혐오자, 심지어 반유대주의자들까지 힘을 합쳐 반대여론을 만들기 시작했다. 점입가경의 악담이 꼬리를 물었다. "스클로도프스카 따위의 성을 가진 것을 보니 유대인임에 틀림없다."는 식의 기사도 있었다. "두개골 모양으로 볼 때 마리는 아카데미 회원으로 부적합한 지성을 가지고 있다." 그 당시 영향력을 발휘하던 골상학적으로 마리의 두상을 분석하는 기사도 있었다. 1911년 1월 23일의 투표결과는 경쟁자 브랑리가 29표, 마리가 28표였다. 마리는 이렇게 아카데미 회원이 되지 못했다. 라듐 연구소 직원들은 믿기 힘든 결과에 몰래 준비했던 꽃다발을 치웠다.

상황은 거기서 멈추지 않았다. 먹잇감을 찾던 삼류언론들은 곧 좋은 소재를 찾아냈다. 이후 몇 달 동안 적나라한 인신공격이 가해졌다. 마침 랑주뱅은 부인과 사이가 더 나빠졌다. 아내에게 모욕을 받자 랑주뱅은 아들들과 집을 나와버렸다. 그러자 그의 부인은 랑주뱅이 가정을 버렸다고 여기저기 욕을 하고 다니기 시작했다. 랑주뱅 부인이 손에 넣고 있는 마리의 편지들이 신문에 실리기 시작했다. 1911년에 신문들이 경쟁적으로 공개한 마리 편지들의 분량은 상당해서 마리가 다 썼을 리 없을 만큼 많았고, 기사들의 신빙성은 지극히 낮았지만, 영향력은 컸다. 마리는 이 해에 네덜란드에서 극저온 방사성 물질 연구를 한 뒤 '랑주뱅 부인이 무서워' 파리로 돌아가지 못했다. 대신 딸들과 폴란드로 가서 지내다가 가을에야 파리로 돌아왔다. 그리고 며칠만 머문 뒤 제 1차 솔베이 회의에 참석하기 위해 벨기에로 떠났다.

솔베이 회의

솔베이 회의는 물리학과 화학의 중요한 미해결 문제를 해결하기 위해 벨기에 브뤼셀에서 평균 3년마다 열리는 국제회의로 이 책에서 자주 언급될 것이다. 솔베이 회의는 벨기에의 화학자이자 기업가인 에르네스트 솔베이(Ernest Solvay, 1838~1922)의 이름을 딴 것이다. 솔베이는 1861년 소다의 공업적 제조법을 발명한 뒤 이를 상업화해서 막대한 자산을 축적했고, 만년에는 노벨처럼 자신의 재산을 인류 복지 증진에 사용하기 위해 생리학, 물리학, 교육학 연구 지원을 위한 재단을 설립하고자 했다. 1911년 솔베이가 후원한 1차 솔베이 물리학 회의의 대성공으로 1912년 브뤼셀에서 상임기구로 출범했다. 이후 솔베이 회의는 보통의 경우 3년마다 개최하고 오늘날까지도 계속되고 있지만, 양차 세계대전 시기에는 열리지 못하는 등 주기적이지는 못했다.

1911년 가을 브뤼셀에서 열린 1차 솔베이 회의는 존경받는 로렌츠가 의장을 맡았고 첫 주제는 '방사능과 양자(Radiation and the Quanta)'였다. 이때 로렌츠, 아인슈타인, 조머펠트는 플랑크 상수 h가 새로운 무엇을 예고한다는 것에 합의했다. 32세의 아인슈타인이 최연소 참석자였다. 3부에 등장할 드브로이는 이 회의를 참관했던 강력한 인상으로 물리학자의 길을 걷게 되기도 했다. 이후 제1차 세계대전 뒤에 열린 1921년 3차 솔베이 회의에는 독일 과학자의 참석이 금지되는 일이 있기도 했다. 이 조치에 항의해 아인슈타인은 그 해의 초대를 거절해서 기념사진에 등장하지 않는다. 가장 유명한 솔베이 회의는 1927년 10월에 열린 제5차 솔베이 회의이고, 3부 내용의 중요한 순간을 이룬다. 이 회의에서 양자역학의 기본 토대가 명확해졌고, 유명한 아인슈타인과 보어의 대논쟁이 벌어졌다. 1회부터 5회에 걸친 솔베이 회의는 로렌츠가 의장이었고, 6회와 7회는 랑주뱅이 의장을 맡았다. 이 책에서는 1차, 5차, 7차 솔베이 회의가 비중 있게 다뤄질 것이다.

하지만 마리는 브뤼셀에서도 안전하지 않았다. 첫날 모임에서는 아인슈타인이 취리히 공대 교수 후보가 되었다고 하자, 마리는 축하하며 추천서를 써주기도 했다. 하지만 다음 날인 11월 4일 회의에 나오기 위해 숙소를 나설 때 기자들이 몰려들었다. 기자가 파리의 간행물을 보여주며 "남편을 빼어간 여자"라는 표현을 어떻게 생각하는지 물었다. 놀란 마리는 피하는 것밖에는 방법이 없었다. 오후에는 "러브스토리: 퀴리 부인과 랑주뱅 교수"라는 제목의 기사가 브뤼셀 신문에 실렸다. 솔

1911년 제1차 솔베이 회의

네른스트는 솔베이를 설득해서 1911년의 솔베이 회의를 열었다. 이렇게 해서 1911년 11월 브뤼셀에서 역사적인 솔베이 회의가 시작되었다. 아래 왼쪽에서 세 번째가 솔베이, 네 번째가 로렌츠, 뒷줄 왼쪽에서 두 번째가 플랑크, 뒷줄 오른쪽에서 네 번째가 러더퍼드다. 기타 모두 쟁쟁한 인물들이 포진해 있다.

유명한 이 솔베이 회의 사진은 찍힐 당시 마리 퀴리의 상황을 알면 훨씬 흥미로운 사진이 된다. 20명 중 마리는 홍일점이다. 당시 참석자들 모두는 마리와 랑주뱅이 스캔들에 휩싸여 있음을 잘 알고 있었다. 하지만 아무도 내색하지 않았다. 맨 오른쪽의 랑주뱅은 아인슈타인 옆에서 무심한 표정을 짓고 있고, 대천재 푸앵카레는 마리와 진지한 이야기를 나누고 있다. 이 푸앵카레가 1903년 마리의 노벨상 수상을 악착같이 반대한 네 명 중 한 명이었던 것까지 생각하면 더더욱 기묘한 사진이 된다. 마리는 결국 이 회의에 끝까지 남아 있지 못했다.

베이 회의 참석자들 모두도 그 신문을 보았다. 후일 러더퍼드와 아인슈타인이 "쓰레기"라고 부른 기사였다. 결국 마리는 마지막 회의를 포기하고 몸이 너무 아파 더 머물지 못한다는 편지만 남긴 채 떠났다. 사실 마리는 이렇게 과학계 내에서까지 공개적 망신을 당하고 있었다.

11월 초 마리가 노벨 화학상 수상 전보를 받은 것은 이런 기사들이 쏟아지는 와중이었다. 그 후 언론의 무차별 공격은 갈수록 심해졌다. 있지도 않은 연애편지들이 계속 가공되었다. 특히 랑주뱅과도 친분이 있었던 테리라는 언론인이 11월 말에 '마리의 고소 위협을 무릅쓰고' 작성했다며 12쪽짜리 고발기사를 쓰면서 공격은 절정에 달했다. "의도적 · 조직적 · 과학적으로 폴 랑주뱅을 그의 아내로부터, 그의 아내를 그의 자녀로부터 떼어놓은 라듐의 성녀"라고 표현하면서도 "여성독자들의 감성을 보호하기 위해 그 편지들을 공개하지 않는다."고 했다. 기사는 "퀴리 가문을 더럽혔다."는 결론으로 연결되었다. 심지어 피에르 퀴리 생전에 랑주뱅과의 연애가 시작되었을 것이라는 근거 없는 상상에 더해 피에르가 그 사실을 알고 자살한 것 같다는 잔인한 추정까지 슬쩍 흘렸다.

동조하는 언론들의 입장은 잘 정리되었다. 네 자녀를 낳은 프랑스의 어머니가 남편에게 배신당했고, 그 남편은 이미 '남편을 한 번 잡아먹은' 폴란드 여자의 꼬임에 빠졌다. "퀴리 가문의 영광에 편승한 야심적 폴란드인이 이제 랑주뱅에게 옮겨 타려 한다." 흥분한 자들은 마리의 자택에 찾아와 "외국 년을 끌어내라."고 외쳤고 집안으로 돌을 던졌다. 지인들이 마리를 구출해 대학 구내 관사로 피신시켜야 했다. 또 다른 지인들이 황급히 학교에서 수업 받던 이렌을 데리러 갔을 때 이렌은 그 기사를 학교에서 읽고 충격에 빠져 있었다. 이렌은 이날들의 기억을 잊지 못했다.

이후 이렌은 평생 언론에 대해 퉁명스러운 태도를 유지했다. 소르본의 동료 교수들에게서도 '소르본 대학의 명예를 짓밟은 여자'라는 표현들이 나왔다. 결국 마리의 언니와 오빠가 폴란드에서 와서 폴란드로 돌아가자고 애원하는 지경까지에 이르렀다. 랑주뱅은 분노가 치밀어 테리에게 결투를 신청했다.—아직까지 프랑스에서는 결투가 합법이었다. 사전에 칼과 총 등의 무기와 결투 장소를 결정하고 참관인과 경찰관 입회하에 구급차와 의사가 대기한 상태에서 결투가 벌어졌다. 랑주뱅과 테리는 총으로 결투를 벌였다. 하지만 결투가 시작되자 테리는 총구를 땅으로 향한 채 쏘지 않았다. 랑주뱅도 어쩔 수 없이 총을 쏘지 못했고 결투는 촌극으로 끝났다. 나중에 테리는 "프랑스 최고의 천재를 죽인 사람으로 역사에 기록되고 싶지 않았다."고 총을 뽑지 않은 이유를 설명했다.

이 시기 노벨상위원회에서도 여러 경로로 소문의 신빙성 여부를 타진했고 마리의 노벨상 수상을 번복할 것인가를 심각히 고민했다. 조언을 부탁받은 아인슈타인은 "노벨상은 과학적 업적에 주어지는 것이다."라는 말로 간단히 입장을 정리했다. 갑론을박을 거쳐 마리의 노벨상 수상이 결정된 후에는 스웨덴의 수상식에는 불참하는 것이 좋지 않겠느냐는 편지들이 왔다. 그녀에게 호의적인 사람들이 그녀를 걱정하며 보낸 편지들이었다. 그들은 실제 도착할 때 무슨 일이 일어날지도 모르고 시상식장에서 야유를 받을지도 모른다고 생각했다. 그래도 마리는 참석을 선택했다. 그리고 다행히 스톡홀름에서는—특히 많은 여성들의—따뜻한 환영만이 있었고 시상식 연설을 방해한 것은 박수소리뿐이었다. 또 외국, 특히 미국 쪽 언론은 동정적이었다. 《뉴욕 월드》는 "연구에 몰두하는 두 과학자의 우정이며, 랑주뱅 부인이 그 우정을 이해 못 해 발생한 일"이라고 표현했다.

당시의 정확한 진실은 황색언론들에 의해 흐트러져버렸다. 하지만 분명하게 남은 것은 당시 프랑스 대중의 반응이다. 그토록 개방적인 국가의 대중들이 마리에게만은 마담 퀴리만으로 남길 원했다. 그 안에는 프랑스인 남편을 잘 만난 폴란드 여자가 '감히' 또 다른 프랑스 천재 남자와 행복하게 지내는 것을 용납할 수 없다는 인간군상의 저열한 질투심이 잠재해 있다. 이후 랑주뱅은 부인과 법적 별거 생활을 했다. 자녀들을 생각해 이혼하지는 않았지만 랑주뱅은 이후 자신의 비서와 연인관계로 지냈다. 마리와 랑주뱅은 이 사건 후에도 평생 존경하는 동료 관계를 유지했고 먼 훗날 마리의 외손녀(이렌의 딸)와 랑주뱅의 손자는 결혼했다.

훗날 랑주뱅은 피에르를 잃고 혼자가 된 마리에 대한 연민, 연구 동료로서의 우정, 그리고 불행한 가정사로 인해 마리와 자주 상담했다는 정도의 해명을 했다. 피에르의 형 자크는 이 스캔들을 전혀 믿지 않았고 마리에게 신문들을 고소하라고 조언했다. 그리고 언론에 글을 써서 마리는 자신의 동생 피에르를 행복하게 해주었고, 진심으로 서로 사랑한 부부라고 방어했다. 후일 랑주뱅의 아들 앙드레는 부모의 결혼생활이 비참했고, 아버지의 연애가 불가피한 것이었다고 암시하는 형태의 글을 남겼다. "피에르 퀴리가 죽은 후 몇 년간 그들의 우정이 서로에 대한 존경 속에 강화되어 점차 열정으로 변하고 연애로 귀결하는 것은 자연스러운 것이 아닐까?" 딸 이브는 어머니의 전기에서 이 사건을 이렇게 표현했다. "연약하고 지친 마흔넷 여성에 대한 불신의 움직임이 파리에서 일어나고 있었다……고결하고 겸손한 삶을 살았으며 최근 몇 년 동안 특히 가련하게 살았던 한 여인이 가정을 파괴하고 그녀가 너무나 소중히 여기는 이름을 더럽혔다는 비난을 받았다……익명의 편지들로 인해 고통당하고 공개적인 폭력의 위협을 받고 목숨 자체가 경각에 달려 있던 여인……마리는 미치거나 자살하기 직전까지 몰렸었다."

이브는 이 책에서 랑주뱅 부부의 이름은 철저하게 언급하지 않았다. 피에르에 대한 마리의 심성, 바로 옆에서 마리를 본 딸들의 반응, 노벨상 시상식에 참석하는 마리의 반응, 이후 랑주뱅과의 관계 등 모든 정황으로 볼 때 랑주뱅의 공식입장이 진실에 가까울 것으로 보이지만 판단은 각자의 몫이다.

1911년의 노벨상 수상은 간략하게라도 반드시 언급되지만 같은 시기 랑주뱅과의 스캔들은 대부분의 마리 퀴리 전기에서는 '깨끗이' 사라진다. 아마 그 편이 마리 퀴리의 명예에 도움이 된다고 보기 때문일 것이고 과학의 역사에서 그리 중요하지 않은 사건이라고 판단되기 때문이기도 할 것이다. 하지만 그 결과 마리가 걸었던 인생행로는 전혀 다른 느낌으로 왜곡된다. 1911년에 두 번째 노벨상을 받은 '영광의 여성 과학자'는 없었다. 랑주뱅 스캔들은 마리 퀴리와 두 딸에게 큰 상처를 안겼던 사건이다. 과학자가 '과학만' 감당해야 하는 행운을 누리기는 힘들다. 인간으로서, 특히 마리 퀴리처럼 외국 출신 여성으로서 감당해내야 하는 일은 생각보다 훨씬 많다.

1913년의 휴식

제1차 솔베이 회의 이후부터 퀴리 모녀는 아인슈타인의 가족과 부쩍 친해졌고 서로가 파리와 스위스를 오가며 자주 어울리며 몇 주씩 휴가를 함께 보냈다. 그리고 마리와 아인슈타인의 이 우정은 1920년대 국제연맹의 국제지식인 협력위원회 활동으로 이어진다. 1913년의 재미있는 일화가 있다. 7월에 아인슈타인 부부와 장남 한스 알베르트, 퀴리 모녀들 6명이 알프스에서 2주간의 도보여행을 함께 했다. 한 번은 아인슈타인이 절벽 앞에서 마리의 팔을 붙잡고 간절한 표정으로 이렇게 말했다고 한다. "내가 알아야 하는 것은 승강기가 추락할 때 그 속의 승객들에게 어떤 일이 일어나는 가입니다." 세 아이 모두 배꼽을 잡고 웃었던 기억을 훗날 이브는 분명하게 떠올렸다. 우리로서는 당시 아인슈타인이 일반상대론의 완성을 향해 맹렬히 나아가고 있음을 느낄 수 있는 일화다. 아인슈타인은 마리에게 등가원리에 대해 얘기하고 있었을 것이다. 아인슈타인은 이 여행 뒤 사촌 엘자에게 편지를 보냈다. 아인슈타인에겐 불운하게도 이 편지는 남았다. 그 편지에서 아인슈타인은 마리는 지적이긴 하지만 물고기처럼 차갑고, 이렌은 군인처럼 행동한다고 불평했다. 아내와 아들과 이브에 대한 언급은 전혀 없었다. 즐겁게 보낸 시간에 대한 평가치고는 매우 야박하다. 사실 한 가지를 염두에 두면 편지는 잘 이해가 된다. 아인슈타인은 엘자와 이미 연애 중이었다. 그러니 자신의 가족에 대해 전혀 언급하지 않았고, 함께 여행한 여성들이 매력적이지 않다는 요지의 내용을 쓰게 되는 것은 어쩌면 당연한 것이다. 아인슈타인은 다음해에 베를린으로 떠나면서 첫 부인과 공식적 별거에 들어간다.

리틀 퀴리

리틀 퀴리는 사람이 아니다. 제1차 세계대전 시기 마리 퀴리는 방사선 촬영 장비를 설치한 트럭을 몰고 전장을 누볐다. 리틀 퀴리는 이 트럭의 애칭이다. 1차 세계대전이 끝날 때까지 마리 퀴리의 삶은 '리틀 퀴리'로 대표될 수 있다.

1912년 초 마리가 신장염이 심해져 입원했을 때는 랑주뱅의 아이를 몰래 낳을 것이라는 소문이 돌았다. 병원은 황당한 소문들에 대응하기 위해 환자진료기록을 비밀로 하는 원칙을 깨고 마리 동의하에 진료기록을 잡지에 공개해야 했다. 어느 정도 언론이 마리에 대해 흥미를 잃은 것은 1912년 말이 되어서였다. 3년의 시간이 그런 식으로 흘러갔다. 1913년이 되어서야 마리는 소르본에서 강의를 다시 시작했다. 그리고 라듐 연구소의 건축을 묵묵히 감독했다. 날씨에 상관없이 매주 공사현장을 방문하며 신경 쓰던 라듐 연구소는 마침내 1914년 7월 말에 완공되었다. 그런데 심신의 안정을 찾고 보람을 느낄 수 있었던 짧은 시간은 또 여기서 멈춰 섰다. 막상 이틀 뒤 연구소에 들어갈 때는 조수 한 명만 데리고 입성할 수 있었던 것이다. 후세인들이 제1차 세계대전이라 부를 대전쟁이 시작되어 라듐 연구소 연구원 전원이 징집영장을 받은 것이다. 오스트리아-헝가리 제국 황태자를 암살한 사라예보의 총성은 결국 유럽이라는 화약고에 불을 붙였고 40여 년간 계속된 평화의 시대가 끝났다. 거미줄처럼 얽힌 동맹과 상호방위조약에 의해 유럽강대국들은 서로에 대한 선전포고를 주고받았다. 모두가 전쟁의 암운에 긴장했지만 길어도 몇 달이면 끝날 것으로 생각했고 자국의 승리를 믿어 의심치 않았다. 하지만 전쟁은 4년 이상을 계속해야 했고, 피에르 퀴리가 살던 시대 전체를 산산조각 내고서야 끝나게 된다.

1차 세계대전 초, 독일군이 파리 코앞까지 진격해 왔을 때 파리는 함락될 듯 보였다. 프랑스 정부는 보르도로 피신했다. 그리고 마리가 관리하는 라듐이 국가적 재산임을 잊지 않고 마리에게 라듐을 가지고 보르도로 오라는 명령을 내렸다. 납으로 밀봉된 라듐 1그램—프랑스가

리틀 퀴리를 운전하고 있는 마리 퀴리
제1차 세계대전 기간 내내 마리는 직접 방사선 장비차량을 몰고 전장을 누볐다.
많은 이들이 쉽게 떠올리지 못하는 마리 퀴리의 인생 중 한 장면이다.

보유한 거의 모든 라듐—을 가지고 마리는 보르도로 갔다. 하지만 독일군의 전술적 실수에다 파리 시내 자동차와 마차 전체를 징발해 병력을 이동시킨 결과 전선은 안정되었다. 초반 6주간의 혈전에서 독일군 75만 명, 프랑스군 85만 명 이상이라는 끔찍한 사상자가 발생했지만 서로가 얻은 것은 거의 없었다. 일단 대치한 병력들이 참호를 파고 요소요소에 기관총을 설치하자 서로의 진지는 지키기는 쉽고 공격하기는 어려워졌다. 그래서 이후 전쟁은 몇 년간의 악몽 같은 참호전의 시대로 접어든다. 이후 마리는 딸들만 브르타뉴 해안으로 피신시킨 뒤 파리에서 머물며 프랑스를 도울 방법을 찾았다. 심지어 마리는 프랑스 정부가 금과 은을 기증받고 있다는 소식에 노벨상 메달을 포함한 그간 받은 모든 메달을 내놓았다. 물론 프랑스 정부는 정중히 거절했다. 그러자 마리는 남은 노벨상 상금 대부분으로 정부의 전쟁채권—전쟁 후 보통 전쟁채권 값은 폭락한다—을 구입했다. 이렌도 파리로 돌아가 조국을 돕고 싶었다. 마리는 딸을 진정시키며 오늘의 프랑스를 위해 일할 수 없다면 미래의 프랑스를 위해 일하라고 조언했다. 최선을 다해 수학과 물리학에 매진해서 프랑스가 전후에 필요한 인재가 되라고 한 것이다. 하지만 10월에 파리로 돌아온 17세의 이렌은 간호사 훈련을 받기 시작했고 전쟁기간 종군간호사로 일했다.

마리는 계속해서 자신이 직접 프랑스를 도울 방법을 타진했다. 그러다 파리의 병원들에만 엑스선 장비가 있어 전선의 부상병들이 빠른 치료를 받을 수 없어 죽어간다는 것을 알았다. 당시 프랑스군 전체에 이동 가능한 엑스선 진단 설비는 하나뿐이었다. 마리는 속성으로 해부학과 엑스선 인체진단법을 직접 배웠고 소르본 대학에서 임시 휴가를 받았다. 그리고 엑스선 촬영이 가능하게 개조한 르노 자동차를 만들기 시작했다. 지인들에게 고급 자동차들을 기부 받아 16대의 엑스선 촬영장비를 갖춘 응급차를 마련했다. 군인들은 이 차량들을 '리틀 퀴리'라고 부르게 된다. 1914년 11월부터 마리는 이렌을 조수로 데리고 가서 차량의 조수석에 타고 전선을 누비기 시작했다. 여성들이 위험지역에 진입하는 것을 막으라는 지시를 받은 초병들이 일행을 막아서면 설득했고, 설득이 안 되면 우회해서 어떻게든 부상자가 있는 전선으로 갔다. 엑스선 촬영이 필요한 부상자는 아주 많았다. 필요한 일은 언제나 직접해내는 퀴리 가족 특유의 전통 그대로 마리는 시간이 흐르면서 운전을 배웠고, 결국 자동차 정비까지 배웠다. 많은 이들은 마담 퀴리가 겨울 날씨에 엔진 크랭크를 돌리거나 타이어 교체를 직접해내는 것을 자주 보게 되었다.

이렇게 모녀는 파리와 전선을 오가는 생활을 전쟁 기간 내내 계속했다. 후일 마리는 자시진에서 당시를 이렇게 회고했다. "내가 그 몇 년 동안 수없이 본 것을 한 번만 본다면 누구나 전쟁이라는 단어조차 증오하게 될 것이다." 그럼에도 마리는 전쟁이 끝날 때까지 최전선을 다니며 이 위험한 일을 계속했다. 이브는 "그녀가 본 수천 구의 산산조각 난 몸뚱이와 그녀가 들은 비명과 신음의 기억은 오랫동안 그녀의 삶에 어두운 그림자를 드리웠다."고 썼다. 이렌의 일처리를 보고 1915년 중반 마리는 18세의 이렌을 한 병원 엑스선 진단실 단독 책임자로 임명했다. 이 임명을 미심쩍어하는 사람에게 이렌은 당차게 얘기했다. "엄마는 나를 자신만큼 신뢰합니다." 그것은 마담 퀴리의 신뢰였다. 이 한 마디 이후 불만은 없었다. 이후 이렌은 10대의 나이로 관료체계의 비효율과 싸우며 업무를 능숙히 처리해 나갔다. 3년의 시간 동안 모녀는 그렇게 전선에서 함께 '싸웠다'.

1917년까지도 독일군은 여전히 강력했지만 늦게 참전한 미군이 도착하자 전세는 역전됐다. 수세에 몰리던 독일군은 1918년 7월 도박적인 마지막 대공세로 파리를 다시 위험에 몰아넣었다. 하지만 미군의 지원으로 독일군은 다시 원래 전선으로 밀려났고 1918년 11월 11일 마침내 전쟁이 끝났다. 일진일퇴를 거듭하던 프랑스에서의 참호전이 끝날 즈음 이렌은 20세로 소르본의 물리학사 학위를 받았다. 전쟁이 시작될 때 입학한 대학에서 전쟁이 끝날 때 졸업장을 받은 것이다. 짬짬이 시간을 냈고 프랑스 교육당국이 전시 교육정책으로 출석 등에 대한 규제를 풀었기 때문이다. 전쟁 종결과 함께 마리는 프랑스의 승리에 더해 또 하나의 커다란 기쁨을 누렸다. 조국 폴란드가 150년의 속박에서 해방되어 독립한 것이다. 그간 퀴리 모녀가 해낸 일도 놀라웠다. 4년간 마리가 직접 몰았던 차량을 포함해 그녀가 준비한 20대의 응급차는 100만 명 이상을 촬영했고 적어도 수천 명 이상의 목숨을 구했을 것으로 추정된다. 18세부터 20세까지 군병원 방사선실 책임자로 일했던 이렌에게도 무공훈장이 수여됐다. 1차 세계대전 시기를 지나고 나면 마담 퀴리에 대한 공개적 악담은 깨끗이 사라진다. 그녀 스스로 온몸으로 보여준 모범이 있었기 때문이다. 이제 퀴리라는 이름은 프랑스에서는 신성불가침의 영역이 되었다. 이처럼 퀴리 가문과 마담 퀴리의 위상은 라듐과 폴로늄 그리고 과학으로만 만들어진 것이 결코 아니다.

한편, 그 용기와 기개의 장렬함에 찬탄을 느끼면서도, 후대의 관찰자로서는 한 조각 연민이 뒤따른다. 마리 스스로 그렇다고 주장하고 실제로 확신한다 하더라도, 과연 마리의 행동이 프랑스의 대의를 신뢰하는 순수한 충성심의 발로로만 해석될 수 있을 것인가? 끝내 이방인일 수밖에 없었던 인간의 지독한 자기검열은 아니었을까? 스스로의 행동뿐만 아니라 생각까지도, 어쩌면 꿈속에서조차, 마리는 선택의 여지가 없었을지 모른다. 이 감동적인 이야기 속에 끝없이 '프랑스인'이자 '퀴리'임을 증명해야 했던 '폴란드 여성'의 애처로운 몸부림이 겹치는 것은 필자의 과민함이기 바란다.

전쟁 직전인 1913년 가을 영국에 들러 명예박사학위를 받을 때 마리는 침착하게 러더퍼드에게 공을 돌리며 인터뷰했다. "영국은 러더퍼드 박사를 주목해야 합니다. 그의 방사능 연구는 나를 놀라게 했습니다. 곧 위대한 성취가 나올 겁니다. 그러면 라듐 발견은 서곡으로 물러나겠지요." 겸손한 덕담이었지만 사실 그 말 그대로 되어갔다. 1913년의 제2차 솔베이 회의 주제는 '물질의 구조'였다. 이제 방사능은 화학반응이 아니라 원자 내부에서 나오는 것임이 명백했다. 그러니 연구의 시선은 당연히 그 내부로 향해야 했다. 이 작업을 가장 극적으로 이뤄낸 사람은 랑주뱅의 절친한 친구이기도 했던 러더퍼드였다. 이제 영국의 러더퍼드가 주인공이 될 차례였다.

폴로늄 에피소드

1911년 마리 퀴리는 이미 자신이 발견한 라듐과 관련한 공로로 또다시 노벨상을 받았다. 어떤 차이가 있었던 것일까? 마리가 1902년에 분리한 것은 '염화라듐'이었다. 그래서 라듐의 존재를 인정받으며 노벨 물리학상을 수상한 것이다. 하지만 1910년에는 순수한 금속라듐을 분리해냈다. 즉 '라듐만' 모으는 데 성공한 것이다. 그래서 노벨 화학상이 주어진 것이다. 하지만 폴로늄은 끝끝내 독립적으로 분리해내지 못했다. 라듐은 처음부터 다양한 분야에서 응용되었다. 실용적으로는 의학에 적용할 수 있었고, 물리학에서는 방사능 연구, 더 나아가 방사능을 이용한 원자구조 연구에 가장 중요한 자원이 되어주었다. 하지만 폴로늄은 독성이 너무 강했고 실제 산업적 응용도도 거의 없었다. 따라서 마리 퀴리의 생존 시기에 실용적 측면에서는 거의 잊혀졌고 굳이 분리해 모아둘 필요도 없었다. 지금까지 확실하게 찾아낸 폴로늄의 용도는 암살이다. 실제 소련 KGB는 상당량의 폴로늄을 암살용으로 확보했었고, 러시아가 최근 실제 암살에 사용한 정황도 있다. 다양한 독극물이 이미 여럿 존재하는데 굳이 폴로늄을 사용하는 이유는 간단하다. 일단 흡입하면 절대 돌이킬 수 없고, 어떤 치료방법도 존재하지 않는다. 죽음에 이르기까지 상당한 시간이 필요하고 그 기간 동안 폴로늄이 지속적으로 뿜어내는 방사능에 끔찍한 고통을 겪는다. 한 마디로 암살대상에게 극한의 고통과 절망을 선사하기 위한 무기다. 강력한 적개심의 발현이 폴로늄의 유일한 사용 용도인 셈이다. 마리 퀴리가 조국에 대한 애정을 가지고 붙인 이름인 폴로늄은 막상 이 이외의 용도를 찾지 못했다. 아마도 이런 결과를 알았다면 마리는 라듐과 폴로늄의 이름을 바꾸었을지도 모를 일이다.

2

러더퍼드

어니스트 러더퍼드는 방사선물질의 붕괴와 변환과정을 연구하며, 특히 라듐으로부터 나오는 입자들인 알파입자가 헬륨 원자핵이라는 사실 등을 알아냈다. 원자구조에 관한 이론, 인위적 원소 붕괴 등에 관한 탁월한 연구를 해냈으며, 맥길 대학교, 맨체스터 대학교, 케임브리지 대학교에서 거의 두 세대에 걸친 젊은 원자 과학자들을 교육했다. 그래서 흔히 '핵물리학의 아버지'라고 불린다.

뉴질랜드에서 온 유학생

러더퍼드는 캐번디시 연구소가 설립되던 해인 1871년에 뉴질랜드에서 태어났다. 교사인 어머니와 농업에 종사하는 아버지를 두고 12남매 중 넷째로 성장하는 과정은 경제적으로 윤택할 수는 없었다. 하지만 러더퍼드의 아버지는 자녀들에게 최대한의 교육을 시켜주려고 노력했기

러더퍼드
어니스트 러더퍼드(Ernest Rutherford) 혹은 넬슨 남작 러더퍼드 경(Baron Rutherford of Nelson). 1871년 뉴질랜드 스프링그로브에서 태어났던 사람이 1937년 영국 케임브리지에서 죽었고, 웨스터민스터 사원에 묻혔다. 캐나다 맥길 대학과 맨체스터 대학 교수를 거쳐 캐번디시 연구소장이었고 남작작위를 받았다. 그의 제자들의 국적은 영국, 캐나다, 독일, 러시아, 덴마크, 헝가리, 오스트리아 등 서구 열강 전체를 망라한다. 러더퍼드의 화려한 이력은 19세기 말과 20세기 초의 대영제국이라는 거대 시스템 자체를 상징적으로 보여준다.

때문에 러더퍼드의 학업이 지체되는 일은 없었다. 총명했던 러더퍼드는 1887년 넬슨 칼리지에 입학해 배운 뒤 이후 크라이스트처치의 캔터베리 칼리지도 다녔는데 모두 장학생이었다. 1892년 학사, 1893년 석사학위를 받았다. 사실 뉴질랜드에서의 러더퍼드 유년기에 대해서는 특별히 알려진 것이 없다. 학업성적은 당연히 우수했고 손재주도 좋았다고 전하는 정도다. 뛰어난 학생이긴 했지만 어디까지나 변방인 뉴질랜드에서의 일이었다.

그의 인생을 바꾼 분기점은 졸업 후 쓴 논문으로 대영제국이 수여하는 '1851년 장학생'으로 선출되어 영국으로 유학을 갈 수 있는 기회를 얻은 것이었다. 사실 처음부터 이 유학의 기회를 얻은 것은 아니었다. 장학생 선발에 응모했을 때 러더퍼드는 2등이었다. 한 명에게만 주어지는 영국 유학기회는 1등인 다른 사람에게 돌아갔다. 하지만 그는 결혼을 약속한 사람이 있었고 고민 끝에 결혼을 위해 영국 유학기회를 포기했다. 그래서 행운은 러더퍼드에게 돌아왔다. 러더퍼드는 그 당시의 적나라한 느낌을 잘 구술해두었다. 영국유학을 갈 수 있는 장학금을 받게 되었다는 편지를 집배원이 가져왔을 때 러더퍼드는 밭에서 감자를 캐고 있었다고 한다. 받은 편지를 뜯어본 러더퍼드는 손에 들고 있던 농기구를 땅에 내리꽂으며 외쳤다. "이것이 내가 캐는 마지막 감자다!"

그 말 그대로 러더퍼드의 인생은 이제 전혀 다른 것이 되었다. 이 일화에는 한 가지 덧붙일 것이 있다. 사실은 러더퍼드도 메리 뉴턴이라는 약혼자가 있었다. 러더퍼드는 결혼과 유학 중 망설임 없이 유학을 선택했다. 그리고 약혼녀에게 기다려달라고 부탁하고는 지구 반대편으로 떠나는 배에 올랐다.

이렇게 영국 유학길에 오른 러더퍼드에게는 때마침 두 가지 행운이 더 따랐다. 러더퍼드가 유학을 떠난 1895년은 케임브리지 대학이 외부인들에게 연구소를 개방한 첫해였다. 러더퍼드는 바로 그 첫 수혜자였다. 또 하나는 같은 해에 뢴트겐이 엑스선을 발견했다는 것이다. 물리학에 전혀 새로운 주제가 떠올랐다. 이 조건들에 톰슨의 교육이 더해지자 러더퍼드는 몇 년 사이 눈에 띄는 업적을 만들 수 있었다. 1895년 케임브리지 캐번디시 연구소에 도착한 러더퍼드는 톰슨 밑에서 전자기파의 검출에 관한 연구로 경력을 시작했다. 원거리에서 전자기파를 탐지하는 연구를 진행해 그 결과물을 왕립학회 학술지 《철학 연보(The Philosophical Transactions)》에 실을 수 있었다. 하지만 '뉴질랜드 촌놈'의 갑작스러운 성공은 다른 연구원들의 시기심을 불러일으켰다. 케임브리지 출신도 아닌데다 특유의 뉴질랜드 억양도 심해 러더퍼드가 다른 연구원들과 가까워지기는 어려웠다. 하지만 톰슨의 지속적인 신임과 격려로 이를 어느 정도 극복할 수 있었다.

같은 해 뢴트겐의 엑스선 발견 후 톰슨은 러더퍼드와 함께 기체방전 현상을 연구하기 시작했다. 이들은 엑스선이 양전하나 음전하를 띤 수많은 입자를 만들어냄을 발견했다. 그리고 이 전하를 띤 입자들이 재결합해 중성의 분자를 만든다는 사실도 알아냈다. 1896년에는 전파안테나를 개발해서 발표했으나 마르코니(Guglielmo Giovanni Marconi, 1874~

1937)가 훨씬 앞서 있어서 결국 꿈을 접었다. 무선통신 시대를 연 사람은 마르코니로 기록된다. 첫 응용연구의 시도는 그렇게 미적지근한 실패로 끝났다. 이때 프랑스에서 베크렐이 우라늄에서 엑스선과 비슷한 성질을 가진 복사선 방출을 발견했다는 소식을 들었다. 러더퍼드는 톰슨과 독립적으로—톰슨의 공동 연구 요청을 거절하고(!)—이 연구에 뛰어들었다. 그리고 곧 이 새로운 복사선이 두 종류라는 중요한 사실을 알아냈다. 편의상 각각 알파선과 베타선이라고 이름 붙였다. 사실 퀴리 부부의 '방사능(radioactivity)'이라는 작명은 이 이후에 이루어졌다. 러더퍼드의 방사능 연구에 대한 기여가 이미 상당했기 때문에 러더퍼드가 복사선 전체에 대한 작명을 시도했다면 방사능은 러더퍼드가 붙인 다른 이름이 되었을 수도 있었다.

캐나다 몬트리올 맥길 대학 교수 시절(1898~1907)

영국에 온 지 불과 3년 만에 러더퍼드는 방사능을 새로운 영역으로 만들며, 빠른 속도로 존재감 있는 학자가 됐다. 그러자 1898년 캐나다 몬트리올의 맥길 대학에서 교수직 제안이 왔다. 캐나다는 학문의 변방이었고 맥길 대학의 물리학과는 1893년에 생긴 신생학과였다. 하지만 당시 담배 재벌이던 윌리엄 맥도널드의 적극적 후원으로 비싼 장비로 가득 찬 최고수준의 실험실을 갖추고 있었다. 비록 과학의 중심지에서는 떨어져 있지만 최고도의 정밀실험이 가능한 곳이었다. 러더퍼드는 이 기회를 선택했다. 그리고 스승 톰슨의 적극적 추천과 후원에 힘입어 러더퍼드는 27세의 나이로 맥길 대학 교수가 되었다. 이번엔 대서양을 건너 캐나다로 가서 터전을 닦았다. 그리고 1901년 샌프란시스코로 가서 태평양을 건너 뉴질랜드에 도착해 6년을 기다려준 메리 뉴턴과 결혼했다. 약혼녀도 긴 시간 러더퍼드를 기다려주었고, 러더퍼드는 6년 만에 지구 한 바퀴를 돌아와 약속을 지켰다. 흔치 않은 해피엔딩이었다.

맥길 대학에서의 따뜻한 일화는 이외에도 더 있다. 맥길 대학 물리학과 학과장이었던 존 콕스는 처음부터 러더퍼드 임용에 적극적이었다. 교수가 된 러더퍼드의 실험실에 들러 러더퍼드의 작업을 지켜본 콕스는 이렇게 말했다고 한다. "이제부터 자네가 하는 강의를 내가 대신하겠네. 자네는 자네가 하고 싶은 연구에만 몰두하게." 톰슨으로도 모자랐는지 러더퍼드의 주변에는 그를 알아보는 인품 좋은 신사들이 넘쳐났던 것 같다. 사회시스템과 주변 인물들의 적극적인 후원 속에 맥길 대학에서도 러더퍼드의 발견은 계속되었다. 1900년 캐나다에서 연구 중 러더퍼드는 세 번째 종류의 방사선을 발견하고 감마선이라 칭했다. 퀴리 부부가 방사능을 내뿜는 '원소 찾기'에 열중했다면 러더퍼드는 방사능의 종류를 구분하는 데 주목했다. 세 종류의 방사능을 발견한 러더퍼드는 결국 그 정체에 대한 연구도 성공적으로 진행한다.

알파, 베타, 감마선

방사능 연구에 뛰어든 지 4년 만에 러더퍼드는 방사능을 특성에 따라 세 가지 종류로 나누었다. 알파선은 종이 한 장으로도 막을 수 있다. 베타선은 얇은 금속판 정도로 가로막을 수 있다. 감마선은 수 미터의 두꺼운 납 장벽이 있어야 막을 수 있다. 그래서 원자폭탄 폭발 시 나오는 엄청난 방사능을 차폐하려면 수 미터 두께의 납 차폐벽이 필요하다. 차례로 밝혀지지만 알파선의 정체는 헬륨 원자핵이었고 베타선은 고에너지를 가진 전자였으며 감마선은 엑스선보다도 파장이 짧은 강력한 전자기 복사였다. 결국은 이 해석들도 러더퍼드나 그의 제자들에 의해 이루어진다. 방사능은 원자 내부의 입자들이 방출되는 현상이며 입자를 방출한 원자는 다른 원자로 바뀌게 되는 것이라는 것이 곧 밝혀진다. 그래서 이 과정을 지금은 방사능 붕괴라고 표현한다.

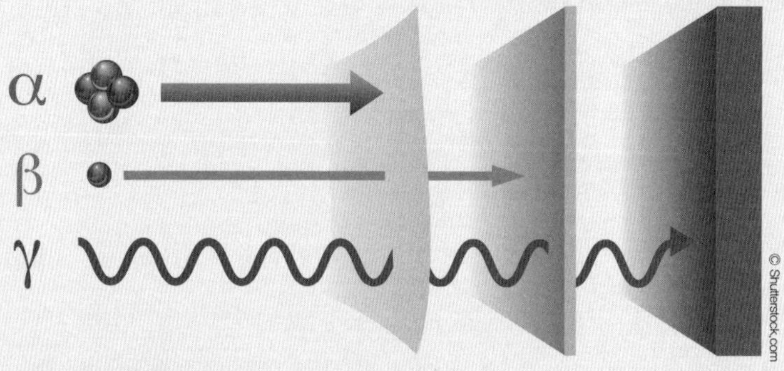

알파, 베타, 감마선 개념
종이 한 장도 못 뚫는 알파선, 금속판으로 막을 수 있는 베타선, 7m 납 차폐벽이 있어야만 막을 수 있는 감마선. 헬륨 원자핵인 알파선, 전자의 흐름인 베타선, 엑스선보다도 파장이 짧은 강력한 전자기 복사인 감마선. 방출되는 방사선의 종류들은 그 방사능을 방출한 물질의 상황을 추측할 수 있게 해준다. 예를 들어 베타입자가 방출되었다는 것은 전자가 방출된 것이니 베타선을 방출한 원자는 전자가 줄어든 만큼 양전하를 가진 이온이 될 것이다.

결혼하고 맥길 대학으로 돌아온 직후 젊은 화학자 프레데릭 소디(Frederick Soddy, 1877~1956, 1921년도 노벨 화학상)가 공동 연구자로 참여했다.[3] 1년여 계속된 이들의 공동 연구 결과는 탁월했다. 러더퍼드는 소디의 도움으로 방사능을 배출한 원소들의 일부가 다른 원소의 원자로 전환되는 것을 발견했다. 소디는 알파입자의 방출이 화학종의 변화임을 처음 깨달았고 알파입자가 수소보다 최소한 두 배 큰 질량을 가졌음을 확인했다. 고무된 러더퍼드와 소디는 여러 종류의 방사성 원소들을 가지고 반복실험을 했다. 원자가 알파입자나 베타입자를 방출할 때 뒤에 남는 것은 전혀 다른 종류의 원자였다. 원자의 이런 변환은 일정한 규칙을 따르는 것 같았다. 특정 시간이 지나면 원자수가 일정하게 줄어들었다. 결국 방사능은 원자는 다른 원자로 바뀌는 과정에서 방출되는 것이라는 가설을 세울 수 있었다. 3종류의 방사성원소(라듐 · 토륨 · 악티늄)를 연구한 결과 1902년에는 방사성현상이 원자가 자연 붕괴(변환)할 때 생기는 현상이라고 분명하게 주장할 수 있게 된 것이다.

방사성 물질이 절반으로 줄어드는 시간인 반감기(半減期)의 개념도 여기서 시작했다. 예를 들어 라듐의 방사능 방출량을 정밀측정해보면 1602년이 지나면 라듐 원자의 절반이 라돈(radon, Rn)으로 바뀐다. 그래서 시료의 방사능 방출량도 절반으로 줄어든다. 퀴리 부부가 전혀 알지 못했던 중요한 시사점을 발견한 것이다. 얼핏 무한히 뿜어져 나오는 것 같았던 방사능은 결코 무한하지 않았다. 방사능은 각 방사성 원소들이 스스로 부서지며 나오는 부산물 같은 것이었다. 에너지 보존 법칙을 깨뜨리는 것 같아 보였던, 그래서 물리학의 위기로 느껴졌던 방사능이라는 이 새로운 현상이 기본적 물리법칙 내로 포섭된 것이다. 또한 여기서 오늘날 일반화한 방사능 연대측정법의 아이디어가 만들어졌다. 소디는 풍성한 연구업적을 남기고 1902년 맥길 대학을 떠나 런던으로 가서 램지와 연구를 시작했다. 소디와의 공동 연구는 러더퍼드 인생 전

---

3 소디는 1913년에 동위원소 개념을 제시했고 결국 노벨상을 받는다. 소디는 후일 러더퍼드가 캐번디시 연구소장으로 재직하던 시절 옥스퍼드에서 화학교수로 있었다.

체에 걸쳤던 위대한 공동 연구들의 시작점 같은 것이 되었다.

홀로 연구를 지속해 나가던 러더퍼드는 1903년 라듐으로부터 나오는 복사선에 강한 전기장을 걸어 알파선의 경로가 휘게 하는 데 성공했다. 알파선이 전자기장 속에서 음극 쪽으로 구부러진다면 이 복사선은 양전기를 띤 입자일 것이다.—톰슨의 음극선 실험과 닮아 있다— 결국 지속적 실험으로 알파선은 결국 입자들이며 헬륨 원자에서 두 개의 전자를 제거한 것이 알파입자라는 추측을 해냈다. 이 추측의 최종적 확인에는 몇 년이 걸렸지만 결국 정확한 추측이었다. 1904년 러더퍼드는 그때까지의 연구결과를 요약한 책 『방사능(Radio-activity)』을 출판했다.

1905년에는 독일의 오토 한(Otto Hahn, 1879~1968, 1944년도 노벨 화학상)이 맥길 대학에 와서 러더퍼드에게 배웠다. 변방 캐나다까지 독일의 촉망받는 젊은 학자가 찾아올 정도로 러더퍼드의 존재감이 커진 것이다. 오토 한은 1907년경까지 수명과 화학적 성질이 다른 26가지 방사성 물질을 발견해내는 기염을 토했다. 하지만 그것이 무엇인지는 몰랐기 때문에 이제 주기율표가 원소 과잉의 압력으로 문제가 되기 시작했다.—뒤에서도 살펴보겠지만 오토 한은 정밀실험으로 무언가를 발견하는 데 탁월한 재주가 있었는데 그것이 무엇인지는 언제나 남들이 설명해냈다. 이렇게 '문젯거리'들을 양산해놓은 뒤 오토 한은 독일로 돌아가 리제 마이트너와 30년에 걸친 생산성 높은 공동 연구를 시작한다.

많은 업적에도 불구하고 맥길 대학에서 러더퍼드는 불안감에 시달렸다. 자신이 과학의 중심부에서 너무 멀리 떨어져 있어 최신정보로부터 고립되고 있을지 모른다고 생각했다. 또 하나의 문제는 훌륭한 실험장비는 갖춘 곳이었지만 역량 있는 대학원생을 구하기 쉽지 않았다는 점이다. 맥길 대학에서 톰슨이 가진 캐번디시의 연구진과 경쟁 가능한 팀을 꾸린다는 것은 불가능했다. 실제 맥길 대학에서 러더퍼드와 함께 업적을 만들어낸 사람들은 모두—소디나 오토 한처럼—맥길 대학 사람이 아니었다. 이런 딜레마에 빠져 있을 무렵 러더퍼드는 영국 맨체스터 대학의 물리학 연구소장 자리를 제안 받았다. 독일인이던 연구소장 아더 슈스터가 퇴임하며 자기 자리에 러더퍼드를 임명할 것을 권고했기 때문이다. 맨체스터 대학의 시설과 장비는 맥길 대학과 비슷한 수준이었다. 하지만 질적으로 훨씬 뛰어난 연구진과 대학원생들이 다수 포진되어 있다는 결정적 장점이 있었다. 더구나 연구소장 직권으로 수여 가능한 장학금도 있어 자신이 원하는 공동 연구자를 부르기도 용이했다. 1907년 가을 러더퍼드는 결단을 내리고 맨체스터로 이동했다.

맨체스터 시절 (1907~1919)

맥길 대학에서 해낸 일만으로도 러더퍼드는 노벨상을 받을 수 있었을 것이다. 하지만 맨체스터로 옮긴 이후 12년의 기간 동안 러더퍼드가 해낸 믿을 수 없는 일들과 비교하면 초라해질 정도다. 플랑크가 양자와 아인슈타인을 발견했고, 톰슨이 전자와 러더퍼드를 발견했다면, 러더퍼드는 원자핵과 보어를 발견했다. 그리고 이 가장 중요한 업적들은 맨체스터 시기에 이루어졌다. 맨체스터에서 러더퍼드는 유능한 연구원들을 모으고 훈련시켰다. 그는 방임형의 톰슨과 다르게 직접적인 관여와 조언, 나아가 공동 연구를 즐겼다. 원자핵 발견, 보어 원자모델의 제시, 모즐리의 원자번호에 기반한 새 주기율표 등은 이 시기 러더퍼드와 직접적 연관을 가진 연구 결과물들이었다. 러더퍼드는 이때의 많은 연구업적을 제자들에게 돌리며 그들의 성장을 도왔다. 가이거 계수기의 한스 가이거(Hans Geiger, 1882~1945), 원자번호 발견자 헨리 모즐리(Henry Moseley, 1887~1915), 원자핵 발견 실험의 어니스트 마스덴(Ernest Marsden, 1889~1970), 동위원소를 사용한 추적자 연구의 게오르그 헤베시(Gyrgy Hevesy, 1885~1966, 1943년 노벨 화학상), 중성자 발견의 제임스 채드윅(James Chadwick, 1891~1974, 1935년 노벨 물리학상), 그리고 '양자역학의 아버지' 닐스 보어(Niels Bohr, 1885~1962, 1922년 노벨 물리학상)가 모두 맨체스터에서 러더퍼드에게 배웠다. 결국 이후 러더퍼드 학파는 주기율표를 고치고 완전히 재해석하는 데 성공했다.

1907년 맨체스터 대학교로 자리를 옮긴 후에도 러더퍼드는 알파선 연구를 계속 진행했다. 이때 만난 한스 가이거는 러더퍼드의 가장 유명한 업적의 조력자가 되어주었다. 1906년에 독일에서 맨체스터로 온 가이거는 알파입자의 정량적 측정 장치를 개발했다. 가이거의 도움으로 이제 입자 수와 총 전하량의 측정이 가능해졌다. 힘을 얻은 러더퍼드는 1908년, 토머스 로이스(Thomas D. Royds)와 함께 알파선이 헬륨 원자라는 자신의 추정을 실험으로 증명했다. 쉼 없이 차곡차곡 연구를 진행시켜 가던 중 맥길 대학에서 진행했던 원자 붕괴에 관한 연구 성과로 1908년도 노벨 화학상을 수상했다. 이곳저곳의 강연에 불려 다니고 언론의 추적을 받는 인생으로 접어들었지만 노벨상 수상 후에도 러더퍼드의 집중력은 전혀 흐트러지지 않았다. 그가 노벨상 수상 후 한 일은 상금으로 자동차를 구입한 정도였다. 오히려 러더퍼드의 가장 인상적인 업적은 노벨상 수상 뒤에 나왔다. 운명의 1911년, 러더퍼드는 원자핵을 발견하며 스승 톰슨의 푸딩 원자모형을 완전히 대체시켰다.

러더퍼드의 노벨 화학상

1904년 『방사능』을 출판하고 난 뒤 주변 지인들은 이제 러더퍼드의 노벨상 수상을 점치기 시작했다. 1904년경이면 노벨상은 4회째 수상을 진행한 뒤였다. 노벨 물리학상은 1901년에 독일의 뢴트겐, 1902년에 네덜란드 로렌츠와 제만, 1903년에 프랑스의 베크렐과 퀴리 부부가 받았고, 1904년에 마침내 영국인이자 2대 캐번디시 연구소장이었던 레일리 경이 아르곤 발견 공로로 노벨 물리학상을 받았다. 램지는 같은 공로로 그해 노벨 화학상을 받았다. 주변 지인들의 입방정에 러더퍼드는 이렇게 답했다. "상을 받아야 할 차례를 기다리고 있는 톰슨과 같은 뛰어난 물리학자들이 많이 있기 때문에 나는 10년 후에나 노벨상을 받을 수 있을 것이다." 실제 톰슨은 1906년 노벨 물리학상을 받았다. 그리고 러더퍼드는 그의 추정보다는 빨리 1908년에 노벨상을 받았다.

그런데 놀랍게도 '노벨 화학상'이었다. '물리학자' 러더퍼드가 노벨 화학상을 받은 이유는 간단했다. 나중에 알려진 일이지만 노벨상 위원회는 1908년도 노벨 물리학상 수상자로 플랑크를 뽑아두었기 때문에 러더퍼드에게는 화학상을 주기로 결정했던 것이다. 이처럼 초기 노벨 화학상 수상은 노벨 물리학상 경쟁에서 '밀린' 사람들에게 주어지는 경우가 꽤 있었다. 원자세계에 대한 연구는 물리나 화학 분야 모두로 해석될 여지가 있었기 때문이다. 그런데 스웨덴 학술원이 플랑크의 수상을 거절했고 결국 플랑크는 10년이 지나 1918년에야 노벨 물리학상을 받았다. 이것이 러더퍼드의 노벨 화학상 수상 이유였다. 러더퍼드는 이 수상을 자신이 발견한 방사성 붕괴에 빗댄 농담을 남겼다. "내가 물리학자에서 화학자로 변환된 것은 내가 본 것 중 가장 빠르고 가장 기괴한 '붕괴'였습니다." 러더퍼드는 평소 "물리학을 제외하면 다른 것들은 다 우표수집 같은 거야."라는 말을 자주 했다. 즉 화학이나 생물학 같은 과학 분야들은 근본원리를 찾는 분야가 아니라 원소 찾기나 새로운 생물종 찾기 같은 '단순한' 작업의 결과라는 가벼운 비아냥거림이었다. 물리학자로서의 자부심의 표현이었을 테지만 본인이 '노벨 화학상'을 수상한 뒤에는 두 번 다시 '우표수집의 비유'로 농담하지 않았다고 한다.

1911년 원자핵 발견

원자핵 발견으로 유명한 알파입자 산란 실험은 가이거가 만든 알파입자 측정 장치를 변형해가는 과정에서 시작되었다. 여러 시료에 알파입자를 투과시키는 실험을 이리저리 변형하던 중 얇은 금박으로 쏘아 보낸 알파입자가 가끔씩 '튕겨 나오는' 것으로 보이는 현상이 관찰된 것이다. 당연히 그대로 투과할 것으로 믿었던 연구원들은 충격을 받았다. 러더퍼드의 표현대로 '대포알을 종이에 쏘았는데 대포알이 튕겨 나온 느낌'이었다. 이 수수께끼 같은 현상을 설명하기 위한 알파입자 산란 실험이라는 운명의 실험은 러더퍼드의 지도하에 가이거와 마스덴이 진행했다. 세 사람의 조합은 적절했다. 가이거가 튀어나온 알파입자들의 궤적을 정확히 찾아낼 수 있는 장치를 만들었고, 마스덴은 엄청난 수의 알파입자들의 궤적을 추적해 정확한 통계를 작성했고, 러더퍼드는 이 결과를 특유의 상상력을 조합해 해석해냈던 것이다.

1911년 러더퍼드는 이 실험결과에 근거해 양전하를 띤 원자 질량의 대부분이 원자의 중심부에 집중되어 있다는 가설을 제시했다. 구체적

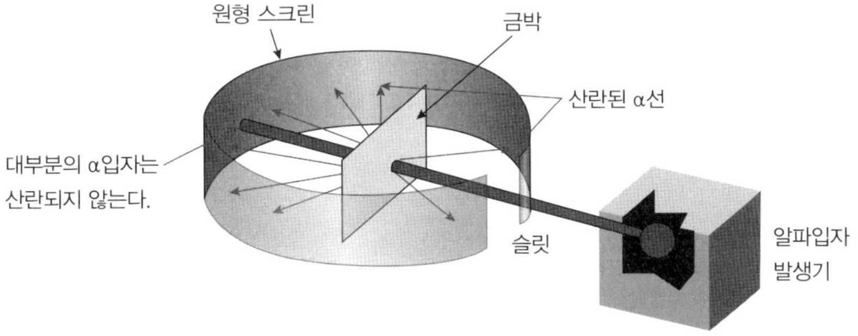

알파입자 산란 실험

알파입자들을 금박으로 쏘아 보내면 대부분 투과된다. 그런데 극히 일부 알파입자들은 투과하지 않고 튕겨져 나온다. 이것은 알파입자가 무언가 자신보다 무거운 것에 부딪혔다는 의미다. 그렇다면 원자의 대부분의 질량은 극히 좁은 영역에 모두 몰려 있다는 의미가 된다. 어쩌면 이 상상까지는 어렵지 않을지 모른다. 중요한 것은 그 산란되는 입자의 정확한 비율과 궤적을 신뢰성 있는 실험을 통해 '과학'이 될 수 있게 검증하는 것이다.

으로 설명해보면 먼저 알파입자는 전자보다 8000배나 무거우므로 전자로 인해 알파입자가 휠 가능성은 없다. 따라서 알파입자의 움직임에 영향을 준 것이 전자는 아니다. 양전하를 띤 알파입자가 금 원자의 중심부 근처에 가면 양전하에 의해 옆으로 밀려 궤적이 바뀌거나 아주 드물게 핵으로 돌진해 원래 오던 방향으로 튕겨 나간다. 이 가정하에 실험적 통계로 원자핵은 원자 지름의 10만분의 1 정도라는 것이 추정되었다.—이 정도 통계적 정확도를 얻기 위해 마스덴이 진행했을 끔찍한 단순작업의 횟수를 상상해보라! 콩 하나만한 원자핵이 야구장만한 원자 중심에 위치해 있고 야구장 외벽을 따라 전자구름이 있을 뿐 나머지는 비어 있는 것이다.[4] 우리가 알고 있는 아무리 단단한 물질도 모두 그렇게 엄청난 공간이 텅 비어 있다. 이 원자핵의 가정이야말로 러더퍼드

4 평균적으로 원자는 지름 10^{-13}cm 정도의 핵이 지름 10^{-8}cm 전자구름에 박혀 있다.

한스 가이거

알파입자 산란 실험은 금박 속의 금 원자와 상호작용한 알파입자를 찾아내는 능력에 좌우되었다. 즉 투과했는지 튕겨나갔는지 그리고 그 궤적과 비율은 얼마인지 알아낼 신뢰할 수 있는 장비가 중요했다. 한스 가이거는 그런 장비를 만들 능력이 있었다. 그가 후일 '가이거 계수기'를 만든 것은 우연이 아니다. 가이거는 1913년 가이거 계수기 발명 후 1928년 뮐러와 함께 가이거-뮐러 계수기를 고안했고, 이 장치는 방사능 측정법의 표준이 되었다.

어니스트 마스덴

마스덴은 특유의 인내력으로 튀어서 날아가는 알파입자들을 관찰 기록했다. 2년 가까운 마스덴의 작업이 없었다면 원자핵의 존재 여부와 크기 추정이 불가능했을 것이다. 엄청난 인내력이 필요한 작업이었다. '가끔씩' 알파입자가 튕겨 나오는 것들을 기록해야 했는데 사실 그 '가끔씩'의 비율은 1/8000 정도였다.

가 톰슨에게 배운 캐번디시적 상상력의 절정이라고 할 수 있다.[5] 원자핵의 개념이 세워지자 비로소 현대적 원자론의 기반이 성립되었다. 러더퍼드는 이후에도 탁월한 여러 업적을 남겼지만, 그 무엇도 그의 원자 모형만큼 중요한 것은 없다.

이 운명의 1911년에는 중요한 사건이 하나 더 있었다. 닐스 보어라는 찬란한 원석을 발견한 것도 바로 이 해였다. 덴마크의 보어는 1911

5 원자의 핵(nucleus)이라는 용어는 1912년에 러더퍼드가 만든 말이다.

년 9월 박사 후 연구원으로 톰슨에게 왔다. 하지만 캐번디시 연구소의 연말 디너파티에서 러더퍼드를 만나 강한 인상을 받은 보어는 반년 만에 맨체스터로 옮겨갔다. 그리고 러더퍼드에게 배운 이 덴마크 제자는 또다시 스승을 넘어선다. 보어가 제시한 1913년의 원자모형은 양자역학과 원자물리학 발전의 핵심이 되었다. 그리고 톰슨에게 영향 받은 러더퍼드의 직관적이고 시각적인 연구는 복잡한 수학적 개념들로 대체되기 시작했다. 톰슨원자모형을 극복한 원자핵 모형이 제시된 해에 그 러더퍼드의 이론을 넘어설 새로운 씨앗도 함께 뿌려졌던 것이다.

나가오카 한타로의 토성형 원자모델

원자 질량의 대부분이 원자의 중심부에 집중해 있다는 가설을 최초로 제시한 사람은 사실 러더퍼드가 아니었다. 1904년에 일본의 물리학자 나가오카 한타로(長岡半太郎, Nagaoka Hantaro, 1865~1950)가 제시한 이른바 토성고리 모델이 최초로 원자의 '핵'을 가정한 모델이다. 일본에서는 과학시간에 한타로 모형을 자세히 배운다. 일본에서는 한타로가 잘 인정받지 못하는 것이 비유럽권 학자이기 때문이라는 볼멘 소리를 하기도 한다. 하지만 러더퍼드의 원자모형은 정확한 실험에 근거하고 있어서 가설적 모형만 제시한 한타로에 비해 훨씬 설득력이 있었다.

러더퍼드 원자핵 모형의 한계

러더퍼드 원자모형은 처음부터 치명적 문제가 있었다. 원자의 모든 양전하를 한 점에 모으면 알파입자 산란은 설명이 가능했다. 하지만 그렇다면 음전하를 가진 전자들은 왜 양전하를 가진 원자의 중심으로 떨어지지 않는가? 이 모형대로라면 수소가 가진 단 한 개의 전자는 빠르게 핵으로 빨려들어 붕괴되어버릴 것이다. 그렇다면 우주에 수소는 전혀 없어야 했다. 이 문제를 해결한 것이 바로 보어였다. 1913년의 수소 선 스펙트럼 설명 과정에서 새로운 개념을 제시하며 보어가 스승 러더퍼드의 원자모델을 개량하는 과정은 3부에서 살펴보게 될 것이다.

모즐리의 현대적 주기율표

역사에 만약이라는 가정은 쓸데없는 것이지만 헨리 모즐리의 삶은 그 가정을 언제나 하게 만든다. 그가 정상적인 수명을 누렸다면 아마도 이 책은 그를 러더퍼드만큼의 비중으로 다루게 되었을지 모른다. 우리가 배우는 주기율표가 바로 그의 작품이기 때문이다. 모즐리의 할아버지는 왕립학회 회원이자 런던대 교수였고, 아버지는 옥스퍼드 대학 생리학 교수였다. 모즐리는 이튼 스쿨에서 물리학과 화학 우등상을 받고 옥스퍼드에서 물리학을 전공했다. 상류층 특유의 자신감이 배어 있는 인물이었던 모즐리는 1910년 옥스퍼드를 졸업한 후 맨체스터로 와서 러더퍼드의 연구소에 합류했다. 그리고 자신이 '멍텅구리'라고 부른 맨체스터 대학 학생들을 가르쳤다. 영국 본토 지식인 가문 출신다운 이 오만한 성격은 그의 연구에는 오히려 도움이 되었다. 러더퍼드 실험실은 개방적 분위기였지만 대다수의 연구자들은 러더퍼드의 강렬한 개성에 크게 영향을 받고 있었다. 그래서 상상력에서 러더퍼드를 넘어서기 힘들었다. 마스덴의 작업들은 그 전형이라 볼 수 있다. 철저하게 러더퍼드적 상상력의 틀 안에서 실험적 노력으로 만들어진 업적이었다. 대부분의 연구원이 이런 식으로 러더퍼드의 계획을 따라 방사능 연구를 진행했다. 하지만 모즐리는 러더퍼드의 말을 잘 따르는 가이거나 마스덴과는 전혀 달랐다. 그는 러더퍼드를 무시할 수 있는 배경과 성격의 소유자였다. 자의식 강한 모즐리는 러더퍼드의 완곡한 만류에도 불구하고 자신감을 가지고 자신만의 독자적 실험과 개념 정립에 나섰다.

1912년 모즐리는 엑스선 연구를 시작했다. 당시 발견된 지 16년을 지나고 있는 엑스선에 대한 연구는 상당히 진척되어 있었다. 이 시기 뮌헨 대학의 막스 폰 라우에는 스펙트럼 분석을 통해 엑스선의 전자파 성질을 확인하며 결정해석학을 개척했다. 그는 이 공로로 1914년 노벨상을 수상했다.[6] 캐번디시 연구소에서는 윌리엄 헨리 브래그(Sir William Henry Bragg, 1862~1942)와 윌리엄 로렌스 브래그(Sir William Lawrence Bragg, 1890~1971) 부자가 관련 실험을 반복했다. 그리고 브래그 부자는 스펙트럼 분석을 통해 곧 엑스선이 자외선 범위를 넘어서는 빛의 일종임을 확인했다. 이 연구로 브래그 부자는 1915년 노벨상을 공동 수상한다.[7] 이런 과정 속에 시료들의 스펙트럼 분석은 바야흐로 새로운 유행으로 떠오르고 있었다. 모즐리는 이 스펙트럼 연구의 발전에 고무되어 원자 구성을 찾는 연구로 나아갔다. 원자 내부의 상황을

---

6 플랑크가 아인슈타인을 만나보라고 베른으로 파견했던 조교가 바로 이 라우에다. 재미있게도 라우에는 플랑크나 아인슈타인보다 먼저 노벨상을 받았다.

7 노벨상에 부자가 수상한 사례는 다섯 번 있고 부부 공동수상은 세 번 있었지만 부자 '공동수상'은 이 사례가 현재까지 유일하다. 아버지 헨리 브래그는 캐번디시 연구소 시절 러더퍼드의 친구로 리즈 대학교 물리학과 교수가 되었고, 아들 로렌스 브래그는 러더퍼드 이후 캐번디시 연구소장이 되어 그의 재임기간 DNA 구조 발견이라는 쾌거를 만들었다.

연구하려 한다는 점에서 역시 러더퍼드적(?) 연구였다고 볼 수 있다. 그리고 마침내 모즐리는 엑스선 스펙트럼에 나타난 특징만으로 원소를 확인할 수 있게 되었다.

이 방법으로 인해 시료에서 화학자들이 알아내는 데 몇 년씩 걸리는 새로운 원소들을 즉각적으로 분석가능해졌다.—예를 들어 퀴리 부부가 4년 가까운 시간을 모아 원자량을 측정해야 했던 라듐과 폴로늄은 이제 몇 시간이면 스펙트럼 분석으로 찾을 수 있게 된 것이다.—맹렬히 발전하고 있는 원자와 방사능 분야에서는 몇 년 만 지난 실험방법도 화석 수준이 되어버렸다. 그리고 더 중요한 것은 이 연구를 통해 원소의 종류를 결정짓는 것은 핵의 전하량이라는 것이 밝혀졌다는 것이다. 원자의 질량, 즉 원자량으로 원소를 분류했던 맨델레예프 주기율표는 이제 바뀔 수밖에 없었다. 모즐리에 의해 핵의 전하량이 원자번호가 되어 오늘날의 원자번호 체계로 주기율표는 깔끔하게 정리되었다. 화학 분야에 고도의 질서가 부여되며 단순해지고 이해하기 쉬워졌다. 뿐만 아니라 모즐리는 자신의 주기율표에서 알루미늄(원자번호 13)에서 금(원자번호 79) 사이에 아직 발견되지 않은 4개 원소가 있음을 자연스럽게 예언(?)할 수 있었다. 그리고 곧 확인되었다.

10년 전만 해도 퀴리 부부에게 노벨상을 안겨줬던 원소발견 이야기는 이제 별스럽지 않은 일이 되어갔다. 모즐리의 새 주기율표로 과밀한 방사성 원소 문제도 깔끔하게 해결되었다. 맥길 대학에서 오토 한이 저질러 놓고(?) 간 새로운 방사성 원소들의 분류문제 같은 것들이 드디어 해결된 것이다. 동위원소 개념도 확정적이게 되었다. 맥길 대학에서 러더퍼드와 함께 연구했던 소디는 화학적으로 비슷해 보이지만 다른 원자량을 가지는 물질들의 차이에 대해 연구했다. 소디는 이미 1910년에 이것들이 유사물질이 아니라 화학적으로 똑같은 것임을 주장했다. 화학적 성질이 완전히 일치해도 원자량과 방사능 같은 물리적 성질의 불일치는 가능하다는 '동위원소(isotope)' 개념이 제시되었던 것인데 모즐리의 주기율표가 나오자 상황은 훨씬 명확해졌다. 원자번호만 같으면 원자량이 달라도 같은 물질로 규정하면 되는 것이다.

모즐리
모즐리는 자신이 가르치는 맨체스터 대학 학생들을 '멍텅구리'라고 불렀다. 그 오만한 성격은 러더퍼드의 카리스마를 극복하는 데는 오히려 도움이 되었다.

이후 소디는 한 원소가 알파입자를 방출하면 주기율표에서 왼쪽으로 두 칸 떨어진 원소로 변하는 것을 관찰했다. 알파입자 자체가 원자핵을 변화시키며 나오는 것일 심증을 높였다.[8] 그 외에도 새 주기율표의 영향으로 새로운 업적들이 꼬리를 물었고 화학반응에 대한 물리학적 이해가 깔끔하게 정리되었다. 모즐리의 작업은 톰슨이 시작하고 러더퍼드가 발전시킨 원자구조 연구의 정점이었다. "사실 그때까지 러더퍼드의 원자핵을 가진 원자모형은 중요하게 받아들여지지 않았다…… 모즐리가 모든 것을 크게 바꿔놓았다." 천천히 받아들여졌지만 이후 모든 화학교과서가 바뀌는 근본적인 변화였다. 오늘날 우리가 배우는 주기율표는 모즐리에 의해서 선명하게 완성된 것이다. 그렇게 현대화학은 모즐리 이전의 화학과 전혀 다른 것이 되었다. 러더퍼드는 모즐

8 상황을 알고 있는 우리의 입장에서는 설명이 쉬워진다. 알파입자가 헬륨 원자핵이니 알파입자가 원자핵에서 빠져나가면 양성자 두 개를 잃은 원자핵의 원자번호는 당연히 2가 줄어든다.

갈리폴리 전투

오스만 투르크 제국의 심장인 이스탄불을 빠르게 함락시키기 위해 결행한 갈리폴리 상륙작전은 당시 해군장관이던 윈스턴 처칠의 대표적 실패작이다. 이 전투에서 영연방군은 막대한 피해를 입고 철수했으며 성공적으로 방어를 해낸 케말 파샤 장군은 후일 터키공화국의 국부이자 초대 대통령이 되었다. 그리고 과학사에서는 모즐리를 잃은 비극적 전투였다.

리를 보어 다음가는 훌륭한 제자로 생각했고 수년 내 모즐리의 노벨상 수상은 확실시되었다. 하지만 모즐리는 결국 노벨상을 받지 못했다. 이 위대한 지성은 제1차 세계대전 초기의 애국적 열기 속에서 자원입대했다. 통신장교로 일하던 모즐리는 1915년 6월 영국군이 벌인 대표적 졸전인 갈리폴리 전투에 증원군으로 투입되었다가 8월에 터키군의 총격에 사망했다. 그의 나이 27세였다.

모즐리의 엑스선 스펙트럼 실험

모즐리의 핵심 실험은 뒤에 언급될 보어의 유명한 3부작 논문 중 두 번째 논문과 상관이 있다. 전자빔을 원소에 쏘아서 나오는 엑스선 스펙트럼을 연구하는 과정에서 1913년 모즐리는 맨체스터를 방문한 보어와 원자모형에 대한 얘기를 나눴다. 원자의 가장 바깥쪽 전자가 다른 궤도로 이동할 때는 약간의 에너지가 들기 때문에 가시광선을 방출한다. 하지만 원자의 안쪽 궤도에 있는 전자가 궤도를 이동할 때는 훨씬 많은 에너지가 방출되기 때문에 더 높은 에너지를 가진 엑스선을 방출한다. 그래서 모즐리는 이때의 엑스선 스펙트럼을 연구하고자 했다. 모즐리는 매일 15시간씩 실험하면서 구할 수 있는 모든 원소에 전자빔을 쏘아 체계적으로 엑스선 스펙트럼을 조사했다. 엑스선 스펙트럼에서 가장 낮은 진동수는 원자핵 전하의 제곱에 비례했다.

이 실험결과는 원자의 성질과 관련된 더 근본적인 특징은 '원자의 질량'이 아니라 '원자핵의 전하'임을 명백히 보여주었다. 이제 시료만 있으면 불과 몇 시간 만에 어떤 원소들로 구성되어 있는지 분석이 끝날 수 있었다. 실제 모즐리는 유명 화학자가 몇 년 걸려 분석한 시료를 몇 시간 만에 정확히 분석해 보여주었다. 그 화학자는 충격에 입을 다물지 못했다고 한다. 원자번호에 따라 주기율표를 재구성하니 모즐리는 원소들의 스펙트럼으로부터 원자번호 43, 61, 72, 75번 자리가 비어 있음을 알아냈다. 훗날 모두 예측한 그대로의 특징을 가지고 발견되거나 만들어졌다.—72번 원소는 후일 보어의 친구였던 헤베시가 보어 연구소에서 발견해서 하프늄으로 명명되었다. 모즐리는 불과 3년 정도의 기간에 주기율표를 완전히 새롭게 체계화시킨 이 작업을 완성시켰다. 그렇게 주기율표는 오늘날 우리가 알고 있는 모습이 되었고 오랜 기간 화학자들을 괴롭히던 많은 문제들이 일거에 해결되었다.

주기율표

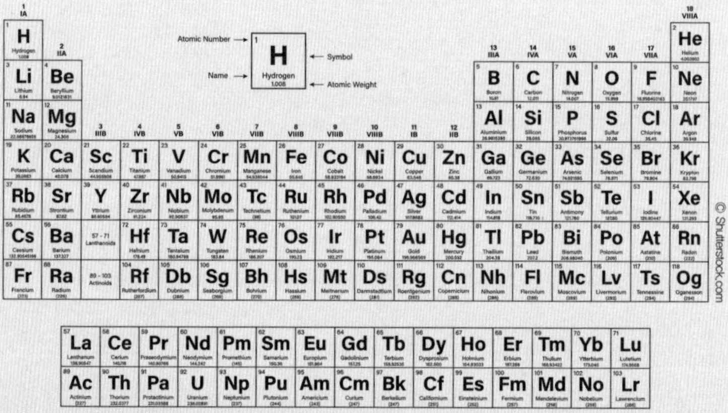

현대 주기율표

이 주기율표는 모즐리의 작품이다. 현대 화학에 이 주기율표가 빠진다면 뭐가 남겠는가?

양성자 발견

러더퍼드의 맨체스터 시대 마지막을 장식한 것은 양성자의 발견이었다. 알파입자 산란 실험을 함께 했던 마스덴은 1918년 이번에는 시료를 수소기체로 바꿔 알파입자 충돌실험을 했다. 그리고 알파입자를 수소기체에 통과시키면, 알파입자가 산란되는 것이 아니라 다른 입자를 더 멀리 운동하게 만든다는 것을 알았다. 이것은 그 입자가 알파입자보다 가벼운 것이라는 증거였다.—알파입자 산란 실험에서 사용했던 금의 원자핵은 알파입자보다 49배 더 무거우니 금 원자가 밀릴 일은 없었다. 하지만 가벼운 수소로 실험하니 수소 안의 '무엇'이 알파선에 부딪쳐 '밀려' 나간 것이다. 이 실험의 후속연구로 1919년 질소기체로 같은 실험을 했는데 수소를 사용한 실험과 똑같은 입자가 방출되는 것을 발견했다.[9] 러더퍼드는 수소와 질소를 사용한 실험에서 나온 똑같은 입자가 모두 원자핵에서 나온다고 추정했다.

이후 러더퍼드는 붕소(B), 플루오린(F), 소듐(Na), 알루미늄(Al), 인(P)에 대해서도 같은 실험을 진행하였고 그 결과 모두 똑같은 입자가 튀어나오는 것을 발견했다. 그래서 이 입자는 모든 원자들의 원자핵 내부의 근본 입자라는 의미로 '양성자(proton)'라 명명하였다.[10] 양성자의 발견은 원자핵 또한 더 근본적인 입자들의 조합이라는 것을 보여주었

9 정확히는 질소가 산소로 바뀌면서 수소핵(양성자)을 방출한다는 것을 알아냈다. 질소와 알파입자의 충돌로 산소와 수소를 얻었으니 이는 최초로 원소를 인공적으로 변환시킨 일이었다. 알파입자의 충돌로 원자핵에 변화가 생긴 것은 분명해졌고 이제 핵물리학의 시대가 열렸다. 물질변환이라는 연금술의 꿈에 인류는 바싹 다가서고 있었나.

10 '처음'이란 의미의 그리스어 protos에서 따온 양성자(proton)라는 단어는 1920년 출판물에 처음 등장했다.

다. 양성자 하나는 정확히 전자 하나를 상쇄할 수 있는 양전하를 가지고 있다. 이제 핵의 전하량은 곧 양성자의 개수였다. 모즐리가 '핵의 전하'로 주기율표를 재정립한 뒤, 핵의 전하는 결국 핵의 양성자 개수라는 등식이 나온 것이다. 결국 이렇게 원자의 종류는 그 원자핵이 가진 양성자의 숫자를 의미하는 것이 되었다. 원자 내부구조에 대한 중요한 정보 하나가 또 추가되었다. 가이거-마스덴 실험에서는 금이나 백금에 알파입자를 충돌시켜 알파입자가 튀어나오는 것을 보고 원자핵의 존재를 추정했었으나, 이번에는 질소와 수소에서 알파입자와 다른 것이 튀어나오는 것을 보고 양성자의 존재를 추정한 것이다. 러더퍼드적 상상력이 또 한 번 승리를 거둔 것이다.

맨체스터의 이 눈부신 기간 동안 러더퍼드는 모든 이들에게 영감을 주었다. 소디는 24세에 러더퍼드와 협력했었고, 모즐리는 23세, 가이거는 25세, 보어, 한, 헤베시는 26세에 러더퍼드를 만나 원자의 복음을 들었다. 사실 그는 물리학 분야에서 이때쯤 두 번째 노벨상을 받았어야 마땅했을 것 같다. 그래도 노벨상을 받고 6년 뒤인 1914년, 러더퍼드는 기사 작위를 받았다. 아마도 이때까지 러더퍼드의 인생은 마냥 즐거운 봄날이라 할 수 있었을 것이다. 하지만 1914년 여름이 지나면 러더퍼드뿐 아니라 그 누구도 행복할 수 없는 시간이 도래한다. 양성자 발견의 쾌거는 제1차 세계대전이라는 비극적 시대의 막바지에 얻어진 것이었다. 러더퍼드는 자신의 제자들을 자주 '나의 아이들(my boys)'이라며 친근하게 불렀다. 그런데 그 '아이들'은 전쟁이 벌어지자 서로 적이 되어 모두 군에 징집되었다.

3

1910년대의 플랑크

중년기 플랑크의 일상적 삶은 세기말 지식인의 모범이었다. 국가와 전통에 대한 신뢰 속에 회의, 시험, 수업 등으로 가득 찬 일상의 업무를 병행하면서도 베를린 대학 교수, 베를린 아카데미 회원, 독일물리학회 원로, 《물리학 연보》 편집인의 역할을 빈틈없이 수행했다. 플랑크의 음감은 너무 정확했고 피아노 솜씨는 직업 음악가 수준이었다. 슈베르트와 브람스의 팬이었던 플랑크는 시간이 나면 쌍둥이 딸들과 합창도 즐겼다. 초인적 낭만주의자의 삶이라 할 만했다. 막스 보른은 "플랑크와 생각이 다를 수는 있다. 하지만 그의 정직함과 고귀한 인품을 의심하는 사람은 그 자신이 그런 성품을 지니지 못했을 경우뿐이다."라고 말했다. 하지만 청년기와 중년기까지 평온해 보이던 플랑크의 인생은 50세를 넘으면서 파란 많은 시기로 접어들게 된다. 1909년에 23년을 해로한 첫 부인과 사별했던 것이 첫 신호였을 수 있다. 플랑크는 1년 반 뒤 재혼했는데 이는 시대 분위기상 어느 정도 자연스러운 것이었다. 집안

관리와 자녀교육의 필요성, 교수가 부인이 있는 것이 '정상적'이던 시대였다. 재혼상대는 첫 부인의 조카였던 마르가 폰 회슬린이었다.

독일과학을 조직하다

'양자'의 시대를 시작시킨 플랑크는 1910년대에 접어들면서 더욱 중요한 역할을 담당하게 된다. 독일과학을 조직하고 후학을 교육하는 실천적 교육가와 조직가로서 삶이 시작된 것이다. 1890년 이후 플랑크는 교육의무가 계속 증가했다. 그의 강의를 듣는 학생은 1890년 18명에서 1900년 89명, 1909년 143명으로 계속 늘어갔다. 이것은 물리학의 위상이 그만큼 빠르게 올라갔음을 보여준다. 주 4일을 강의했고, 6학기 간 역학, 수력학, 전기역학, 광학, 열역학, 기체이론으로 진행하는 전체 강의코스를 순환하는 형태를 취했다. 그의 강의역량에 대한 평가는 호불호가 있다. 인도 물리학자 보즈는 '계시'를 경험했다고 표현한 반면, 볼츠만에게 배웠던 마이트너는 무미건조한 강의로 느꼈다. 플랑크답게 질서정연한 강의였던 것은 분명하다. 하지만, 박사과정 학생들을 자유롭게 방임하는 그의 정책에 따라 러더퍼드나 보어처럼 학파를 세우지는 못했다. 20명이 플랑크 밑에서 박사학위를 받았다. 이 중에는 발터 보테(Walther Bothe, 1891~1957, 1954년도 노벨 물리학상)와 평생에 걸쳐 가장 충실한 제자이자 동료였던 막스 폰 라우에, 또한 빈 학파(Vienna Circle)의 중심인물인 철학자(!) 모리츠 슐리크(Moritz Schlick, 1882~1936)도 있었다.

1911년은 독일과학에 중요한 해다. 카이저 빌헬름 협회(Kaiser-Wilhelm Gesellschaft)가 만들어진 것이다. 이후 30여 년간 이 협회는 독일과학의 통합중추 역할을 했다. 물론 그 이후 플랑크의 이름을 따 막스플랑크 협회로 개명된 뒤 오늘날까지도 그러하다. "군사력과 과학이 독일의 위대성을 떠받치는 두 기둥"임이 강조되었던 독일에서 카이저 빌헬름 협회는 그 독일과학의 상징이 되었다. 학회 소속 연구소 직원들은 공무원 신분으로 직업적 안정성을 보장받았다.—플랑크는 이로써 1913년에 아인슈타인에게 카이저 빌헬름 물리연구소장 직책을 주어 베를린으로 부르는 것이 가능해졌다. 1912년 54세의 플랑크는 업무는 많고 보수는 적지만 명예로운 직위를 맡게 된다. 베를린 아카데미의 수학 · 물리학 분과 상임서기로 선출된 것이다. 베를린 아카데미는 영국의 왕립협회를 염두에 둔 전 분야를 망라한 학술단체였다. 1899년 설립된 이 아카데미는 국제적 협력을 통해 객관적이고 통일적인 학문적 접근을 위해 만들어졌다. '의무의 인간' 플랑크를 잘 아는 동료들은 적임자를 제대로 찾았다고 보았다. 실제 과학조직가로서 플랑크의 재능은 이때부터 빛나기 시작했다. 그리고 플랑크가 신임서기로 처음 처리한 일은 아인슈타인을 아카데미에 영입한 것이다. 1913년에는 베를린 대학 학장이 됐다. 학장취임 연설에서 "새로운 것만 잘 알거나, 새로운 것을 거부하는 사람들은 위험한 종류다."라며 언제나 균형과 중용을 강조했다. 독일물리학회 회장은 3회 역임했다. 베를린 대학 학장, 베를린 아카데미 서기, 독일 물리학회장이라는 중요한 직책들을 수행하며 1910년대는 플랑크가 과학행정가로서 빛을 발한 시기였지만 동시에 그의 조국과 그의 가족 모두가 비극으로 얼룩진 시기이기도 했다.

모리츠 슐리크와 빈 학파

모리츠 슐리크
훗날 논리실증주의로 알려진 빈 학파의 창시자 슐리크. 그는 플랑크에게 배운 뒤 빈으로 갔다. 마이트너, 슈뢰딩거, 파울리를 낳은 도시는 슐리크와 비트겐슈타인도 탄생시켰다. 결국 슐리크는 나치 시대 발생한 수많은 비극 중 하나의 주인공이 되어버렸다.

모리츠 슐리크는 빈 학파의 창설자 중 한 사람으로 논리실증주의의 초기 발전을 주도했던 철학자다. 20세기 초 과학을 둘러싼 제반 문제들을 둘러보면 슐리크 같은 인물들이 걸어간 길을 이해하기 쉬워진다. 플랑크의 작업과 슐리크의 작업은 본질적으로 다르지 않다. 플랑크는 과학자로서 철학을 했고, 슐리크는 철학자로서 과학을 했을 뿐이다. 그리고 그들은 모두 올바른 학문적 방법론을 고민했다. 슐리크는 빈 대학 교수로 있으면서 1920년대부터 철학자, 수학자, 물리학자들과 교류하며 과학철학적 문제에 관해 연구했다. 나치의 영향력이 강해지던 1930년대에 빈 학파 구성원들은 차례로 영국이나 미국으로 떠나갔지만 슐리크는 계속 빈 대학에 남아 있었고, 1936년 수업을 하러 계단을 오르던 중 자신의 학생이던 요한 넬뵈크에게 권총으로 살해되었다. 정신병력이 있던 나치 추종자에게 '민족과학'이 아닌 '보편과학'을 주장하는 슐리크는 타도대상으로 보였다. 과학철학의 역사를 공부하면 슐리크는 반드시 만나게 되어 있다. 양자론을 공부할 때 플랑크를 만날 수밖에 없듯이.

아인슈타인을 발견하다

플랑크의 또 하나 중요한 업적은 다름 아닌 아인슈타인의 발굴이다. 청년 아인슈타인을 발굴하고 상대성이론을 빠르게 물리학의 주류로 편입시키는 플랑크의 작업들도 이 시기에 이루어졌다. 1905년 아인슈타인의 도발적인 논문을《물리학 연보》에 실어준 플랑크는 여기에 그치지 않았다. 이후 플랑크는 아인슈타인의 논문을 확장시키는 일에 몰두했다. 플랑크는 아인슈타인을 따라간 첫 이론가였고, 그의 위상이 아인슈타인이 초기에 지지를 얻는 데 큰 도움이 되었다.—막스 보른도 후에 플랑크의 지지가 상대론을 공부하게 된 계기였다고 회고했다. 플랑크는 1905~1906년 사이 겨울에 아인슈타인 논문에서 작은 실수 하나를 교정했고, 1906년에는 여러 반대의견들 앞에서 강하게 상대론을 옹호했다. 공간수축과 시간지연, 시공간을 단일한 좌표축으로 통합하는 충격적 개념들은 많은 이들이 패러독스라고 생각했지만, 플랑크는 이것이야말로 시공간에 관한 뿌리 깊은 직관까지 초월하는 물리학의 위대성을 보여주는 것이라고 보았다. 양자에 대해서는 보수적이었지만 상대론에 관한 한 플랑크는 주류 물리학자 중 가장 진보적이었다. 그리고 대부분의 사람들이 어느 정도 예상했던 것처럼 뉴턴역학의 포기라는 엄청난 혁명으로 이어질 일들을 과감하게 가속시켰다.

이 시기 플랑크는 아인슈타인을 자주 코페르니쿠스에 비유하며 지도 중인 대부분의 박사과정 학생들에게 상대론의 후속논문을 쓸 것을 종용했다. 특히 1906~1914년 사이 지도한 박사학위 논문들은 거의가 상대론을 주제로 했다. 베를린이라는 과학의 한 중심축에서 계속해서 상대성이론을 밀어붙인 셈이다. 1913년에 플랑크와 네른스트는 아인슈타인에게 거절하기 힘든 최고의 대우를 제시하며 베를린으로 부른다. 플랑크는 '강의 의무 없는' 베를린 대학 교수직과, '보수 높은' 베를린 아카데미 정회원, '행정업무가 전혀 없지만 권위 있는' 카이저 빌헬름 물리연구소 소장 직을 '묶어서' 아인슈타인에게 제시했다. 이 개성적이고 인습에 얽매이기 싫어하는 자유인을 베를린에 데려오기 위해 공들인 참으로 유쾌한 아이디어였다. 이렇게 베를린 물리학의 황금시대가 열렸다. 그리고 그 결과 일반상대성이론이라는 위대한 이론은 베를린에서 탄생했다. 이후 우익이고 제국주의자이며 전통가치를 옹호하는 가정적인 플랑크와, 좌익이고 인도주의자며 개방적 자유연애를 추구하는 아인슈타인의 인간적 상호존중은 서로의 엄청난 정치적 입장차에도 불구하고 1933년 히틀러라는 재앙이 나타날 때까지 잘 유지되었다.

마흐주의에 저항하다

플랑크의 과학철학적 입장은 평생에 걸쳐 단호했다. 이는 마흐주의와 충돌하면서 보여준 그의 태도에서 명확히 드러난다. 앞서 살펴본 것처럼 마흐는 직접적 경험의 중요성을 강조하며 계속해서 원자론을 거부했다. 원자론이 너무나 당연시되는 오늘날의 관점에서는 어이없지만, 당시에 이런 마흐의 태도는 매우 인기 있고 겸손해 보이기까지 하는 시각이었다. 반면 검증 불가능한 원자를 계산상의 편의나 간편한 설명을 위해 계속해서 전제하는 이론들은 특히 많은 젊은 학생들에겐 현학적인 표현에 숨어버린 무책임으로 느껴졌다. 특히 앞서 살펴본 볼츠만의 불운은 바로 그 마흐와 같이 빈 대학에 근무하고 있었다는 것이다. 수많은 젊은 학생들이 따르는 정신적 스승 마흐가 자신의 평생의 연구업적의 기반인 원자론을 공격하고 있었고 대학 내에서 그의 입지는 마흐에 비해 형편없이 좁았다. 결국 우울증을 이기지 못한 볼츠만은 바라마지 않았을 원자의 시대가 꽃피는 것을 보지 못하고 자살하고 말았다.

그런데 사실 마흐의 태도는 한 과학자의 돌출행동이 아니라 오랜 역사적 전통을 가진 입장이다. 1875년 키르히호프는 해석역학의 목표는 '자연의 진리가 아니라 현상의 기술'이라고 했다. 20세기 초반이 되면 물리학에는 특이하게도 '자발적인 포기'의 분위기가 팽배했다. 당시 자연과학(물리학)은 타락의 요인, 신앙심과 가정의 적, 사회주의와 연계 등으로 바라보며 의심스러워하는 식자층의 시각이 많았다. 이런 공격에 대한 방어기제의 하나가 마흐주의였다고 볼 수도 있다. 물리학은 '현상의 기술' 이상의 목표가 없다고 선언함으로써 종교나 도덕질서와 갈등을 가져올 수 있는 '사물의 본성'에 대한 주장을 회피한 것이다. 즉 마흐의 철학은 외부 공격으로부터 물리학을 방어하는 논리이기도 했던 셈이다. "형이상학으로부터 자유로운 과학"이라는 마흐의 슬로건은 매력적이고 위험했다. 마흐의 태도는 '경험에 입각한 교육'이라는 일견 당연하고 진보적인 입장으로 생각되기 쉽다. 예를 들어, 과학의 중요한 개념들을 감각적 인상들로 설명하자는 주장을 들 수 있다. 힘은 근육작용에 대한 설명들을 도입하고, 에너지 개념도 모든 가정을 최대한 배제하고 경험적 사실에만 기반해 가르치자는 것이다. 오늘날도 과학에 문외한인 사람들에게는 환영할 만한 교육철학으로 보일 것이다. 하지만 물리학 교육이 이렇게 진행된다면 어떻게 될까? 가장 중요한 사고실험이라는 중요한 과정이 배제된다면 도대체 중등물리에서 무엇을 배울 수 있을까? 그것은 우리가 알고 있는 물리학과 많이 다를 것이다.

플랑크도 처음에는 마흐적 방법론이 옳다고 생각했다. 하지만, 곧 마흐가 열역학에 대해 거의 무지하다는 것을 인식했다. 마흐의 위대성에도 불구하고 그는 지난 수십 년간 발전한 물리학의 특정 분야 지식들에 대해서 전혀 이해 못 하고 있었다. 그리고 자신이 보지 않은 부분 전체를 물리학이 아니라고 생각해버린 것이다. 과거 플랑크 스스로도 마흐적 입장에 가까웠기 때문에 그의 영향력과 호소력의 강도를 잘 알고 있었다. 그래서—젊을수록 매력적으로 느껴지는—마흐의 생각을 교육과정에 넣자는 제안들에 플랑크는 조심스럽게 대응했다. "그의 판단의 독립성과 예리함을 높이 평가하지만, 열역학 제2법칙에 관한 한 그를 유능하다고 생각지 않는다." 플랑크는 단호하게 표현했다. 그리고 곧 마흐의 시각이 새로운 물리학에 유해하다고 생각을 바꿨다. 정확한 판단이었다. 사실 상대성이론이나 양자역학 모두 '감각적 증거'를 거부함으로 이루어진 업적이었다.

마흐가 원자론을 공격함으로써 물리학자들을 잘못된 방향으로 인도하고 있다고 생각한 플랑크는 1908년 이후 적극적으로 물리학의 통일성과 자연의 실재성을 강조했다. 부인은 병중이었고, 노벨상을 받게 되었다는 헛소문이 도는데다, 양자론이라는 골칫덩이가 서서히 부상 중이던 1908년 12월, 플랑크는 로렌츠의 근거지인 라이덴에 가서 '물리학이 통일성에 접근하고 있는가'라는 주제로 강연했다. 그는 '그렇다'고 보았다. 과학혁명기에서 18세기까지 물리학 안에는—정확히는 물리학이라는 단어도 없었지만—역학(운동), 광학(빛), 음향학(소리), 열과학(열), 전기학, 자기학 등의 다양한 분야가 거의 연관 없이 독립적으로 존재했다. 하지만 곧 역학이 음향학과 열과학을 흡수 통합했고, 패러데이 이후 전기학과 자기학이 융합되어 전자기학이 되면서 광학까지 흡수했다. 이런 과정이 19세기 내내 진행되었다. 이제 역학과 전자기학 중 어느 한쪽이 다른 하나를 통합하면 물리학의 통일성은 달성되는 셈이었다. 그리고 플랑크는 전자기학에 걸었다. 어쩌면 그랬기에 전자기학의 입장에서 역학을 통합하는 시도인 아인슈타인의 상대론을 받아들일 수 있었을 것이다. 1909년 봄 뉴욕 컬럼비아 대학 강연에서도 "물리학의 목표는 모든 장소, 시대, 민족, 문화의 물리학자들에게 적용될 수 있는 체계의 통일성에 있습니다."라고 말했다. 1910년 9월 쾨니히스베르크 강연에서도 인간중심적 시각에서 탈출한 상대론 등 물리학이 오히려 통일된 세계상을 발견했다고 주장했다. 플랑크는 이렇게 분명히 '인간 중심적 자연관'의 반대편에 서 있었다. 그럼에도 그의 양자는 많은 이들에게 정반대로 해석되었다.—뒤에 살펴보겠지만 슈뢰딩거가 아직까지도 고양이와 함께 자주 오해되는 것과 마찬가지다.

'인간으로부터 완전히 독립적인 자연과정들이 실재하는가?' 이 질문에 플랑크는 그렇다는 대답을 내놓았다. 그가 찾아낸 플랑크 상수 h를 비롯해서, 절대온도 k, 중력상수 G, 광속 c는 모두 보편상수였다. 어떤 물질이냐에 아무 상관없이 인간의 감각과 무관하게 보편성을 가지는 궁극적인 수다. 인간의 문화, 문명에 앞서는 불변의 상수들이 분명히 있고 이것들이 물리학적 통일성의 열쇠가 될 것이라 보았다. 이는 마흐 철학과 근본적 모순이다. 마흐는 유일한 실재를 감각으로 봤다. 그래서 마흐에게는 인간의 사고와 인간의 경험을 가장 경제적으로 일치시키는 것이 물리학의 목표였다. 마흐 반대편에 서 있는 사람들의 입장에서 보면, 마흐는 과학이 진보되면서 폐기되어야 할 것들(특수성과 국지성)을 오히려 과학의 기반으로 선택한 것처럼 보인다. 플랑크뿐만 아니라,

아인슈타인, 슈뢰딩거, 나아가 괴델까지 우리가 없이도 존재하는 절대적 객관적 실재가 존재한다는 강력한 믿음을 공유했다.—아이러니한 일이지만, 이 세 명의 업적은 상대성, 슈뢰딩거 고양이, 불완전성이라는 단어들에 대한 피상적이고 단순한 오해에 기반해서 그 반대의 믿음을 가진 사람들이 많이 인용한다.—그리고 후일 이들은 당연하게도 보어, 하이젠베르크 등의 축으로 이어지는 관찰자를 중시하는 양자론적 철학들과 충돌하게 된다.

플랑크는 '불변량'을 추구함으로써 인간중심주의에서 탈피할 수 있을 것으로 보았다. 영미권에서는 전혀 문제가 없었지만 이런 플랑크의 시각은 독일과 오스트리아의 '마흐의 인식에 공감하던' 많은 지식인들에게 불편한 것이었다. 마흐는 "과학의 기원은 생물학적 필요성에 있었고, 과학적 개념도 생물학적 종들처럼 '경제적'일 때만 살아남을 수 있다."고 했다. 마흐 주장의 핵심은 동일한 원리로 물리세계와 심리세계가 기술될 수 있어야 한다. 인간의 속성을 가진 존재만 그 작업이 가능하다. 통일성은 오히려 마흐의 강점이라고 보았다.[11] 즉, 과학은 수많은 경험에 대한 편리하고 믿을 만한 요약일 때만 살아남는다. 관찰자로부터 독립적인 실재세계와 비교에 의한 과학의 진리성 검증은 불가능하다! 이처럼 후일 양자역학에 내포된 입장이 마흐의 주장 안에 이미 녹아 있었다. 이런 마흐의 주장에 젊어서부터 노출된 학자들이 양자역학을 만들어낸 것은 우연이 아니다. 뒤이어 물리학계를 전율시키게 될

11 어쩌면 오스트리아-헝가리 제국이 없어지지 않았다면 우리는 다르게 흘러간 과학을 마주하고 있지는 않았을까? 이를테면 마흐적 생각에 기반한 과학이 승리한 또 다른 세계가 만들어졌을지도 모른다는 즐거운 상상이 현실이 되었을지 모를 일이다.

양자론 역시 마흐라는 시대유행의 결과물 중 하나였던 셈이다.[12]

마흐는 자주 반문했다. "원자들의 실재에 대한 믿음이 그렇게 필수적인가?" 원자론은 마흐가 보기에 하나의 종교에 불과했다. 반면 플랑크는 "물리학에서 모든 형이상학적 요소들을 제거하는 것은 불가능하다."고 반박했다. 그리고 마흐의 역학 원리와 온도에 대한 이해가 적절치 못함을 보였다. 마흐 추종자들은 격렬히 반대했다. '불쾌', '무례', '무책임' 등의 단어가 플랑크에게 사용되었다.[13] 하지만, 곧 독일의 주요 이론가들은 플랑크를 지지한다. 1917년 마흐의 추도사에서 조머펠트는 마흐의 인식론이 건전하거나 생산적이지는 못했다고 언급했다. 이것이 사실상 독일계 학자들의 결론인 셈이었다. "(마흐주의는) 해충을 몰아낼 수 있을 뿐 생명을 낳을 수는 없다." "그는 훌륭한 과학자였으나, 개탄할 만한 철학자였다." 마흐의 힘은 치열한 독립성에 있는 것이지, 극단적 실증주의 때문은 아니다. 마흐는 플랑크와 아인슈타인뿐만 아니라 헤아릴 수 없는 당대의 학자와 젊은 물리학자들에게 엄청난 지적 토양이 되어주었다. 그들은 모두 마흐에 기반해 성장했고, 결국 마흐를 넘어섰다.

플랑크는 이후에도 물리학에 대한 과대평가와 과소평가를 모두 경계했다. "자연과학이 '예측'하지 못한다면, 그것은 기껏해야 학자들의 오락거리에 지나지 않는다." 1913년 베를린 아카데미 연설에서는 오직

---

12 세상이 있어 내가 존재하는가? 아니면 내가 있어 세상이 존재하는가? 제자백가나 그리스 고전철학 시기부터 있었던 이런 유형의 논쟁들은 현대과학에도 그대로 녹아 있다.

13 이때는 아인슈타인도 아직 마흐를 길잡이로 여기고 있었다. 자신이 일반상대론에서 관성질량과 중력질량의 등가성을 보인 것이야말로 마흐 철학의 눈부신 확증이라고 보았다. 아인슈타인은 마흐의 사후에 출판된 『광학원리』 재판 서문을 확인한 후에야 생각을 약간 바꾼다. 마흐는 여기서 상대성이론도 교조적이고 비경제적이라며 거부했던 것이다.

과학만이 훌륭한 세계관을 세울 수 있다는 주장들에 대해 '경망스러운 생각'이고 과학과 영적 가치 양자 모두에 상처를 줄 것이라고 일갈했다. 마흐와의 논쟁을 겪으며 플랑크의 이미지는 철학자로 그 위상이 높아졌다. 베를린 대학 신학자 하르낙은 당시 상황을 잘 요약한 말을 남겼다. "사람들은 요즘 우리 시대에는 뛰어난 철학자가 없다고 말한다. 그렇지 않다. 뛰어난 철학자들은 단지 다른 학부에 있을 뿐이다. 플랑크와 아인슈타인이 그들이다."

4

여성, 리제 마이트너

빈에서 온 여인

리제 마이트너(Lise Meitner, 1878~1968)는 1878년 11월 17일생이다. 1879년생인 아인슈타인, 오토 한, 막스 폰 라우에와 사실상 동갑이며 이들은 30~40대의 전성기를 베를린에서 조우하며 함께 보냈다. “이 해(1879년)는 물리학과 화학을 위해 예정되어 있었고, 리제 마이트너만 호기심이 강한 소녀라 기다리지 못하고 1878년에 태어났다.” 당시 이 과학의 보석들이 베를린에 모여 있음이 자랑스러웠던 막스 플랑크는 가끔 이런 농담을 했다고 한다. 이들 중 마이트너만이 노벨상을 수상하지 못했다. 뒤에 살펴보겠지만 그것은 마이트너의 능력의 한계를 보여주는 것이 아니라 불행했던 시대의 한계를 보여주는 상징적 사건이었다.

리제 마이트너는 변호사인 아버지 필립 마이트너와 어머니 헤드비히의 3남 5녀 중 셋째 딸로 빈의 중심지에서 출생했다.[14] 당시 오스트리아-헝가리 제국의 오래된 수도인 빈은 합스부르크 황제들의 오랜 후원으로 유럽문화예술의 중심도시였다. 5000만 명이 넘는 다양한 민족으로 구성된 오스트리아-헝가리 제국은 황제 요제프-프란츠 1세가 30여 년째 통치중인 안정기에 있었다. 그리고 유럽은 제국주의적 팽창과 고속 경제성장 속에서 수십 년에 걸친 평화의 시기를 맞는 중이었다. 리제는 대가족 내에서 정확히 중간 서열이었고, 그녀의 집은 넉넉한 중산계층이었다. 리제의 성장기는 한마디로 그 시대 지구인 중에서 극소수가 누리는 안정성과 지적, 예술적 풍요로움이 함께했다. 하지만 화목한 가정에서 최고의 교육을 받으며 성장했음에도, 인생의 행복을 보장받을 수는 없었다.

후일 두 가지 조건이 그녀를 가로막았다. 리제는 '여성'이고 '유대인'이었다. 사회에 진출하면서 여성이라 받는 차별들이 젊은 시절의 난관을 만들었고, 노년이 되어서는 유대인이라는 사실이 그때까지의 차별과는 비교조차 되지 않을 정도의 끔찍한 위기로 작용하게 된다. 리제는 빈의 유대공동체 출생명부에 들어 있었는데 조부모와 외조부모 중 한 쪽씩이 유대인이었다. 하지만 진보적인 성향의 아버지는 자녀들을 유대교 신앙으로 교육하지도 않았고 아들들을 편애하지도 않았다. 리제는 개신교 환경에서 성장했는데 의사, 변호사 등의 전문직 종사자, 즉 시민계급 상류층의 유대인들에게는 흔한 일이었다. 그럼에도 물론 리제 마이트너는 어떤 경우에도 자신이 유대인임을 부정하지 않았다. 언니 아우구스테의 아들인 조카 오토 프리시(Otto Robert Frisch, 1904~

---

14 리제 마이트너의 어린 시절 이름은 엘리제(Elise)였다. 여기서는 리제 마이트너의 유년기는 친근하게 '리제'로, 베를린에 간 이후의 성년기는 '마이트너'로 표기하고자 한다. 유년기에는 보통 이름으로 불리고 함께 언급되는 가족 모두가 '마이트너'이기 때문이기도 하다.

1979)도 역시 유명한 물리학자가 되었고, 과학사와 리제 인생의 중요한 국면에서 여러 번 등장한다.

리제는 이미 초등학교 때 자연과학에 매료되었던 것 같고, 5년의 초등학교 시절 이후 3년간 시민학교(Burgerschule)를 다녔다. 당시 김나지움에는 여성의 진학이 허용되지 않았기 때문이다. "어렸을 때부터 나는 수학과 물리학에 강하게 끌렸지만, 바로 공부에 뛰어들 수 없었다……결국 나는 몇 년을 잃어버렸다." 리제의 이 짧은 표현 안에는 많은 감정이 지나고 있다. 몇 년간 남들처럼 프랑스어 교사 자격시험을 준비했고, 가정교사를 하면서 언니 아우구스테가 작곡가 교육을 받는 것을 도왔다는 점에서 퀴리 부인과 유사한 궤적을 보인다. 당시 교육을 받고자 열망하는 여성들에게 비슷한 상황들이 반복되어 나타난다는 것은 그만큼 선택지가 제한되어 있었음을 알려준다. 그 시기 여성과학자들을 둘러싼 사회적 한계는 분명했다. 마리 퀴리의 성공은 예외 중의 예외였다. 당시 대학공부를 하고 싶은 여성들이 선택할 수 있는 유일한 편법이 있었는데, 외부인을 위한 고등학교 졸업시험인 마투라(Matura, 오스트리아 대입자격시험으로 지금은 일주일간 치른다.)에 응시하는 것이었다. 1898년부터 두 친구와 함께 가정교사에게 배우며 마투라를 준비했고, 리제는 2년 만에 8년의 김나지움 과정을 모두 마칠 수 있었다. 1901년에 빈에서 14명의 소녀가 마투라 시험을 쳤고, 4명이 합격했다. 그중 한 명으로 23세의 마이트너가 있었고, 그녀는 소원대로 1901년 7월 대학입학 자격증을 받았다.

그녀 정도면 동시대 여성 중 운이 좋은 편이었다. 아버지는 리제의 총명함을 신뢰해주고, 수시로 칭찬하며 확신을 불어넣어주었다. 하지만 대입시험을 준비하고 있다는 사실을 외부에 알리지는 않았다. 사회적 반감의 눈초리는 아직 그만큼 컸다. 당시 사회는 예의 바르고 순진하면서, 수줍고 우유부단하고, 남편에게 순종하는 여성상을 원했다. 그리려면, 여성은 교육수준이 낮고 세상일을 잘 몰라야 했다. 숙녀라면 목까지 가려진 '타인의 도움 없이 입을 수 없는' 꽉 조이는 옷을 입어야 했다. 복장 자체가 여성들의 행동범위와 사고를 제약했다. 강력한 의지력을 가졌지만 겉모습은 '조용하고 조신한 여성'이었던 리제의 성격 형성에는 유년기 빈에서 받은 이런 교육들도 많은 영향을 미쳤을 것이다.[15] 리제는 당시 기준으로 여성에게 어울리지 않는 직업을 선택하는 딸을 전혀 반대하지 않는 극소수의 진보적 부모를 두었다. 집안은 2년간 가정교사를 붙여 딸의 시험공부를 지원할 재력이 있었다.

그 결과 리제의 자매들 중 셋은 각각 작곡가, 의사, 화학자가 되었다. 19세기 말 오스트리아의 전문직 중산층 가정의 사례로서도 상당히 놀라운 성취였다. 그리고 그러함에도 불구하고 리제가 몇 년 더 일찍 태어났더라면 결혼적령기를 넘길 때까지 대학강의는 들을 수 없었을 것이다. 오스트리아에서는 리제가 21세 되던 해인 1899년에 여성의 대학진학이 허용되었기 때문이다. 이 모든 조건들을 갖추지 못했던 얼마나 많은 '리제'들이 자신이 가진 재능을 확인할 기회조차 가지지 못한 채 사라졌을까?

리제가 23세 나이에 빈 대학교 철학부에 등록하고 1901년 10월 물

15 슈테판 츠바이크는 당대 빈의 여성교육에 대한 분위기를 다음과 같이 표현했다. "순진무구하나 제대로 배우지 못한, 교양은 있으나 무지한, 호기심은 많으나 소심한, 자신감도 없고, 자기방어 능력도 없으며, 교육을 통해 미리 길들여진, 애초부터 세상에 대해서는 제대로 알지도 못한 채 자신의 의지와는 상관없이 그저 결혼을 통해서 남자에 의해 인도되고 꾸며지는 그런 여자, 이것이 당시 사회가 소녀들에게 바랐던 여성상이다."

리학과 수학 공부를 시작할 무렵 물리학은 몇 년간의 격변기를 맞고 있었다. 1895년에 뢴트겐이 나무와 금속, 사람의 몸도 통과하는 광선을 발견했다. 그의 엑스선 사진은 모두에게 기이한 마술로 보였다. 베크렐이 우라늄염에서 눈에 보이지 않는 광선이 나오고 사진 건판을 검게 만든다는 것을 발견했고, 마리 퀴리는 우라늄염의 상태에 관계없이—건조하든 젖어 있든 덩어리건 가루가 되건 상관없이—이 광선이 나온다는 것을 확인했다. 그것은 화학반응에 의한 변화가 아니라는 것이 분명했고, 마리 퀴리는 이를 방사능이라 이름 붙였다. 하지만 그 원인은 아무도 몰랐다. 1898년 이후의 연구로 퀴리 부부는 라듐과 폴로늄이라 이름 붙인 방사능 원소를 찾아내는 데 성공했다. 쪼갤 수 없는 단단한 입자인 원자가 무엇인가를 내뿜고 있으니 그 원자에 대해 무언가 더 설명할 것이 있다는 것은 분명해진 상황이었다.

이런 정보들을 새롭게 접하며 리제는 하루하루 감명 받았다. 늦깎이로 대학생활을 하게 되자, 마리 퀴리가 그랬던 것처럼 마이트너는 학업에 욕심을 냈다. 1학기에 주 25시간, 2학기에 주 36시간을 수강 신청한 기록이 남아 있다. 과로였을 것이 분명했지만 리제는 행복했다. 1902년에는 리제에게 또 하나의 행운이 주어졌다. 라이프치히 대학에서 2년을 보내고 복귀한 루트비히 볼츠만의 강의를 들을 수 있게 된 것이다. 애초에 볼츠만은 청중을 열광시키는 명강의로 유명했다. 1902년 10월 볼츠만의 유머와 사례가 넘치는 취임 강의를 듣고 리제는 바로 매료되었다. 볼츠만의 매 강의는 경이로운 세계를 열어 보여주는 느낌을 주었다. 그래서 리제는 1902~1905년 사이 4년간 볼츠만의 모든 강좌를 들었다. 이상적인 분위기 속에서 역학, 전자기학, 기체론에 대한 이론들을 착실히 흡수했다. 이 시기 리제는 볼츠만을 '위대하고 어려운' 사람으로 인식하며 존경했다. 후일 조카 오토 프리시는 "볼츠만은 리제 이모에게 물리학이 최후의 진실을 밝혀내는 학문이라는 생각을 품게 했다. 이모는 이런 비전을 결코 잃은 적 없다."고 말했다. 볼츠만은 리제의 물리학자로서 입문 과정에 이상적인 스승이었다. 리제는 1905년 12월의 박사학위 구두시험을 만장일치 '최우등'으로 통과하며 1906년 2월에 28세의 나이로 박사학위를 받았다. 빈에서는 물리학 전공으로 박사를 받은 두 번째 여성이었고, 빈 대학 전체에서 박사학위를 받은 네 번째 여성이었다. 하지만 같은 해 발생한 볼츠만의 자살은 리제를 충격에 빠트렸다. 앞에서 살펴본 것처럼 볼츠만은 원자론에 가해진 마흐 등의 가혹한 공격에 우울증이 심해져 자살했다. 그토록 열정적인 강의의 주인공이 자살이라니! 리제는 자신의 존경하는 스승이 우울증이었을 거라고는 상상조차 해보지 못했다.[16]

박사학위를 받은 1906년부터 리제는 방사능 분야에 관한 논문들을 발표하기 시작했고, 볼츠만이 없는 빈을 떠나 새로운 스승을 찾을 필요성을 자연스럽게 느꼈다. 마리 퀴리에게 가서 배울 생각을 해보았지만 마리는 거절했고, 결국 베를린의 막스 플랑크를 떠올렸다. 볼츠만의 후임으로 거론되던 플랑크가 빈으로 오는 것을 거절했을 때 한 번 안면이 있었던 정도였지 그의 양자이론이나 독일대학의 상황에 대해서는 거의 정보가 없었다. 젊은 여성이 20대 후반이 되어 결혼하지 않고 있으면 놀림감이 되던 시대에 리제의 '별난' 아버지는 또다시 "네 용기에

---

16 이로 인해 볼츠만은 그 해부터 눈부시게 이어질 핵물리학의 발전을 볼 기회를 잃었다. 더구나 1905년의 아인슈타인의 연구는 원자의 실존을 증명하는 탁월한 연구였다. 조금만 지나면 세상은 볼츠만의 주장을 자연스럽게 인정할 상황이었다. 볼츠만이 자신의 업적이 부정당하는 느낌 속에 자살했기에 더더욱 안타까운 일이다.

감탄했다."며 당찬 딸의 유학을 허락함으로써 인류사에 중대한 영향을 미쳤다. 플랑크가 베를린을 뛰어난 인재들을 끌어들이는 블랙홀로 만들던 시기에, 28세의 리제 마이트너는 과학의 중심부로 옮겨갔다. 몇 학기 정도 공부할 계획으로 떠났지만, 결국 31년을 머물게 된 길이었고, 영광과 고통이 함께할 길이었다.

베를린, 목공소의 여인

베를린에 도착할 때까지 마이트너는 전혀 몰랐지만, 1907년에도 프로이센 지역은 독일 다른 지역과 달리 여성의 대학입학이 허용되지 않았다. 독일은 통일 뒤에도 주별로 독자적인 교육정책을 유지했다. 독일의 다른 주들은 1896년에 여성의 아비투어(대입자격시험) 응시를 허용했고, 오스트리아와 비슷한 시기인 1900년부터 여학생의 대학입학이 허용되었다. 하지만 베를린에서는 마이트너가 오고 1년 반 뒤에야 여학생의 대학입학이 허용됐다. 보수적인 프로이센 지역은 이외에도 대부분의 현대적 제도변화에서 몇 년씩 느렸다. 1897년에 플랑크는 '여성의 학문과 직업에 대한 능력'이라는 설문에서 명백하게 부정적 입장을 밝힌 경우였지만 마이트너는 이 사실도 몰랐다. 플랑크는 마이트너에게 친절했으나 그것은 프로이센 기사도로서의 친절이었다. 플랑크는 마이트너에게 이미 박사학위를 가지고 있으면서 무엇을 더 하고 싶은 것인지 물었다. 남자 박사들에게 절대 묻지 않을 말이었기에, 플랑크가 여성의 능력을 별로 인정하지 않는다는 것을 그제야 알았다. 하지만 플랑크는 마이트너의 순수성과 용기에 감동했는지 자신의 강의에 등록하는 것을 허락했다. 분명한 예외였다. 아마도 마이트너는 이 위대한 과학자의 정규 강의를 들은 유일한 여성일 것이다. 하지만 마이트너는 플랑크의 강의를 실망감 속에 들어야 했다. 열정적인 볼츠만과는 너무나 대조적인 강의였기 때문이다. 명확하나 감정이 억제되고, 개성 없고, 무미건조한 강의. 한마디로 전형적인 프로이센식의 강의였다. 마이트너는 과학을 시작하는 시기에 볼츠만의 강의를 들었던 것이 얼마나 큰 행운이었는지 실감했을 것이다. 융통성 없는 강의에도 불구하고 마이트너는 곧 플랑크와 그의 가족들의 소박함에는 감동받았다. "(플랑크는) 지조가 있고 신념이 뚜렷한 사람이었다……검소함과 소박함……매일 베를린의 전차 3등칸을 타고 강의하러 갔으며, 나이가 들어서도 이 느린 여행을 계속했다." 마이트너는 평생 동안 볼츠만과 플랑크에 대해 깊은 존경심을 유지했다.

그리고 마이트너는 30년 연구인생을 함께할 동료와 운명적으로 조우한다. 마이트너는 플랑크의 소개로 베를린 대학 실험물리 연구소장 하인리히 루벤스를 찾아가 실험실에 연구할 자리를 줄 수 있는지 물었다. 마이트너도 가능성이 높다고 생각하지 않았기 때문에 루벤스가 허락했을 때 너무나 놀랐다. 이유는 곧 밝혀졌다. 루벤스는 오토 한 박사가 그녀와 공동 연구에 관심이 있다고 했다. 오토 한이 이미 마이트너의 방사능 관련 논문을 읽었고, 그가 캐나다에서 러더퍼드 밑에서 수학했던 우수한 화학자라고 덧붙였다. 사실 오토 한이 이미 마이트너를 점찍어두었던 것이다. 어떤 화학자가 자발적으로 여성 물리학자와 공동 연구하고 싶다고 말하는 것 자체가 당시 시대상으로 보아선 상당한 파격이었다. 그래서 마이트너는 생각할 말미를 달라고 한 뒤 한참을 고민 끝에 동의했다.

공동 연구가 가능해지자 오토 한은 화학 연구소장 에밀 피셔(Hermann

Emil Fischer, 1852~1919, 1902년도 노벨 화학상)와 상의했다. 하지만 피셔는 연구소와 강의실 안에 여성이 있는 것을 견디지 못하는 사람이었다.—당시 여성 청소부만이 유일하게 연구소 출입을 허락받은 여성이었다. 오토 한은 한참을 실랑이해서 마이트너가 지하실에서만 연구하고 연구실에는 들어오지 않는다는 조건으로 허락을 받아냈다. 피셔는 조금 미안했던지 마이트너에게 나름의 예의를 차려 변명했다. 과거에 러시아 여학생 머리가 가스버너에 불이 붙는 사고를 본 후부터 여성을 실험실에 들이는 것에 반감이 생겼다고 장황히 설명했고, 연구소에 여자 화장실이 없다는 이유도 덧붙였다. 마이트너는 불만을 제기하기보다는 언제나 참는 쪽을 택했다. 그래서 마이트너는 건물 밖 지하 목공소에서 작업하게 되었고, 화장실은 근처의 음식점 화장실을 이용해야 했다. 목공소에서 작업은 받아들였지만 오토 한에게 연구소 출입금지에 대해서 불만표시를 했다. 오토 한의 설명에만 의존해야 하고 실험들을 직접 볼 수가 없다는 것은 가슴 아픈 것이었다.

오토 한과 마이트너

과학의 커플. 이 두 사람의 공동연구는 30년에 걸쳤다. 이들은 결국 20세기적 대사건의 시작점이 되었다.

이처럼 불평등하게 시작되었지만 둘의 협업은 이상적인 것이 되었다. 캐나다에서 러더퍼드에게 보여준 것처럼 오토 한은 뛰어난 실험화학자였고, 리제 마이트너는 비판적이고 체계적인 이론물리학자였다. 다시 말해 한은 '어떻게'를 계속 물었고, 마이트너는 '왜'를 물었다. 두 사람의 역량이 합쳐지자 결국 훌륭한 학술적 성과물들로 나타났다. 연구시작 1년 만인 1908년에만도 뛰어난 논문 3편을 발표했다. 1908년 12월, 러더퍼드가 노벨상 수상 뒤 옛 제자 오토 한도 만날 겸 독일에 와서 마이트너의 목공소를 방문했다. 오토 한에게 소개를 받고 러더퍼드가 놀라서 소리쳤다. "난 당신이 남자인 줄 알았습니다!" 이미 이 시기 뛰어난 학자들 사이에서 마이트너의 이름은 널리 알려지고 있었다. 성과를 보이자 1909년경부터는 피셔도 마이트너에 대한 지원을 시작했다. 상황이 좋아진 것은 마침 여성의 대학진학이 막 허용된 때문이기도 했다. 피셔는 여성의 연구실 출입을 허락했고, 연구소에 여성용 화장실을 짓도록 했다! 하지만 마이트너의 목공소 연구는 1912년까지도 계속되었다. 이 목공소 시기 5년간 두 사람 모두 방사능 노출로 두통과 현기증에 시달렸지만 훌륭한 22편의 논문을 만들어냈다. 마이트너는 후일 이 시기를 가장 행복했던 때로 기억했다.[17]

이 시기 중요한 인물들과의 연계도 만들어졌다. 1909년에 오스트리아에서 열린 학회에 간 마이트너는 아직 유명해지지는 않은 스위스에서 온 아인슈타인을 소개받았다. 그는 자신의 '유명해질' 방정식($E=mc^2$)을 소개하며 마이트너의 관심분야인 방사선도 이 공식과 상관있을 것이란 설명도 했다. 마이트너는 후일 이 새로운 견해에 압도당했다고 표현했다. 이 기억은 지워지지 않고 남아 있다가 30년 뒤에 중요

---

17 이 에피소드에서 에밀 피셔는 우스꽝스런 악역을 맡았지만 사실은 비극적 주인공이다. 피셔는 제1차 세계대전에서 두 아들이 전사했고 뒤이어 아내도 죽자 1919년 자살했다. 더 놀라운 것은 그의 조수였던 한스 피셔(Hans Fischer, 1881~1945, 1930년도 노벨 화학상)도 노벨상을 받았으며, 그 역시 제2차 세계대전 시기 폭격으로 연구실을 잃은 뒤 자살했다는 것이다. 피셔라는 이름의 두 노벨상 수상자는 모두 전쟁이 원인이 된 자살로 생을 마감했다.

한 역할을 한다. 그리고 5년 뒤 아인슈타인은 베를린에 정착해서 마이트너가 자주 볼 수 있는 사람이 되었다. 1910년에는 브뤼셀에서 열린 제1회 국제라듐학회에 참가했는데 이때 국제적인 방사능 단위가 '퀴리'로 명명되었다. 마리 퀴리와 처음 인사를 나눌 때 마리는 마이트너를 '소녀처럼 보인다.'며 칭찬했다. 극소수인 여성과학자끼리의 조우였는데 둘은 서로에게 이 이상의 인상을 남기지는 못한 듯하다. ―사실은 약간의 '견제'로 느껴지기도 한다. 어쨌든 후일 마이트너는 '독일의 퀴리 부인'으로 불리게 된다.

한과 마이트너는 아주 호흡이 잘 맞는 연구 동료로 30년을 보냈기 때문에, 많은 이들이 약간의 로맨스라도 기대해보기 마련이다. 하지만 두 사람은 절친한 사이였고 매일같이 저녁 8시까지 함께 연구했음에도 저녁을 한 번도 함께 먹은 적이 없었다고 전해진다. 한은 1913년에 에디트라는 여성과 결혼했고, 마이트너는 평생 독신을 지켰다. 둘은 철저하게 '과학의 커플'이었다. 마이트너는 왜 결혼 안 했느냐는 질문을 받을 때면, "나는 사랑하는 이를 위해 시간을 쏟을 여유가 없었다."라는 말로 대답했다. 하지만 마이트너가 박사학위를 받았을 때는 당시 통념상의 혼기를 넘었다는 점도 생각해볼 수 있을 것이다. 어쨌든 다행이었다. 피에르 퀴리 같은 사람은 극히 적었던 시기다. 결혼한 마이트너가 우리가 알고 있는 그녀의 업적을 이루기는 힘들었을 것이 분명하다.

플랑크의 여성관

플랑크는 여성의 학문활동에 대해서 피에르 퀴리, 힐베르트, 러더퍼드와는 입장이 많이 달랐다.—정확히는 이들 세 명이 다른 학자들과 많아 다른 것이었다. 이 시기 여성교육에 대한 플랑크의 입장들은 명확하게 정리되지는 않는다. 1897년에는 "여성들이 대학에서 공부할 수 있는 권리를 원칙적으로 부정해서는 안 된다."고 했고 스스로도 '대학질서에 위배되지 않는 범위 내에서' 몇몇 여성들의 강의수강을 허가했다. 하지만, 여성들을 "사회적, 생물학적 의무에 의해 정해진 위치로부터 유인해서는 안 된다."고 단서를 달았다. 자연에 의해 여성의 위치는 어머니와 주부로 주어졌음을 강조하면서, 이 자연법칙이 무시된다면 "그 피해는 특히 그 다음 세대에 나타날 것이다."라고 했다.

어쨌든, 독일대학들은 느리기는 했지만 20세기 들어 계속 '자연법칙을 무시'해가기 시작했다. 1913~1914년 사이 플랑크가 베를린 대학 학장일 때, 770명의 여대생이 베를린 대학에서 공부 중이었고, 독일제국 전체에서도 여대생 수는 전체 대학생의 6%인 3500명에 달했다. 플랑크는 이 시기 볼츠만의 제자 리제 마이트너를 옹호하고 적극적으로 후원했다. 1912년에는 마이트너에게 도움이 될 수 있도록 자신의 조교로 임명했다. 분명히 그는 특정인의 재능에 대한 평가와 성별을 관련짓지는 않았다.

카이저 빌헬름 연구소 시절(1912~1920)
— 세계대전과 새로운 원소의 발견

1912년 10월 12일 독일의 중요 연구소들을 통합 관리하도록 확대 개편한 카이저 빌헬름 연구소 개소식이 있었다. 황제의 이름을 건 연구소였고 빌헬름 2세가 직접 개소식에 참석했다. 황제는 연구원 한 명 한

명과 인사했고 한과 마이트너도 황제와 인사할 기회를 가졌다. 독일이 이 연구소에 거는 기대는 컸다. 국가와 산업계가 함께 풍족한 재정지원을 하도록 제도적 뒷받침이 이루어졌다. 카이저 빌헬름 연구소는 35년 뒤 막스플랑크 연구소로 개명될 때까지 세계가 부러워하는 독일과학의 자산이었다. 그리고 마이트너는 드디어 한과 같은 건물에서 연구할 자격을 얻었다. 하지만 아직 무보수의 객원 연구원 자격이었다. 하지만 플랑크가 이리저리 힘을 써서 마이트너에게 유급 조교 자격을 함께 부여했다. 프로이센 최초의 여자 조교였다. 조교가 된다는 것은 공식적인 학문 경력이 시작했음을 의미했기에 경제적 도움 이상의 가치가 있었다.—물론 주말을 투자해 300명 학생들의 연습문제를 교정해야 하는 부담을 의미하는 것이기도 했다. 다음 해에 프라하에서 마이트너에게 강사자리를 제안했다. 그제야 당황한 연구소는 고정급과 정년을 보장했다. 안타깝게도 언제나 열정적으로 딸의 편이었던 아버지는 1910년에 사망해서 이 소식을 들을 수 없었다.

1914년 6월 28일 오스트리아-헝가리 제국의 프란츠 페르디난트 황태자 부부가 사라예보에서 피살당했다. 제1차 세계대전이 발발했다. 오토 한은 입대해야 했고 바로 독가스전을 연구하는 하버의 특수부대에 배속됐다. 1915년 7월에는 마이트너도 방사선 담당 간호사로 자원해서 오스트리아군의 전쟁터로 갔다. 마이트너는 근 1년 동안을 최전선에서 몇십 킬로미터 떨어진 병원에서 매일 수백 회의 방사선 촬영을 했고, 수십 명의 부상자들을 돌보며, 서너 번의 수술을 도왔다. 1916년 여름부터는 프라하-카롤리넨탈 적십자 병원에서 일하게 되었는데, 할 일은 줄어들었으나 마이트너의 심적 고통은 오히려 커졌다. 남자 의사들은 그녀의 경력을 알자 경쟁자로 생각한 듯하다. 이미 실권을 가지고 있음에도 감정적 우월감까지 더 가지고 싶은 인간 심리의 추악한 단면이 동작했다. 의사들은 기기를 동작시키거나 업무 중일 때 일부러 체코 말을 쓰는 등 마이트너를 배제하려는 분위기였다. 과학에 조예가 깊은 여자가 부담스러웠던 것이다.[18] 육체적 과로는 얼마든지 참아 넘기는 마이트너지만 이런 유형의 감정적 소모에는 고통이 컸다. "이제……베를린의 카이저 빌헬름 연구소로 돌아가야 할 때가 아닌가 생각해……사람이 오랫동안 불만족스러운 관계 속에 있으면 너무 강퍅해져서 정의롭지 못하게 될 수 있을 것 같아. 나는 이 마지막 몇 주 동안 너무도 많은 비열함과 추함을 목격했어." 1916년 8월 말 친구에게 보낸 편지에서는 완곡한 어법으로 그때의 심정을 표현하고 있다. 그녀는 자신의 마음이 누군가를 싫어하게 되거나 악해져 가는 것을 무엇보다 두려워한 것 같다.

그렇게 마이트너는 1년여 만에 전선에서 돌아왔다. 그리고 한이 독가스를 연구하는 건물과 본래 연구실은 가까웠기 때문에 둘은 다시 어느 정도의 연구를 함께 할 수 있었다. 독가스 개발에는 카이저 빌헬름 화학연구소의 거의 모든 사람들이 참여하고 있었다. 언제나 그렇듯 새로운 무기가 전쟁을 더 빨리 종식시킬 수 있다는 합리화하에 화학자들은 열심히 개선된 무기를 개발했다. 당혹스러울 수 있겠지만 아인슈타인과 같은 극소수를 제외하면 당시 과학자들은 과학자의 전쟁참여를

18 사실 이 사례는 마이트너가 느꼈을 여성차별 문제 이상의 복잡성을 감안해야 할 듯하다. 체코인 의사들에게 리제 마이트너는 지배자인 '부유한 독일인'이었다. 일제시대 이리저리 차별받던 조선인 의사들이 근무하는 한반도의 바쁜 병원에 '눈치없이 착하기만 하고 자신들의 처지를 전혀 이해 못할 것으로 보이는' 부유한 고학력 일본인 여성이 근무하러 온 상황 정도를 떠올려보면 당시 프라하의 체코인 의사들의 심리는 이해가 가는 측면이 있다.

애국심의 표출로서 당연하게 생각했다. 물론 이때 마리 퀴리도 프랑스군 전선에서 17세의 딸 이렌과 함께 모금으로 구입한 자동차를 타고 의사들과 엑스선 사진을 찍으러 전선을 누볐다. 우리가 알고 있는 형태의 대중적인 평화주의나 반전주의는 2차 대전 후의 현상으로 봐야 한다. 마이트너 같은 성격의 소유자가 전선으로 간 것도 같은 맥락에서 이해할 수 있다. 아직은 전쟁 자체의 잔학성과 허무함이 강조되기 전이었기 때문에 당시 지식인들에게 전시에 조국을 위해 무언가를 해야 한다는 강박감은 오늘날보다 훨씬 큰 것이었다. 마이트너에게는 다행스럽게도 방사선 분과는 전시연구에서 제외되어 순수연구를 할 수 있는 극소수 연구조직이었다. 당연한 것이 전쟁에 응용할 만한 부분이 전혀 없는 분야였다. 그리고 아이러니하게도 다음 전쟁에서는 원자핵과 방사능 관련 분야가 가장 군사적 중요도가 높아지게 된다. 1차 대전은 화학자의 전쟁이었다면 2차 대전은 물리학자의 전쟁이 되었다.

원자에 대한 순수연구를 계속하던 한과 마이트너는 1918년 초에 원자번호 91번 원소 프로탁티늄을 발견하는 업적을 이룬다. 이때부터 마이트너는 학자로서 안정적인 반열에 올라 유명해지게 되었다. 이제 마이트너는 독자적으로 방사능물리분과를 맡았고, 한은 방사능화학분과를 맡았다. 1919년 전쟁이 끝나고 나이 마흔에 이르러 마이트너는 처음으로 충분한 돈을 벌게 되었다. 이 순박한 여성은 새로 마련한 자신만의 거처에서 자기 방을 돌아다니며 '물리학'을 가지고 커튼 등의 물건을 살 수 있다는 사실을 신기해했다. 많은 사람들 앞에서 수줍음을 타는 마이트너의 성향은 중년이 된 이 시기까지도 계속되었다. 하지만 단 둘이 이야기할 기회가 있었던 사람들은 마이트너의 날카로운 비판정신과 집중력을 인상 깊게 느꼈다. 가까운 사람이건 낯선 사람이건 솔직한 직설어법으로 말하며 자신의 속생각을 숨기지 않았다. 남성학자에게라면 보편적으로 인정될 만한 이런 솔직성이 단지 여성과학자였기 때문에 단점으로 인식되는 경우도 있었을 것이고 당연히 친구가 많을 수는 없었다. 연구건 대화건 가리지 않고 명확한 사고과정을 추구하는 열정은 그녀의 천성에 더해 그녀를 가르쳤던 볼츠만으로부터 이어받았을 듯하다.

1911년 러더퍼드의 원자핵 발견 뒤 물리학자들은 원자핵에 대한 연구에 집중했다. 1920년대로 접어들면서 원자와 원자핵에 대한 생각은 날마다 달마다 급격히 바뀌고 있었다. 전문적인 과학자들도 그 급격한 발전속도를 따라가기 힘들었다. 러더퍼드 원자모형만 해도 양전기를 띤 원자핵 주위를 음전기를 가진 전자가 돌고 있는 정도의 이미지였다. 하지만 2년 후인 1913년 닐스 보어가 원자를 행성체계의 축소판으로 비유할 수 있는 모형을 만들었다. 그리고 전자가 특정궤도에서 다른 궤도로 '순간적으로' 넘어갈 수 있었다. 유명한 양자도약의 개념이 도출되었다. 사실 오늘날도 대부분의 대중들이 본능적으로 받아들이고 있는 원자의 이미지는 바로 이 1913년 보어의 태양계 원자모형이다. 이제는 지구에서 눈에 보이는 모든 것을 탐구했다고 여겨지는 시점에 모험적 학자들이 핵물리학으로 모여들고 있었다. '방사능', '원자핵', '전자' 등 이전 세기에는 들어본 적 없는 단어들이 이들에게 두려움과 황홀감을 동시에 제공했다.

1920년 5월에 닐스 보어가 베를린 독일 물리학자 협회에서 강연했지만, 마이트너와 동료들은 이 원자모델의 아버지가 하는 말을 거의 이해할 수 없었다.—그러니 우리도 그리 낙심하지는 말도록 하자. 하지만 마이트너는 이때 보어와도 알게 되었고, 다음 해에는 코펜하겐도 방문한다. 독일 학자들이 국제회의에서 배제당하던 시절에 보어는 독일인들을 국제적 연구에 참여시키기 위해 노력했다. 하지만 20년 뒤 독일은 보어의 조국을 무참히 짓밟게 된다. 그리고 바로 이 1920년에야 프로이센에서도 여성이 교수가 될 수 있도록 규정이 바뀌었다. 러시아도 혁명 이후에는 새로운 사상에 따라 여성의 사회 참여가 독려되기 시작했으니 아마 이쪽 방면에선 프로이센이 유럽에서 가장 굼뜬 곳이었을 것이다. 1922년 마이트너는 44세의 나이에 독일 최초의 여성교수가 되었다. 오토 한의 경우 28세 때인 1907년 마이트너를 만날 때부터 교수자격(Habilitation)이 있었다. 학생들 대상의 강의 권리인 베니아 레겐디(venia legendi)는 투표권만큼이나 남성들의 성역으로 여겨졌었다.[19]

1922년 베를린 대학 철학부는 지금까지 마이트너의 연구 성과에 근거해 교수자격취득 과정을 거치지 않고 사강사 직위를 직권으로 부여했다. 당연히 취임기념강의를 했는데 제목은 〈우주적 과정에서 방사능이 지니는 의미〉였다. 독일 최초의 여성교수를 취재하러 왔던 한 기자는 여성의 강의에서 우주를 언급하는 것이 적절하지 않다고 보았는지 '우주적(kosmisch)'이라는 단어를 '화장술적(kosmetisch)'이라는 단어로 교체해서 신문에 실었다. 1923년 여름학기에야 이 뛰어난 여성은 첫 정규강의를 할 수 있었다. 1926년 48세에 '별정직' 여교수가 되었다. 마이트너 수준의 연구업적을 가진 남성 학자들 중 그때까지 정교수가 되지 않은 사람은 아무도 없었다. 마이트너는 이로부터 1933년까지 10년간 대학강의를 했다. 55세의 나이가 되어서는 유대인이라는 또 다른

19 힐베르트가 1917년 에미 뇌터를 교수로 만들기 위해 백방으로 노력했었지만 힐베르트의 엄청난 권위로도 결국 실패한 바 있었다. 마이트너는 독일 내의 다른 여성 학자들보다는 운이 좋은 편이었다.

족쇄 때문에 교직을 박탈당해 강의를 할 수 없었다. 그리고 환갑의 나이에는 직업, 주택, 저축, 연금, 모든 인간관계를 포기한 채 필사의 탈출을 해야 했다. 19세기 말에 태어난 뛰어난 '유대인 여성'의 삶의 궤적은 그런 것이었다.

5

1차 세계대전과 독일 과학자들

제1차 세계대전의 혼란

1914년까지 유럽 과학자들의 연대와 우정은 굳건해 보였다. 자연계의 보편법칙을 연구하는 과학자들이야말로 국수주의와 민족주의로부터 자유로운 영혼들일 것으로 기대되었고, 스스로도 그렇게 믿었다. 하지만 1차 세계대전의 포화 속에서 과학의 국제주의는 순식간에 붕괴되고 말았다. 참호전의 악몽 속에서 유럽열강은 서로의 민낯을 보았다. 이번 전쟁에서는 해방된 과학기술이 적극적인 주체로 부각되었다. 전투 결과는 더 이상 군인들의 용맹함과 비례하지 않았다. 잠수함, 비행기, 전차가 전장에 등장하며 다음 전쟁을 예고했고, 독가스 같은 잔인한 무기들이 어떤 고민도 없이 전장에 투입되었다.

제1차 세계대전의 수치기록들은 참담했던 당시 학문과 과학의 상황을 생생히 증명한다. 전쟁 직전 학기 독일 공과대학생 수는 1만 2000명이었다. 6개월 후 이 수는 2000명으로 줄어들었다. 프랑스 대학의 등록자 수도 1/4로 줄어들었다. 영국은 엘리트들에 대한 무작위적인 징병은 하지 않았지만 분위기는 별다르지 않았다. 영국 대학들은 전후 재정지원 및 재입학을 보장하며 교수와 학생들을 전쟁터로 보냈다. 옥스퍼드 학생 수는 3000명에서 300명으로 줄었다. 옥스퍼드와 케임브리지 대학의 학생들 2/3가 초급장교로 전쟁에 참전했고 그들의 평균생존기간은 30일이었다.—앞서 살펴본 모즐리는 그중 한 명이었다. 전략물자의 부족도 서로를 괴롭혔다. 영국과 프랑스는 쌍안경, 잠망경, 렌즈, 군복 염료, 기타 여러 실험장치들을 만들 수 없었다. 전쟁 전 모두 독일에서 수입하던 것들이었다. 독일은 고무와 원료 물질들의 수입선을 영국 해군에 의해 차단당했다. 이 시기 서로의 불편함이 얼마나 심했는지 결국 연합군은 쌍안경을 만들려고 독일과 고무와 렌즈를 상호교환하기로 전쟁 중에 잠시 협정을 맺었을 정도였다. 하지만 영국은 결국 재고가 바닥나기 전에 이들 부품의 대부분을 국산화하는 데 성공했다. 과학자들을 집중 동원한 결과였다.

1차 세계대전 기간 과학자들은 직접 참전하지 않더라도 전쟁과 관련된 과학활동에 본격적으로 말려들었다. 무기개발은 쉽게 상상할 수 있지만 이외에도 의외의 사례가 있다. 기상학의 빠른 발전이었다. 1차 대전 기간 기상학이 빠르게 발전한 이유는 포격 정확도를 높이기 위한 노력 때문이었다. 포탄의 궤적은 생각 외로 계산하기 복잡하다. 풍향뿐 아니라 습도와 기압까지 탄착 지점의 위치를 바꾼다. 우리가 일기예보에서 많이 보는 기상도를 만드는 기법들은 탄두계산의 정확도를 높이기 위한 목표로 가장 많은 투자와 연구가 이루어졌다. 기상학자들이 고도별로 기상정보를 정밀히 분석하기 시작하자 영국 포병의 정확도는 상승했다. 아이러니하게도 오늘날 일기예보의 정확도는 사람들을 살리기 위한 것이 아니라 죽이기 위한 과정에서 얻어졌다. 2차 세계대전이 지나면서는 역시 탄두계산의 필요성 때문에 컴퓨터가 나왔으니 대포와 현대문명의 상관관계는 매우 높다고 할 수 있다.

전쟁 초기 유럽각국에는 과격한 애국주의가 넘쳐흘렀고 과학자들은 그 영향을 받았다. 영국에서 브래그 부자는 모두 전쟁기술 연구에 참여한 기록을 남겼다. 아버지 헨리 브래그는 수중청음기를 연구했다. 아들 로렌스 브래그는 포탄소리를 분석해서 적의 포병대 위치를 알아내는 장치를 개발했다. 러더퍼드도 음파를 사용한 잠수함 탐지법 등의 문제들을 연구했다. 프랑스에서는 랑주뱅이 러더퍼드와 같은 연구에 뛰어들었다. 마리 퀴리는 아예 엑스선 촬영 장비를 가지고 트럭을 몰며 전선을 누볐다. 플랑크는 독일 지식인 〈93인 성명서〉의 서명자 중 한 명이 되었다. 이 선언의 핵심은 독일군대가 벨기에에서 잔학행위를 했다는 것을 부정하는 것이었다. 3000명이 넘는 독일대학의 강사들이 이 선언을 지지했다. "우리들이 교육한 장교들이 예술과 과학의 빛나는 유산을 파괴할 리 없다. 베토벤과 괴테의 나라 젊은이들이 유럽의 문화유산을 얼마나 존경하는지 알아야 한다." 독일 학자들은 그렇게 외치고 싶었을 것이다.

문제는 그 잔학행위가 모두 사실이었다는 점이다. 반대로 연합국 측의 과학자들은 독일정부의 선전을 무조건 믿고 객관적 판단을 포기한 독일 학자들을 무차별적으로 비난했다. 전쟁에서 승리한 후 연합국의 문필가들은 독일문화를 조롱했다. 미국은 독일의 학사학위는 야만의 학사학위라는 구호와 함께 전시공채를 판매했다. 프랑스 물리학자들은 라틴족의 활기와 영국인들의 쾌활한 대담성이 결여된 독일과학을 미개한 것으로 매도했다. 그들은 본래 독일인들의 엄격한 연구 방법론을 칭송했고 이론을 시각화하려는 영국적 방법(캐번디시적 방법)이 유치하다고 비난했던 사람들이었다. 독일과학이 미개하다면 상대성이론과 양자역학은 도대체 무엇으로부터 나왔단 말인가? 역사 앞에서 그들 모두가 유치했다.

분명한 평화주의자였던 베크렐과 피에르 퀴리는 전쟁 전 사망했고, 유명한 과학자 중에는 오직 아인슈타인만 평화주의를 선언했다. 중립국 네덜란드의 물리학자 로렌츠 정도만이 일관되게 이성적 시각을 제대로 유지할 수 있는 인물이었던 것 같다. 로렌츠는 플랑크에게 〈93인 선언서〉의 서명을 철회할 것을 권유했다. 플랑크는 이를 받아들였다. 플랑크는 전쟁 중 서명을 철회한 유일한 서명자였다. 작은 행동으로 보일지 몰라도 그것이 결코 작은 용기가 아닌 세상에 우리는 살고 있다. 당시 왕립협회 회장이었던 톰슨은 왕립협회 간사 아더 슈스터를 독일 출신이라는 이유로 협회 간사직에서 퇴출시키려 하자 이를 강력히 반대했다. 플랑크도 마찬가지 활동을 했다. 플랑크와 톰슨은 적국 시민인 과학자들을 베를린 학술원과 왕립협회로부터 추방하려는 압력에 계속해서 저항했고 어느 정도 성공시켰다. 러더퍼드는 전쟁 중에도 중립국을 거쳐 가이거 등 독일 측 제자들과 편지연락을 주고받았다. 제임스 채드윅이 포로가 되자 독일인 스승이었던 발터 네른스트는 채드윅이 수용소 내에서 실험이 가능하도록 작은 실험실 마련을 도와주었다. 채드윅은 덕분에 전쟁포로였던 시기에도 물리학자로서 연구를 그럭저럭 지속할 수 있었다.

적국 학자 간 정보교환의 매개에 큰 역할은 코펜하겐의 닐스 보어가 해냈다. 보어는 영국, 프랑스, 독일, 미국, 일본으로 수시로 전보를 보냈는데 코펜하겐 전신 기사들은 도저히 이해할 수 없는 수식이 가득해서 큰 어려움을 겪었다고 한다. 신생국 소련도 자국 과학자들의 국제적 활동을 장려했다. 감시사회로 진행되던 시대 분위기에도 불구하고 과학 연구에서는 비밀엄수나 검열을 강요하지 않았다. 이로 인해 이 시기 많은 뛰어난 소련 과학자들이 배출되었다. 소련 과학계에 공포정치의 그림자가 드리우기 시작한 것은 스탈린 집권기부터였다. 이런 정도가 전쟁 중 발견할 수 있는 그나마의 희망적 기록들이다. 1차 세계대전은 아직은 그나마의 '낭만'이 남아 있는 전쟁이었고 러더퍼드는 조금의 운신의 폭이 있었다. 이후 2차 세계대전에서는 어떤 과학자도 이런 시도가 불가능했다. 만약 알려졌다면 적을 이롭게 한다며 바로 반역죄가 되었을 것이다. 2차 대전은 민간인들끼리도 적에 대한 격렬한 증오를 강요받는 시대가 되었다.

프리츠 하버, 독가스의 시대

1915년 4월 22일 오후 5시경 이프르 전선에 배치된 19만 5000명의 연합군 병력은 형형색색의 기이한 구름이 땅에 자욱하게 깔려 독일군 진영에서 몰려오는 것을 보았다. 캐나다, 알제리, 모로코 계 군인들이 방어하던 지역이었다. 구름이 참호를 덮치자 곧이어 공포로 질린 병사들이 무기를 던져버리며 후방으로 달리기 시작했다. 후방의 장교들이 호통을 치며 도주자들을 잡으려다 흠칫 놀랐다. 그들 대부분은 곧 눈과 입에서 피거품을 뿜으며 쓰러졌고 땅바닥에서 몸부림쳤다. 약간 후방에 배치된 중세기 약한 병사들도 눈과 코와 목이 근질거리더니 헐떡이고 토하기 시작했고 곧 무질서하게 도망쳤다. 세계 최초의 독가스 공격

제1차 세계대전 독가스전 사진

하버는 현대국가의 모든 군인들이 '화생방전 훈련'을 하게 만든 사람이다. 1차 세계대전에서 독가스는 적극 활용되었고, 방독면도 보병의 표준장비로 빠르게 정착되었다.

이었다. 이날 5000명의 연합군 병사들이 염소가스에 노출되어 죽었고 영구적 폐 손상을 입거나 눈이 먼 부상자는 부지기수였다. 염소 가스는 수분과 결합하면 염산을 발생시킨다는 사실을 알 리 없는 병사들은 눈을 물로 씻다가 눈이 타들어갔다.

이 공격은 암모니아 합성법의 발견자인 프리츠 하버(Fritz Haber, 1868~1934, 1918년도 노벨 화학상)가 개발한 독가스로 이루어졌다. 하버는 독일 최고의 화학자들을 규합해서 이 신무기를 개발했다.—얄궂게도 제임스 프랑크, 오토 한, 구스타프 헤르츠 등 하버와 함께 독가스전에 참여한 과학자들은 모두 후일 하버처럼 노벨상을 받았다. 하버는 베를린 시절 아인슈타인의 절친한 친구였다. 그는 아인슈타인 이혼 시 중재역을 하기도 했다. 사실 두 사람은 모두 유대인이었다. 프리츠 하버의 업적들은 주로 물리학의 역사를 다루고 있는 이 책의 주제에서는 조금은 먼 이야기다. 하지만 그는 세계대전 시기 독일 과학자들의 삶의 궤적을 이해하기 위해서는 반드시 언급해야 하는 인물이다. 하버는 '화학자들의 전쟁'이라 불렸던 제1차 세계대전에서 독가스전의 창시자였다.[20] 그래서 그의 이야기는 '과학과 전쟁'이라는 주제를 언급할 때 반드시 등장하게 된다. "과학은 평화기에는 인류의 것이지만 전쟁 중에는 조국의 것이다." 하버의 입장을 명료하게 대표하는 말이다. "아인슈타인은 정치문제에 관한 한 어린애 같은 몽상가다." 그는 평화를 위한 양심적 병역거부 등을 주장하는 아인슈타인을 이해할 수 없었다.

하버는 독일 화학자들 중에서도 최고의 역량을 보였던 인물이다. 하

---

20 반면 제2차 세계대전은 '물리학자들의 전쟁'이라고 불렸다. 물론 그 이유에는 원자폭탄이 많은 부분을 차지했다.

버-보쉬공법으로 불리는 1909년 하버가 만든 공중질소 고정법은 농업의 대혁명을 가져왔다. 20세기 지구상의 인구가 수십억 명으로 늘어날 수 있었던 배경에는 질소비료의 보급이 있었다. 하버는 1911년에 베를린 대학교 교수가 되고 카이저 빌헬름 물리화학연구소의 초대소장을 지냈다. 1914년 전쟁이 발발했을 때 독일은 칠레로부터 초석의 수입선을 차단당했다. 초석은 화약제조에 필수적인 물자였다. 당시 독일의 화약보유량은 몇 개월분에 불과했다. 하지만 하버는 초석을 대체할 수 있는 공정을 만들어내서 화약제조 문제를 깨끗하게 해결했다. 다시 말해 하버는 사실상 독일이 4년에 걸친 전쟁을 수행가능하게 했던 인물이다. 하지만 그는 이에 그치지 않고 전쟁에 깊이 개입해 이프르 전투의 독가스전을 지휘했던 것이다. 이 승리에 도취된 빌헬름 2세는 하버에게 철십자 훈장과 명예대위 계급장을 수여했다. 브레슬라우(바르샤바) 출신 유대인에게 주어진 영예로는 파격적인 것이었다. 우리 예상과는 다르게 당시 독일은 프랑스, 폴란드, 러시아에 비해 유대인에 대한 대우가 가장 좋았었다. 1915년 독일 유대인들은 1/3이 다른 민족과 결혼했고, 교육과 취업 면에서 동등한 대우를 받았다. 하지만 상류층 독일인과 군부에서의 반유대주의는 여전했다.

하버의 부인 클라라 임머바르(Clara Immerwahr)도 브레슬라우 출신 유대인이었다. 둘은 브레슬라우 대학에서 함께 화학을 공부하며 사귀기 시작했고, 총명했던 클라라는 브레슬라우 대학 최초의 여성 박사가 되었다. 하지만 하버는 결혼 후 클라라가 전통적 주부로 지내기 원했고 연구에 몰두하기 시작하면서 부인과 아들에 대한 관심을 거의 끊었다. 하버는 "내게 여자란 사랑스런 나비 같은 존재"라고 친구에게 말한 바 있다. 클라라는 피에르 퀴리 같은 남편을 만나는 행운을 누리지 못했다. 소원했던 둘의 관계는 결국 하버가 독가스 연구를 하면서 파국으로 치달았다. 클라라는 자신이 사랑했던 화학을 이용해 남편이 대규모 인명살상 무기를 만들고 있음에 절망했다. 하버는 이프르 공격 열흘 후 철십자 훈장을 받고 포상휴가를 나왔다. 그날 밤 클라라는 하버의 권총을 들고 정원에 나가 자신에게 두 발을 발사했다. 그녀는 총성을 듣고 밖으로 달려 나온 12세 아들의 품에서 죽었다. 하버는 다음날 동부전선에서 러시아군에 대한 독가스 공격을 명령받자 바로 전선으로 떠났다. 아내의 장례를 마저 치르고 아들을 위로하겠다는 요청만 했었다면 받아들여졌을 것이다. 하지만 그렇게 하지 않았다. 독일을 위해! 그것이 하버의 방식이었다.

이후 독가스는 계속해서 진화했다. 염소 가스는 즉시 구토와 경련을 일으키지만 살포되면 바로 식별이 가능하다는 약점이 있었다. 바람에 의존하는 방법은 독가스를 희석시켜 효과가 제한적이라는 것을 알고 양측은 대포를 사용하는 방법을 연구했다. 새로 개발된 포스겐 가스는 액화해서 포탄에 넣은 뒤 대포로 발사할 수 있었다. 더구나 포스겐 가스는 무색무취였고 체내에 흡수된 뒤 24~48시간은 지나서 효과가 나타났다. 따라서 독가스 노출을 알게 되었을 때는 때가 이미 늦어 있었다.—반면 눈에 보이고 독한 냄새와 함께 효과를 보이는 염소 가스는 상대가 빠르게 대응할 수 있었다. 하지만 곧 방독면이 일반화되자 포스겐 가스도 효력이 약해졌다. 그래서 1917년 독일군은 새로운 독가스를 개발했다. 이 독가스는 겨자 냄새가 나서 머스터드 가스라고 불렸는데 방독면을 무력화하기 위해 피부로 침투하도록 고안되었고 피부표면에 물집을 만들었다. 머스터드 가스는 1차 세계대전에 사용된 최악의 가스가 되었다. 독가스전의 창시자라는 불명예는 하버에게 주어졌지만,

프리츠 하버
암모니아는 화약과 비료의 원료다. 암모니아를 만드는 데 필요한 것은 수소와 질소다. 수소는 물을 전기분해하거나 석탄을 고온으로 가열해 분해하면 얻을 수 있다. 질소는 공기의 주성분이므로 무한정 얻을 수 있다. 하버는 화학적 공정으로 이 모든 과정을 가능하게 했다. 따라서 물, 석탄, 공기가 있는 한 독일은 식량과 화약이 보장되었던 것이다. 하버라는 화학자를 보유했었기에 독일은 제1차 세계대전에 자신 있게 참전할 수 있었다.

사실 독가스는 각국에서 지속적으로 연구되었다. 이프르 전투는 실전사용의 시작점이었을 뿐이다. 전쟁기간 독일은 6만 8000톤, 프랑스는 3만 6000톤, 영국은 2만 5000톤의 독가스를 사용했고, 전쟁 말미에 참전한 미국은 베르덩 전투에서 단 하루에만 3만 6000개의 머스터드 탄을 발사했다. 독가스 사용을 주저한 나라는 존재하지 않았다는 점에서 독일과 하버는 사실 특별한 경우라 할 수 없다. 독가스는 끔찍한 무기지만 비효율적인 무기라는 역설이 따라붙는다. 독가스는 날씨와 바람의 방향에 큰 영향을 받았고, 적에게 타격을 준다 해도 아군의 효과적인 진격 역시 힘들게 만들었다. 제1차 세계대전 기간 독가스로 죽은 사람은 10만 명에 이른다. 하지만 1차 세계대전의 사망자가 1700만 명에 달한다는 점을 생각해보면 그 규모는 초라해진다. 제1차 세계대전 기간 독가스가 전쟁에 미친 영향은 미미했고, 그래서인지 2차 세계대전에서는 전선에서 독가스가 전혀 사용되지 않았다.[21]

21 하지만 후방에서는 달랐다. 1차 세계대전 기간 유대인 하버가 시작했던 독일의 독가스는 2차 세계대전 기간 수백만 명의 유대인을 죽이는 작업에 '효율적으로' 사용되었다.

전후의 하버

이프르 전투 4년 뒤인 1919년 전쟁이 끝났을 때, 하버는 17세 연하의 여성과 재혼해 딸을 얻은 뒤였다. 전범으로 기소될지 모른다는 소문을 듣고 하버는 가족과 스위스로 피신해서 스위스 국적까지 취득했다. 하지만 거짓정보로 판명됐고 그는 독일로 돌아갔다. 그리고 이번에는 산업적 암모니아 제조법 발견공로로 노벨 화학상 수상자가 되었다는 소식을 들었다. 프랑스와 미국의 항의가 있었지만 결정은 철회되지 않았다. 사실 그의 업적은 엄청난 것이었다. 현재 우리가 먹는 단백질의 1/3은 하버가 개발한 방법으로 만든 질소비료로부터 온다는 계산도 있다. 그는 인류를 기아에서 구한 인물이기도 하다. 또 다른 작품인 독가스가 아니었다면 그는 우리들에게 더 친숙하게 알려졌을 것이다. 전후 그는 이프르의 첫 번째 독가스 공격사진을 자신의 연구실에 걸어두었고, 타국 정부 관료들에게 가스전의 방법론을 자문해주기도 했다. 그는 자신의 독가스전을 한 번도 후회하지 않았다. 1920년대에는 조국 독일을 위한 충성심에서 또 다른 흥미로운 연구를 수행했다. 엄청난 전쟁배상금을 지불해야 하는 독일을 위해 그는 바닷물 속에 녹아 있는 금을 모으는 연구를 수행했다. 하지만 해수 속의 금 함유량이 예상치보다 훨씬 적어서 연구는 실패했다.

1933년 나치 집권 후 그는 유대인 학자들에 대한 배제조치에 항의하며 사직했다. 남아 있었더라도 곧 공직에서 추방되었을 것이다. 어떤 공적이 있건 나치에게 그는 유대인일 뿐이었다. 1933년 다행히 케임브리지에서 임용제의가 왔다. 그는 즉시 수락해서 케임브리지로 갔지만 주변의 분위기는 냉랭했다. 영국 연구소의 연구원들은 그가 수많은 영국군을 독가스로 죽인 사람이라는 사실을 잘 알고 있었다. 영국으로 간 지 두 달 만에 우울증이 심해진 하버는 스위스로 요양을 떠났다. 하지만, 곧 바젤의 호텔에서 갑작스런 심장마비로 쓸쓸하게 사망했다. 독가스 살인마의 불명예를 떠안고 독일에 봉사해온 하버를 나치는 독일인이 아니라고 했다. 하버는 그토록 독일인이고 싶었으나 그 독일은 자신을 유대인으로 규정했다. 인생의 마지막에 평생을 건 가치가 부정당하는 느낌은 어떤 것이었을까? 하버는 평소에 자신의 묘비명을 미리 만들어두었다. "그는 전시에나 평시에나 자신에게 허락된 만큼 국가를 위해 봉사했다." 아마도 자신의 인생이 가치 있었다고 말하고 싶은 그의 자존심이었을 것이다. 바젤에서 홀로 심장마비로 죽는 순간에도 이 문구를 바꿀 생각이 없었는지는 알 길이 없다. 하지만 비극은 거기서 끝나지 않았다. 몇 년 뒤 하버가 시작했던 독가스 연구는 거듭 개량된 뒤 그의 동료 유대인들을 학살하는 데 적극 사용되었다. 12세의 나이에 어머니의 죽음을 지켜봤던 아들 역시 결국 1946년 자살했다.

하버의 연구가 없었다면 한정된 농지와 부족한 식량으로 인해 지구 인류는 현재처럼 늘어날 수 없었을 것이다. 동시에 하버의 연구는 독가스전을 시작시키고 훗날 홀로코스트에 적극적으로 응용되었다. 이 양면적 모습이 비극적인 아인슈타인 세대 유대인들의 역설을 잘 보여준다. 하버는 이민족으로서 '도움이 되는 독일인'의 모습으로 살아가는 것을 선택했을 뿐이지만, 독일인들이 전쟁이냐 평화냐를 선택하기에 따라 그의 역사적 평가는 달라질 수밖에 없었다. 그토록 독일인고자 했으나, 자신이 조국이라 믿었던 독일은 그를 유대인이라고 정의했다. 어느 날 자신이 신뢰한 모든 주변 세계가 무너지는 경험을 인생의 황혼기에 겪게 되었을 때 하버는 무슨 생각을 했을까? 하버의 이야기는 여러 해석이 가능할 것이다. 하지만 "과학적 지식만으로 과학자로 완성될 수는 없다."는 것만은 분명히 보여준다. 과학자는 과학 이외의 것도 판단해야만 한다. 내가 가진 신념이 환경의 변화에도 여전히 참일 수 있는 신념인가? 더 젊을 때 고민해볼수록 끔찍한 인생의 딜레마에 빠질 확률은 줄어들 것이다.

플랑크의 오점, 〈지식인 93인 성명서〉

현대인이라면 의아하게 느껴질 수도 있으나, 대다수의 독일인들처럼 플랑크도 제1차 세계대전이 시작된 1914년 가을의 애국심의 고양을 크게 기뻐하였고, 전쟁에 대한 국민적 결의가 충만함을 바람직하게 생각했다. 수십 년간 과학기술에 기반한 경제력과 무력으로 유럽은 끝없이 팽창했다. 오랜 평화와 발전의 시기를 거치면서 1차 대전까지는 모든 유럽인들이 전쟁을 낭만적으로 바라보는 경향이 강했다. 플랑크의 평화주의적 가치관에도 불구하고, 독일인으로서 특히 프로이센인으로서의 감성은 군대와 뗄 수 없는 것이었다. 이런 '하나의 의지와 하나의 힘'에 대한 열망은 결국 히틀러의 등장으로 연결되고 모진 참화를 겪고 나서야 나폴레옹 시대 이후를 특징짓는 독일인들의 이 군국주의적 감성은 수그러들게 된다.

플랑크는 1914년 가을의 분위기가 지속되리라 생각했다. 그가 후일 두고두고 후회한 행동은 이런 분위기 속에서 나왔다. 〈문명세계에 대한 호소〉 혹은 〈지식인 93인 성명서〉라는 제목으로 불리는 선언문은 1914년 10월 4일에 10개 국어로 발표되었다. 이 93인 중에는 물리학자 빌헬름 뢴트겐, 화학자 프리츠 하버, 수학자 펠릭스 클라인, 아돌프 폰 하르낙 등이 포함되어 있었다. 성명의 내용은 한 마디로 '독일은 죄가 없다.'로 요약될 수 있었다. "그것은 진실이 아니다."라는 문장으로 시작했고, 주기적으로 이 문구를 넣어주어 운율을 살렸다. 벨기에의 그 어떤 시민의 삶과 재산도 손상되지 않았다는—오늘날의 상황에서는 지극히 뻔뻔스러운—내용들이 들어 있었다. 독일 교수와 지식인들은 자신들이 교육시킨 독일의 젊은이들이 마구잡이의 학살, 테러, 방화, 약탈을 행하고 있다는 연합국의 선전을 믿을 수 없었다. 베토벤과 괴테와 칸트를 배출한 나라의 젊은이들이, 그리고 자신들이 직접 가르친 젊은이들이 유럽의 문화유산을 파괴하고 잔학행위를 저질렀다는 것을 플랑크를 비롯한 지식인들은 결코 믿을 수 없었고, 연합군이 꾸며낸 억울한 누명이라 생각하고 분개했던 것이다. 그래서 플랑크는 전문을 읽어보지도 않고 쉽게 그 성명서에 서명할 수 있었다. 문제는 그것이 사실이었다는 것이다. 독일군은 루뱅의 유서 깊은 도서관을 불태웠고, 벨기에인들을 학살했다. 플랑크는 상당 기간 실제로 이 사실을 믿지 않았던 것 같다.

네덜란드에서 로렌츠는 성명서가 "우리는 이것을 믿을 수가 없다." 정도로 시작했다면 혹시 이해했을지도 모른다고 유감을 표명했다. 그리고 플랑크에게 편지를 보냈다. 벨기에 주둔 독일군의 만행을 분명히 나열하며 책망했다. 성급한 애국주의에서 나온 이 성명은 역효과만 초래했다. 실제 희생자들에게 "그것은 진실이 아니다."라는 문장이 얼마나 가증스럽게 들렸겠는가? 독일정부, 독일군대에 이어 독일 지식인들조차 믿지 못할 인간들이 되어버렸을 뿐이다.[22] 로렌츠가 여러 경로로 벨기에의 소식을 전해주고서야 플랑크는 이 경솔했던 서명을 후회했다. 그리고 이후부터는 평생에 걸쳐 선언에 서명하는 것에 신중했다.

로렌츠의 편지를 받은 후 플랑크는 이후 빌헬름 빈의 성명서에는 분명히 서명을 거부했다. 나아가 〈93인 성명서〉에 대해서는 신중하지 못했다며 공개적으로 반쯤은 부정했고, 1915년 5월에 로렌츠에게 보낸 개인적 편지에서는 〈93인 성명서〉에 서명한 것에 대해 사과했다. 플랑크의 미덕은 실수를 하지 않는 것이 아니라 실수 후 언제나 이를 솔직히 인정하며 바로잡기 위해 노력하는 영혼을 가졌다는 점이다. 1916년 로렌츠에게 보내는 형식의 공개서한은 그의 입장을 잘 대변한다. "세계적 문화가치들의 발전을 위한 협력과 적국 시민에 대한 개인적 존경은, 자신의 조국을 사랑하고 조국을 위해 일하는 것과 양립불가능하지 않다." 무엇보다 그는 종전 후에도 승패를 떠나 국제적 학술협력이 이루어져야 한다고 봤고 여러 실제적 행동들을 통해 노력했다. 그리고 아카데미 내에 호전적이고 광적인 분위기가 나타나는 것을 최대한 막았고 적대적 논조들을 완화시켰다.

플랑크의 고난, 비운의 가족사

제1차 세계대전이 끝나면서 플랑크는 노벨상을 받게 된다. 하지만 이 때늦은 영광은 엄청난 개인사적 고통의 시간과 겹치며 빛이 바랬다. 1차 대전 시기 플랑크는 상상하기 힘든 비극의 주인공이 된다. 시간이

22 뒷이야기를 하나 덧붙인다면 이 애국주의 성명서를 작성한 극작가 루트비히 풀다(Ludwig Fulda)는 후일 나치 유대인 추방정책의 대상자가 되자 결국 자살했다. 풀다의 사례처럼 그토록 독일인이고자 했고, 오직 국가를 위해 도덕성과 양심까지 외면했던 많은 사람들이 결국 그 국가에게 배신당하고 만다. 이미 그 극적인 사례를 하버의 이야기에서 살펴본 바 있다.

막스 플랑크
1910년대 플랑크의 권위는 최고조에 이르렀다. 하지만 전쟁과 〈93인 성명서〉와 가족사의 비극이 이어지며 행복은 그와는 먼 이야기가 되었다.

지나면서 징병으로 대학도시들의 인구는 격감했다. 플랑크는 젊은 제자들이 하나둘씩 전쟁터로 사라져가는 것을 지켜봐야 했다. 그리고 장남 칼은 포병학교로, 차남 에르빈은 전선으로, 엠마와 그레테 두 딸은 간호사로 가족들도 전쟁에 휘말려들었다. 곧 네른스트의 아들 둘이 전사했다는 소식이 들려왔다. 그리고 조카가 전사했고, 차남 에르빈이 포로가 되었다. 그리고 1916년에는 장남 칼이 부상악화로 포로수용소에서 사망했다. 플랑크는 장남을 잃은 슬픔에 빠져 글을 남겼다. “전쟁이 아니었다면 나는 그의 가치를 결코 알 수 없었을 것이다. 그런데 이제야 내가 그것을 알게 된 지금, 그를 잃어야 하다니.”

그런데 비극은 여기서 그치지 않았다. 뒤이은 딸들의 운명은 괴이하기까지 하다. 1917년 하이델베르크 교수였던 페르디난트 펠링과 결혼했던 장녀 그레테(Grete)는 출산 후 일주일 만에 급사했다. 쌍둥이 동생 엠마(Emma)가 언니의 아기를 돌보다, 1919년 1월 형부였던 펠링과 결혼한다. 하지만 그해 말에 엠마 역시 출산 직후 사망했다. 믿기 힘든 일의 연속이었다. “서로가 없이는 살 수 없었던 사랑스런 이 두 아이는 이제 영원히 함께 할 것입니다.”며 플랑크는 울먹였다. 로렌츠에게 보낸 편지에는 “때론 나의 삶 자체의 가치를 의심한 적도 있습니다.”라고 썼다. 아인슈타인은 “플랑크의 불행이 내 가슴을 찢어지게 합니다. 그를 보고 나는 눈물을 참을 수 없었습니다……그는 놀랄 만큼의 인내력으로 꿋꿋하게 버티고 있지만, 슬픔이 그를 갉아먹고 있음을 알 수 있습니다."라고 기록했다. 아버지가 같은 플랑크의 손녀들은 각자 어머니의 이름을 물려받았다. 후일 손녀 엠마는 음악을 하고 그레테는 의사가 되었다.

독일 패전에 즈음해서 플랑크는 황제퇴위가 상황해결의 전제조건임을 인식했지만, 황제를 폐위시키자는 주장에는 동의하지 않았다. 하지만 플랑크의 생각과는 다르게 역사는 자체의 무게로 진행되어갔다. 1918년 11월 7일의 키일 군항 반란, 11월 9일의 베를린 총파업, 그리고 황제퇴위로 이어지는 1차 대전 말의 역사들이 지나갔다. 갑작스럽게 독일제국은 붕괴했다. 이제 60세의 나이가 되어 플랑크는 그가 평생 경험해보지 못한 공화정 국가에 살게 되었다. '스무 살짜리들이 투표하는'(!) 이해하기 힘든 이상한 세상에 내팽개쳐진 플랑크는 투덜거리면서도 적응해 나갔다.

플랑크의 노벨상

플랑크는 1908년 50세에 노벨상을 거의 수상할 뻔했다. 하지만 결국 60세가 넘어서야 1918년도 노벨 물리학상을 받았다. 1908년 노벨상 위원회는 '원자론적 자연관을 매우 가능성 높게 만들었음'을 후보추천 이유로 밝혔다. 이때 스웨덴에서는 아레니우스(Svante Arrhenius, 1859~1927, 1903년도 노벨 화학상)가 플랑크를 적극 밀어붙였다. 사실 이는 아레니우스 입장에서 원자론을 확립시키려는 전략의 한 부분이었다. 하지만, 여전히 에너지 개념을 원자론에 종속시키는 것에는 저항이 따랐고 결국 플랑크는 수상하지 못했다. 1908년 물리학상은 컬러사진 발명 공로로 리프만—마리 퀴리의 지도교수—에게 주어졌다. 1908년 이해 플랑크 본인은 러더퍼드를 추천했다. 결국 러더퍼드는 노벨 화학상을 받았다. 플랑크는 1901년 뢴트겐, 1902~1904년 레일리 경을 지명했고 결국 둘 다 받았다. 1905~1906년 볼츠만이 죽을 때까지 두 번 지명했다. 그리고 러더퍼드가 수상할 때까지 1907~1908년 두 번 지명했다. 아주 높은 적중률이었다. 플랑크의 차례는 계속 늦어져 비교적 상황이 선명해진 1919년에야 돌아왔다. 플랑크의 이 노벨상 수상 해프닝은 원자론에 대한 거부감이 1차 대전기까지도 계속되고 있었음을 잘 보여준다. 1차 대전기는 구체제도 붕괴했지만, 공교롭게도 구(고전)물리학도 붕괴한 시기다.

아레니우스
아레니우스는 원자론에 힘을 실어주기 위해 전략적으로 노벨상 후보들을 추천하고 노벨상 위원회 내에서 해당 과학자들의 업적을 홍보했다. 그리고 그런 작업들은 결국 원자와 양자에 대한 지식들을 과학의 중심에 배치시키는 데 일정한 역할을 해냈다. 사실 노벨상의 역사도 과학 속 파워게임의 역사 중 하나다.

1918년 60회 생일을 맞아 물리학회는 그의 기념책자를 발행했고, 1919년에는 1918년도 노벨 물리학상 수상자로 선정되었다. 이제 물리학은 '양자'의 물리학이 되었기에, 노벨상 위원회는 더 이상 플랑크의 수상을 미룰 수는 없었다. 라우에의 표현으로 "플랑크가 시상하기 전에 다른 어떤 양자물리학의 업적도 시상할 수 없다는 상황에 직면한 위원회"는 결국 1918년도 수상자로 플랑크를 결정했다. 사실 플랑크의 경우, 노벨상 위원회가 노벨상을 주지 않고는 버틸 수 없을 지경이 되어서야 노벨상이 수여되었다. 그리고 라우에의 명쾌한 예언대로 이후 1920년대의 노벨 물리학상들은 대다수가 '양자'와 관련된 연구였다.

독일은 1918년도 노벨 물리학상, 노벨 화학상, 1919년도 노벨 물리학상을 배출했다. 그리고 전쟁의 와중 연기된 세 건의 시상식은 1920년에 함께 이루어졌다. 당연히 그 시상식은 독일과학의 현주소를 보여주었다. 스웨덴 주재 독일대사는 "노벨상 시상식과 축하행사 전체가 독일과학에 경의를 표하는 분위기였다."고 본국에 기쁘게 보고했다. 패전에 상처받은 자존심을 어느 정도 회복시켜준 이벤트였다. 하지만 플랑크의 노벨상 수상식은 또 하나의 독일적 아이러니를 보여주었다. 1918년도 노벨 화학상 수상자는 유대인인 프리츠 하버였다. 그리고 1919년도 노벨 물리학상 수상자는 대표적 반유대주의자이자 극우파인 슈타르크였다. 따라서 1920년 여름에 독일에서 스톡홀름으로 가는 일행은 아주 어색한 조합이었다. 10여 년 후면 슈타르크는 공격자, 하버는 피해자가 된다. 플랑크의 생애는 이렇게 상징적 모순들이 따라다녔다.

1910년대의 힐베르트, 수학으로 물리학을 정화하다

한편 민코프스키가 죽은 후 괴팅겐은 어떻게 되었을까? 민코프스키의 후임으로는 에드문트 란다우(Edmund Georg Hermann Landau, 1877~1938)가 임용되었다.[23] 그리고 란다우는 덴마크의 하랄 보어(Harald August Bohr, 1887~1951)를 초청했나.[24] 하랄 보어는 이 당시 괴팅겐의 분위기를 기록으로 남겼다. "수학자들 사이의……국경을 초월한 순수한 우애……독일학생들은……외국에서 온 학생들을 세심하게 돌봐주었다……가장 웃어른은 클라인이었다. 그의 위엄과 강인한 모습은 노소를 가리지 않고 모두의 존경을 받기에 충분했다……또한 괴팅겐의 전체 생활 위에 힐베르트의 천재성이 빛나고 있었고 이를 통해 모든 이들이 하나로 묶여 있는 것 같았다." 그런 축복받은 괴팅겐에 또 하나의 행운이 주어졌다. 다름슈타트 대학 수학교수였던 파울 볼프스켈(Paul Friedrich Wolfskehl, 1856~1906)이 페르마의 마지막 정리를 푸는 사람에게 10만 마르크를 상금으로 주라는 유언을 남기고 죽은 것이다. 수상자가 나올 때까지 이 돈의 이자는 괴팅겐 대학 내 한 위원회의 재량으로 사용할 수 있었다. 위원장은 힐베르트였고 그는 이 좋은 기회를 수학과 과학 발전에 적절히 사용하기로 했다. 힐베르트는 이 기금의 이자를 주로 최고수준의 학자들을 정기적으로 초청해 강연을 듣는 데 사용했다. 그래서 이 강연을 '볼프스켈 강의'라 불렀다. 1920년대의 초인플레이션으로 10만 마르크의 가치가 의미가 없어지기까지 10여 년 동안 이 상금은 참으로 많은 일들을 해냈다. 기금으로 처음 한 일은 1909년 4월 푸앵카레를 초청한 것이었다.

---

23 수학자 에드문트 란다우는 소련 물리학자 레프 란다우(Lev Davidovich Landau, 1908~1968, 1962년도 노벨 물리학상)와 다른 사람이다. 둘 다 각 분야에서 유명하고, 수학과 물리학 분야가 가까운데다, 생존시기가 겹쳐 혼동될 수 있다. 문헌에 '란다우'가 등장할 때는 전후맥락을 살펴 누군지 구분할 필요가 있다.

24 하랄 보어는 뒤에 자세히 살펴볼 닐스 보어의 동생이다. 이때는 형보다 동생이 훨씬 유명했다. 하랄은 1908년 올림픽에서 덴마크 축구 국가대표 선수로 은메달을 획득했다. 아마도 운동선수가 수학박사가 됐다며 스포츠신문에 보도된 유일한 인물일 것이다.

페르마 대정리와 볼프스켈 기금

페르마의 초상
페르마의 대정리는 수학사에도 중요한 의미를 가지지만, 과학의 역사에도 볼프스켈 기금을 매개로 의외의 영향을 미쳤다.

페르마의 대정리는 "$x^n+y^n=z^n$에서 지수 n이 3 이상의 정수일 때 수식을 만족하는 양의 정수 x, y, z는 존재하지 않는다."로 요약되는 페르마가 남긴 유명한 수학적 '증명'이다. 증명과정을 알지 못하니 사실은 '추측'이지만, "나는 이에 대한 실로 놀라운 증명법을 발견했지만 이를 적기에는 여백이 부족하다."는 페르마의 기록을 존중하여 '페르마의 대정리'로 불렀다. 17세기에 제시된 이 정리는 수많은 수학자들을 유혹해 증명에 뛰어들게 만들었지만 20세기가 시작된 뒤에도 증명되지 못했었다.

유대인 은행가 집안 출신인 볼프스켈은 의학박사였으나 본인이 다발성 경화증에 걸려 불편한 몸이 되자 수학자의 길을 갔다. 죽기 전 10만 마르크라는 당시로서는 엄청난 유산을 괴팅겐 아카데미에 기증하며 페르마 대정리를 증명한 사람에게 상금으로 주도록 부탁했다. 그 사이 기금에서 발생하는 이자는 괴팅겐 대학이 쓸 수 있었다. 힐베

파울 볼프스켈
일설에 의하면 볼프스켈은 실연의 고통에 자살을 결심했었으나 자살 시간까지 수학문제를 풀다가 자살 예정시간을 지나버렸고 자신의 수학적 재능을 깨닫고 수학자로서 새로운 인생을 시작했다고 한다. 그는 결국 수학보다는 과학의 발전에 더 많은 영향을 주었다.

르트는 이 기회를 적절히 이용했다. 1908년부터 기금의 이자로 최고 과학자들을 불러 강연을 하는 프로그램을 운영했다. 그래서 볼프스켈 강의라고 불렀다. 힐베르트가 주도해서 1909년에 푸앵카레가, 1910년에 로렌츠가 초청되었다. 1915년 아인슈타인이 초청되었는데 아인슈타인의 새로운 이론의 뼈대에 대한 강연을 듣고 힐베르트가 일반상대성이론의 장방정식을 아인슈타인보다 일주일 빨리 찾아냈다는 일화는 유명하다.

가장 유명한 볼프스켈 강의는 1922년 보어의 강연이었다. 뒤에 살펴볼 이 강연은 '보어 축제'로 불리며 양자역학의 역사에서 이정표 역할을 했다. 그 이후 볼프스켈 기금은 바이마르 공화국 초기의 살인적인 초인플레이션으로 의미가 퇴색했다. 결국 페르마의 대정리는 1995년에 프린스턴 대학의 앤드루 와일즈(Andrew John Wiles, 1953~)가 증명했다. 페르마 대정리가 제시된 지 장장 358년 만의 증명이었다. 독일 볼프스켈 재단은 1997년에 볼프스켈 상을 와일즈에게 주었다. 볼프스켈 상도 1908년 제정된 것이니 89년 만에야 목표를 달성한 것이었다. 이 이야기들도 놀랍지만 볼프스켈 기금으로 가능했던 볼프스켈 강의는 10여 년의 기간 동안 페르마 대정리보다 훨씬 더 많은 이야기들을 만들어냈다.

1910년대의 힐베르트는 언제나 젊은 사람들과 접촉하며 감각을 유지하려 애썼고, 민코프스키가 죽은 뒤 한참을 그만두었던 산책을 젊은 학자들과 다시 시작했다. 민코프스키 논문의 편집은 막스 보른이 맡아 진행했다. 1903년부터 괴팅겐에 있었던 막스 보른과 헤르만 바일은 곧 사강사가 됐다. 힐베르트와 새로운 젊은 학생 리하르트 쿠란트(Richard Courant, 1888~1972) 사이에도 막역한 우정이 생겨, 힐베르트는 고학생이었던 쿠란트에게 아들 프란츠의 가정교사를 맡겼다. 1910년 쿠란트는 박사학위를 받고 힐베르트의 조수가 됐다.[25] 그해 가을에 헝가리 과학원은 2회 보여이 상을 예상대로 힐베르트에게 수여했다.[26] 1912년 50세가 된 힐베르트는 생존한 현역 수학자 중 최고 반열에 있었다. 이때 힐베르트는 적분방정식 연구 끝에 수학과 물리학의 경계지점에 와 있었다. 대부분의 물리학에서는 아직 미분방정식으로 충분히 효과적이었다. 하지만 새로운 기체역학론은 자신이 발전시킨 적분방정식이 반드시 필요한 분야였다. 1912년 봄 힐베르트는 지금부터 물리학으로 관심을 돌리겠다고 발표했다. 힐베르트는 새로운 분야를 시작할 때면 언제나 이렇게 선전포고 같은 선언으로 시작했다. 그리고 항상 뭔가를 보여줬다.

힐베르트가 보기에 현대물리학은 자신이 사강사였던 시기 헤르츠가 맥스웰의 전자기파 존재를 확증함으로 시작되었다. 뒤를 이어, 뢴트겐이 엑스선을, 퀴리 부부가 방사선을, 톰슨이 전자를 발견하면서 새로운 설명이 필요한 현상들이 발견되었고, 플랑크가 양자를 제창하고, 아인슈타인이 특수상대성이론을 발표하면서 새로운 개념 틀이 제시된 것이다. 단 몇 년 사이에 수백 년간에 해당할 위대한 발견들이 꼬리를 물었다. 하지만 힐베르트의 입장에서는 이런 성공들이 무질서해 보였다.

---

25 후일 미국으로 망명해 뉴욕대 쿠란트 수학연구소에 자신의 이름을 남겨놓은 쿠란트도 힐베르트의 지류라는 것을 생각해보면 수학의 세계에 힐베르트가 남긴 족적은 규모를 상상하기 어려울 듯하다.

26 1905년 헝가리 과학원은 25년간 수학에 가장 많은 공헌을 한 사람에게 1만 골드크라운의 상금이 걸린 1회 보여이 상을 발표했다. 푸앵카레와 힐베르트 둘 중 하나일 거라고 모든 사람들의 생각이 일치되었고, 첫 상은 푸앵카레에게 돌아갔었다. 2회 보여이 상의 심사위원들은 힐베르트 말고는 떠오른 사람이 없었을 것이다.

물리학 강의를 들어보면 경우에 따라 다른 원리를 아무 증명도 없이 전제하며 결론을 유도하는 듯했고, 이는 수학자들에게 매우 불만족스러운 것이었다. 각 원리들 간에 모순이 없는지 살펴보고 각 개별 원리들 사이의 관계성을 '수학적으로' 따져보아야 마땅했다. 이제야말로 물리학은 수학자들에 의한 수학적 정화작업이 필요한 시점으로 본 것이다. "(이제) 물리학자에게 물리학은 너무 어려운 학문이다." 당대 물리학의 상황을 놓고 볼 때 힐베르트의 이 '건방진' 표현은 분명한 사실이기도 했다. 결론적으로 힐베르트는 그 위대한 꿈을 이루지는 못했다. 그러나 힐베르트의 이 계획은 그 부산물로 후속세대들이 양자역학으로 나아가는 길을 개척하게 했다. 그리고 대통일 이론을 찾는 오늘날 물리학자들의 가장 고상한 연구는 결국 괴팅겐의 힐베르트가 착수했던 연구의 연장선상이기도 하다. "수학을 개혁했으니 다음은 물리학 차례다. 그리고 나면 화학이다." 힐베르트의 선언들은 언제나 호쾌한 패기로 가득 차 있다. 그리고 거의 언제나 이루어졌다는 점에서 치기 어린 발언들이 결코 아니었다. 그가 스스로 완성을 보진 못했더라도 사실 이 순서대로 정확히 이루어졌다. 이후 상대론과 양자역학에 의해 물리학은 수학과 구분하기 어려운 형이상학의 문제가 되어갔고, 화학은 라이너스 폴링(Linus Carl Pauling, 1901~1994, 1954년도 노벨 화학상, 1962년도 노벨 평화상)에 의해 양자역학의 세례를 받으며 또 다른 고도의 수학이 되어갔다.

곧 힐베르트는 통계역학을 수학적으로 정리한 뒤, 방사능 이론을 적분방정식으로 수학화했다. 그리고 최신의 물리학 발전상을 알기 위해 뮌헨에 자리 잡은 친구 조머펠트를 불렀다. 1912년 5월 조머펠트가 괴팅겐에서 강연했다. 그해 여름 앙리 푸앵카레가 59세로 사망해서 이제 힐베르트는 명실공히 생존한 최고 수학자가 됐다. 다음 해 1913년 닐스 보어가 태양계 원자모형(고정된 전자궤도 모형)을 제시했다. 이때부터 닐스 보어도 동생 하랄만큼 자주 괴팅겐에 '불려오기' 시작했다.[27] 이 시대는 연구기금이나 연구지원비 같은 것이 없던 시절이었기 때문에 볼프스켈 기금은 아주 유용하게 쓰였다. 1910년 로렌츠 강의, 1912년 조머펠트 강의, 1914년 피터 디바이(Peter Joseph William Debye, 1884~1966, 1936년도 노벨 화학상)의 객원교수 초청뿐만 아니라 주기적인 닐스 보어의 강연도 모두 이 기금 덕분에 가능했다. 힐베르트에게 왜 페르마의 마지막 정리를 증명하지 않느냐고 묻자, "황금알을 낳는 거위를 내가 왜 죽이겠소?"라고 답했다. 모든 것이 잘 되어가는 시절이었다. 불과 몇 년간 엄청난 작업들이 진행되었다. 그렇게 몇 년 만 더 진행되었다면 괴팅겐은 정말로 과학 전체를 재편했을지도 모른다. 하지만 힐베르트의 프로젝트는 1914년 여름 큰 난관에 부딪혔다. 제1차 세계대전이 시작된 것이다. 8월 말까지 10개국이 전쟁에 말려들었다.

제1차 세계대전과 힐베르트

플랑크가 두고두고 후회했던 〈독일 지식인 93인 성명서〉에 괴팅겐의 학자들은 어떻게 반응했을까? 클라인은 극단적 애국주의자답게 앞장서서 성명서에 사인했다. 하지만 힐베르트는 성명서의 각 조항을 검토한 끝에 '그것이 사실인지 확인할 수 없기에' 서명을 거절했다. 1914

27 하랄은 '쾌활한 사람', 닐스는 '생각하는 사람'으로 불렸다. 형제의 아버지는 "하랄이 은이면 닐스는 금이다."라는 말을 남겼다. 맞는 말이긴 하지만 동생 하랄은 섭섭했을 듯하다.

년 10월 15일에 선언문 공표되었을 때 파울 에를리히, 에밀 피셔, 발터 네른스트, 뢴트겐, 플랑크, 빌헬름 빈 등이 포함되어 있었다. 누가 보아도 분명히 눈에 띌 주요 명사 이름 중 사인하지 않은 것은 아인슈타인과 힐베르트였다. 아인슈타인은 스위스 국적자라서 비난은 피해갔다. 하지만 힐베르트는 프로이센, 그것도 프로이센의 상징 쾨니히스베르크 출신의 독일인이었기에 반역자 취급하는 학생들이 꽤 있었다. 하지만 수학과에서는 모두가 이해해주었다. 이 시기 힐베르트의 아들 프란츠는 정신병 판정을 받았고 이후 병원 입원과 퇴원을 반복했다. 힐베르트는 주변 젊은이들이 차례차례 입대하며 학교가 비어가자 불만을 표시했다.

이 1차 대전 시기 힐베르트의 역량이 조금도 녹슬지 않았음을 보여주는 사건이 있었다. 1915년 11월 25일에 아인슈타인은 일반상대론을 베를린 과학원에 보냈다. 하지만 1915년 11월 20일 힐베르트는 5일 먼저 같은 방정식을 괴팅겐 왕립과학회에 제출했다. 여름의 볼프스켈 세미나에서 아인슈타인의 아이디어만을 들었을 뿐인데 53세의 힐베르트는 36세의 아인슈타인보다 더 빨리 최종 방정식에 도달했다. 친구 민코프스키에 이어 이번에는 힐베르트가 아인슈타인의 학술적 성과와 똑같은 결과를 동시에 얻어낸 것이다. 더구나 수학적으로는 더 간결한 방식이 이번에도 괴팅겐에서 나왔다. 하지만 힐베르트가 공식의 우선권을 주장하지는 않아서 논쟁이 발생하지는 않았다. 이 경우는 동시발견의 우선권 논쟁이 발생하지 않은 드문 사례에 속한다. 하지만 수학자들과 물리학자들은 그 이후로도 누가 일반상대론 방정식의 발견자인지 꽤 긴 논쟁을 벌였다.

결론적으로 전체 아이디어가 아인슈타인의 것이라는 점에는 이론의 여지가 없다. 하지만 일단 기본 아이디어가 제시되기만 하면 엄밀한 수학화 과정은 누구도 힐베르트를 따를 수 없음을 다시 보여준 사례였다. 뿐만 아니라 이 시기 힐베르트는 여성 수학자 에미 뇌터(Amalie Emmy Noether, 1882~1935)도 발굴했다. 괴팅겐이 여성에게 박사학위를 수여한 독일 최초의 대학이었고, 힐베르트의 범접 불가능한 권위가 있었음에도, 뇌터를 사강사로 만들기는 쉽지 않았다. "(전쟁에서) 목숨을 걸고 싸운 우리 학생들이 대학에 돌아왔을 때 그들이 여자에게 배우게 된 것을 알면 어떤 기분이 되겠는가?" 이런 식의 반대가 줄을 이었다. 여성에게 베니아 레겐디(교수자격)만큼은 절대로 줄 수 없다는 분위기에 막혀, 힐베르트는 결국 공식적으로는 자신이 강의하는 것으로 등록해두고 뇌터가 강의하는 편법을 썼다.

에미 뇌터
뇌터는 힐베르트가 발굴한 수많은 인재 중 한 명이다. 뇌터는 뇌터 환(Noetherian ring)을 발견하는 등 대수학을 일반화, 추상화한 공적이 크다. 추상대수학의 창시자로 여겨진다.

대전 기간 눈에 띄는 힐베르트의 활동은 여기까지였다. 전쟁 초기에는 여전한 활동을 이어갔지만 전쟁이 장기화하자 힐베르트도 환경적 한계에 부딪힐 수밖에 없었다. 이후 고난의 시기가 도래했다. 영국의 해상봉쇄로 식량이 귀해졌다. 1916년 겨울은 먹을 것이 없어 '순무의 겨울(Turnip Winter)'이라 불렀다. 1917년 미국이 전쟁에 참가하자 전황은 더 불리해졌다. 1918년 초 독일은 잠시 마지막 역전의 기회를 잡았다. 혁명 후 레닌이 집권한 러시아와 휴전으로 전력을 보강한 독일은 서부전선에서 대공세를 펼쳤다. 한동안 독일의 승리가 목전에 있는 것처럼 보였다. 하지만 독일은 영·프 연합군의 방어선을 돌파하지 못했고, 곧 미군 병력이 전선에 배치되자 전세는 다시 역전되었다. 1918년 7월, 한계에 도달한 독일군은 후퇴를 시작했고, 1918년 11월 9일 빌헬름 황제가 네덜란드로 망명하며 독일은 항복했다. 그렇게 1919년이 되자 상처 입거나 팔다리를 잃은 학생들이 학교로 돌아왔다. 그들이 참호 속에 있을 때 아인슈타인이 시간, 공간, 물질의 개념을 바꾸어놓았고, 수학자들에게 전혀 새로운 기하학을 창조해야 한다는 도전적인 과제를 던져놓았다. 헤르만 바일은 제대한 뒤 아인슈타인의 개념들에 대한 명강의를 시작했고, 『공간, 시간, 그리고 물질』이라는 베스트셀러를 썼다.[28] 복학생들은 지치고 부상당한 몸을 이끌고 이 바뀐 세상에 적응해가야 했다. 물론 힐베르트의 강의로 등록된 뇌터의 강의도 들어야 했다. 몇 년 새 세상은 기이해졌다.

급작스럽게 일어난 제1차 세계대전의 낙관적 분위기 속에서 괴팅겐 대학교 학생 4분의 3 정도가 전쟁에 참전했고, 이 중 726명의 학생들과 22명의 대학 직원들이 전사했다. 괴팅겐은 황폐화됐다. 도서실에는 몇 년간의 전쟁으로 최신 잡지가 없었다. 많은 출판업자들이 폐업했다. 건물들의 개 · 증축도 중단되었다. 이런 와중인 1919년, 클라인 70세, 힐베르트 57세가 됐다. 마르크화 가치는 추락했고, 식량은 귀했다. 이때 스위스의 베른 대학교가 힐베르트를 교수로 초청했던 일은 당시 상황을 상징적으로 대변해준다. 전쟁 전이라면 괴팅겐의 교수를 베른으로

---

28 바일의 이 유명한 책은 하이젠베르크의 이야기에서 다시 등장한다. 하이젠베르크는 자서전 『부분과 전체』에서 이 책을 읽었다고 하자 "자네도 물리학에 오염되어버렸구만!"이라는 말을 들었던 일화를 회고했다. 그리고 바일은 슈뢰딩거의 부인과 사귀기도 했다. 즉 바일의 인생은 뒤에서 살펴볼 양자역학의 핵심인물들인 하이젠베르크, 슈뢰딩거와도 꼬여 있다.

모셔온다는 상상 자체가 말도 안 되는 얘기였다. 물론 힐베르트는 이것을 교육당국과 협상에 이용했다. 자신이 계속 괴팅겐에 남는 대신 객원 교수들을 외국에서 초청할 수 있도록 교섭한 것이다. 1919년 11월 18일에는 후르비츠가 사망했다. 이제 쾨니히스베르크에서 수학 산책을 함께하던 3인방 중 힐베르트만 남았다. 1920년대의 괴팅겐은 이제 힐베르트가 홀로 지켜가야 했다.

한편 하버가 과학을 전쟁에 적극 응용시키고, 플랑크와 힐베르트가 힘든 개인사를 겪으며 간신히 베를린과 괴팅겐의 학문체계를 유지시키고 있는 사이 아인슈타인은 어떤 인생을 보내고 있었을까? 사실 아인슈타인과 1차 대전은 서로가 특별한 관계가 없었다. 그는 전쟁 시기 1차 대전과 전혀 상관이 없는 새로운 이론을 연구해 완성시켰다. 일반상대성이론으로 알려지게 될 이 기묘한 이론은 수천 명의 젊은이들이 전장에서 죽어가고 있던 1915년에 나왔다. 그것도 전쟁의 주도국가인 독일의 수도 베를린에서. 비극의 절정에서 이토록 형이상학적인 이론이 나왔다는 것 자체가 세상사에 대한 아인슈타인의 초연함 혹은 무관심이 어느 정도였는지를 알려준다.

6

방랑자 아인슈타인

아인슈타인의 상대성이론은 특수상대성이론과 일반상대성이론으로 나뉜다. 특수상대성이론은 1905년 기적의 해에 아인슈타인이 26세의 나이로 다른 세 가지 논문과 함께 만들어냈고 오늘날 대학의 물리학과에서 일반적으로 한 학기 동안 한 과목으로 배운다. 반면 일반상대성이론은 1915년에 완성된 방정식이 나왔고, 오랜 난관 끝에 아인슈타인의 나이 36세에 완성된 것이다. 난해하여 대학에서 가르치는 경우는 거의 없고 보통은 대학원 과정에서 개설되어 있을 때 배우게 된다. 일반상대성이론의 전반적 설명을 왜곡 없이 해내는 것은 이 책의 목표를 뛰어넘는 것이다. 이런 부분들을 알고 싶다면 추가적인 독립된 자료들을 살펴보아야 한다. 상대성이론을 대중적으로 쉽게 풀어쓰는 작업은 지난 100년간 계속해서 이루어져왔기에 다양한 책들이 난이도와 취향에 맞추어 많이 나와 있다. 여기서는 아인슈타인 업적의 과학사적 의미를 느껴보고 무엇보다 우리의 우주에 대한 인식을 아인슈타인이 어떻게 바꿔놓았는지를 '방정식 없이' 간단히 이해해보는 선을 목표로 할 것이다.

난해한 일반상대성이론의 장방정식은 1915년에 나왔다. 그리고 다음해부터 아인슈타인 스스로와 다른 재기발랄한 학자들에 의해 일반상대성이론에서 유추할 수 있는 인상적인 특수 해들이 출현하기 시작했다. 슈바르츠실트의 반지름—블랙홀의 개념—같은 것이 대표적이다. 특수상대성이론 이후 10년의 시간 동안 숙성시킨 이 기념비적 이론이 나올 때까지 아인슈타인의 인생은 그렇게 안정적이지는 못했다. 특수상대성이론 발표 이후에도 몇 년간 아인슈타인은 베른 특허국 직원으로 일했고, 이후 교수직을 얻어 취리히로, 프라하로, 다시 취리히로 이리저리 옮겨 다니는 사이 밀레바와의 관계는 계속해서 악화되었다. 마침내 1914년 베를린으로 떠날 때 아인슈타인은 별거를 선택했다. 최고의 대우를 받으며 베를린에 자리 잡았지만 독일제국은 곧 제1차 세계대전으로 말려들어갔다. 1915년 일반상대성이론이 나오던 때 아인슈타인은 전쟁 중인 국가의 수도에서 독신생활 중이었다. 아인슈타인은 모범적인 개인사를 가진 사람은 결코 아니다. 하지만 아인슈타인은 개인사와 거의 상관없이 자신의 연구를 일정한 페이스를 유지하며 진행시키는 사람이었다. 사실 그의 인생에 접근해보면 가장 놀라운 부분은 일단 연구에 몰입하면 자기 자신의 삶조차 강 건너 불구경하는 듯한 이 '무자비한 무관심'에 있다. 어쩌면 그래서 인류는—잔혹한

1910년대 아인슈타인
그는 일반상대성이론을 완성할 즈음 우리가 알고 있는 백발이 됐다. 아인슈타인은 언제 어디서나 어떤 상황에서도 연구가 가능했다. 그는 연구실이 어디 있느냐는 질문을 받으면 만년필을 들어 보이곤 했다.

사건으로 가득차고 무신론이 가장 큰 힘을 얻었던 20세기였음에도—이제 역사상 가장 신의 뜻에 근접했다고 말할 만한 지식을 손에 넣을 수 있었다.

특수상대성이론 이후의 생활

특수상대성이론 발표 후 아인슈타인은 '날카로운 반대와 혹독한 비판'이 줄을 이을 것이라 생각하며 준비를 하고 있었다. 하지만 자신의 생각과 다르게 특별한 반응을 보이지 않는 학계에 실망했다.—예상되는 반론에 얼마나 많은 '멋진 답'을 내심 준비하고 있었겠는가? 그나마 플랑크라는 유일한 팬클럽이 영향을 미친 덕분인지 2년여의 시간이 지나서야 여기저기서 도움의 손길들이 나타났다. 먼저 앞서 살펴본 대로 1908년 민코프스키는 상대성이론의 의미를 명쾌하게 수학적으로 정리했다. 아인슈타인을 '게으른 개'라고 부르던 옛 스승은 마지막 순간 제자에게 확고히 정리된 시공개념을 제공함으로써 일반상대론으로 나아갈 초석을 제공해주었다. 하지만 바로 그 해에도 아인슈타인은 베른 특허국에 출근하고 있었다. 교수가 되려고 강의경력을 쌓고 싶어 아인슈타인은 여러 번 강사직을 지원했지만 여의치 않았다. 1908년 여름에야 간신히 베른 대학 강사직을 얻었는데 아침 7시에 개설된 아인슈타인 강의에는 자신의 친구 세 명만 나타나 강의를 들었다.

다음 해 취리히 대학 물리학과 교수직에 마침 빈자리가 생겼지만 학교 후배였던 프리드리히 아들러(Friedrich Wolfgang Adler, 1879~1960)가 가장 유력한 후보였다. 하지만 아들러는 오스트리아 사회민주당을 창당한 아버지의 길을 따라 정치가의 길을 걷기로 마음먹은 사람이었고,

아인슈타인의 재능도 잘 알고 있는 소수에 속했다. 아들러는 교수임용 위원회에 편지를 보냈다. 아인슈타인을 교수로 뽑을 수 있는데도 자신을 교수로 임용하는 것은 터무니없다며, "물리학자로서 제 능력은 아인슈타인에 전혀 미치지 못한다는 것을 솔직하게 말씀 드립니다."라고 썼다. 아무리 아들러가 충분히 여유 있었고, 동기가 있었다지만 놀라운 편지다. 그래서 아인슈타인을 뽑기로 한 임용위원회는 보고서를 제출했는데 전혀 다른 측면에서 더 놀라운 표현들이 등장한다. "아인슈타인은 유대인인데……따지기 좋아하고, 무례하고, 장사꾼 같은, 온갖 불쾌한 성질을 가진 것이 유대인이라고들 합니다. 그러나 유대인 가운데는 그런 불쾌한 기질을 지니지 않은 사람도 있습니다. 그러니 그가 유대인이라는 이유로 자격을 박탈하는 것은 부당합니다……클라이너 교수가 설명한 아인슈타인 박사의 성격으로 미루어 우리는 안심해도 될 것입니다." 장황한 문장의 요지는 아인슈타인은 '예외적인' 유대인이니 교수로 뽑아도 좋겠다는 내용이다. 유럽 도처에 잠재해 있는 반유대주의의 뿌리를 짐작케 한다. 어찌되었건 그래서 아인슈타인은 1909년 취리히 대학 교수가 될 수 있었다. 1909년 7월, 7년을 다닌 베른 특허국을 사직했을 때 직장상사는 아인슈타인에게 앞으로 무얼 할 것이냐고 물어보았다. 교수가 되어 대학으로 간다는 대답에 그는 농담이라고 생각했다고 한다.

취리히로 이사 갔을 때 아파트 아랫집에는 바로 자신을 추천해준 아들러가 살았고, 둘은 깊은 우정을 쌓았다. 밀레바도 옛 학창시절의 추억이 쌓인 곳으로 돌아온 것을 즐거워했다. 하지만 부부의 상황은 10년 전과는 달라져 있었다. 아인슈타인은 강의와 행정적인 잡무에 둘러싸여 대학이 특허국보다 훨씬 바쁜 곳이라는 것을 몸소 느끼고 있었다.

그런 와중에 둘째아이를 임신한 밀레바는 아인슈타인이 이 시기 애나 슈미트라는 여성과 편지를 주고받는 것에 민감하게 대응했다. 집에 온 편지를 가로챘을 뿐만 아니라 애나 슈미트의 남편에게 '부인 간수를 잘 하라'는 식의 편지까지 보냈다. 아인슈타인은 밀레바의 일처리에 극도로 분노했다. 편지의 내용을 정확히 알 수 없으니 부부의 잘잘못은 따져보기 힘들다. 분명한 것은 이 사건은 아인슈타인과 밀레바가 결혼 후 처음 겪은 큰 갈등이었다. 밀레바의 당시 상실감들은 어느 정도 짐작이 된다. 천진난만하고 무신경한 수다쟁이 남편은 점점 유명해지고 있었고, 과묵하고 염세적이며 연상인 자신은 점점 나이가 들어가고 있었다. 이후 밀레바의 집착과 의부증은 계속 심해졌고 아인슈타인은 성격대로 반대방향으로 치우쳐갔다. 이런 아인슈타인 부부의 취리히 생활은 길지 못했다.

아인슈타인이 왜 임용된 지 얼마 되지 않아 프라하 대학으로 옮기려고 했는지 분명하지는 않다. 높은 급여와 정교수 자리를 원했을 수도 있다. 또 하나 추정되는 이유는 취리히 대학 교수들 사이에서도 아인슈타인의 학창 시절과 비슷한 일이 일어났던 것 같다는 것이다. 아인슈타인은 상급자들에게 적당한 기분 맞추기를 할 사람이 아니었다. "……아인슈타인은 교수들에게 인간적 지지를 받을 수 없을 겁니다. 당신이 더 이상 이 문제를 거론하지 않아도 그가 곧 사직서를 제출할 테니 기다려주기 바랍니다." 처음 아인슈타인을 임용하는 데 적극적이었던 클라이너 교수가 다른 교수에게 보낸 편지의 일부분이다. 무언가 사태가 악화되는 것을 막기 위해 말리는 글이지만 아인슈타인을 뽑는 데 열심이었던 교수가 1년도 안 되어 지지를 철회하고 있는 것도 분명하다.

프라하 대학 물리학 정교수 자리 지원자는 두 명이었다. 경쟁자인 구스타프 야우만보다 아인슈타인의 업적이 더 큰 것으로 인정받았다. 하지만 오스트리아 제국 정부당국자는 외국인인 아인슈타인보다는 오스트리아인인 야우만을 임용하는 쪽을 선택했다. 결국 자신이 어떻게 임용되었는지 알게 된 야우만은 '최고의 지원자를 채용하지 않은' 대학에 임용되는 것을 거부해서 아인슈타인이 임용되었다. 재미있게도 프라하 대학에서도 취리히 대학과 똑같은 일이 발생했다. 많은 이들이 아인슈타인의 앞길을 막지 않기 위해 '비켜'주었다. 그런데도 마지막에 작은 난관들이 있었다. 아인슈타인은 프라하 대학 지원신청서 종교란에 처음에는 '없음'이라고 적었다. 그렇게 적으면 자동으로 지원자격을 잃게 된다는 말에 할 수 없이 아인슈타인은 '유대교'라고 바꿔 적었다. 국립 프라하 대학 교수는 국가공무원 신분이었기에 1911년의 임용예식에서 아인슈타인은 형형색색이 들어간 예복에 삼각형 모자와 예식용 칼까지 차고 프란츠 요세프 황제에게 충성맹세를 해야 했다. 스스로가 우스꽝스럽게 느껴졌을 이런 행사들을 거치고 프라하에 적응하려고 노력했지만 오스트리아-헝가리 제국의 전근대성은 독일제국을 능가했다.

아인슈타인의 시각으로는 프라하는 스위스와는 다르게 오만하거나 굴종적인 은근한 계급의식을 가진, 위선적이고 정이 없어 보이는 시민들이 사는 도시였다. 그리고 지배자인 독일계, 대다수를 차지하는 체코계, 유럽 어디나 있는 소수지만 존재감 가진 유대계로 적나라하게 분열된 도시 프라하는 오스트리아-헝가리 제국의 현 상황을 상징적으로 보여주고 있었다. 정교수가 되고 주거와 급여는 눈에 띄게 좋아졌지만 도시위생은 취리히보다 훨씬 못했다. 아인슈타인은 지쳐갔다. 이런 스트레스에 더해 이제 상대성이론에 대한 국제적인 공격에도 대응해야 했다. 몇 년 전에 물리학계에서 이런 일이 발생했다면 아인슈타인은 즐겼을 것이다. 하지만 이제는 상대성이론이 상당히 알려져서 비판은 물리학계가 아니라 학계 바깥에서 다양한 수준으로 터져 나오고 있었다. 한 프라하 철학자는 "절대적으로 불합리한 이론을 일부 과학자들이 믿는다는 게 어처구니가 없어서 악몽을 꿀 정도다."라고 말했다. 프린스턴 대학 교수 한 명은 미국물리학회 회장에게 편지를 보내 "훈련받은 학자만이 아니라 일반인이 이해할 수 있는 명료한 용어로 우주를 설명하지 못한다면 그릇된 이론"이라며 비난했다.[29] 유명세의 결과이기도 했지만 물리학자가 더 이상 어떻게 손을 쓸 방법이 없는 비판들이었다.

그래도 둘째아들 에두아르트가 태어난 1910년부터 아인슈타인은 거의 매년 노벨상 후보로 추천되기 시작했다. 첫 추천은 9년 전 아인슈타인과 아인슈타인 아버지의 취업청탁편지를 무시했던 오스트발트가 했다. 프라하에서 지쳐갈 즈음인 1911년 가을에는 첫 솔베이 회의가 브뤼셀에서 열렸다. 로렌츠를 의장으로 아인슈타인, 마리 퀴리, 랑주뱅, 푸앵카레, 러더퍼드, 플랑크 등 세계적인 과학자 21명이 참석한 자체가 볼거리였다. 이제 학계에서만큼은 아인슈타인을 이 정도의 반열로 인정하고 있었다. 앞서 살펴본 대로 이 회의 중 마리 퀴리와 랑주뱅의 스캔들이 기사화됐다. 아인슈타인은 악의적이고 형편없는 헛소문이라고 생각했다. 하지만 아인슈타인이 그렇게 생각한 이유를 마리 퀴리가 들었다면 오히려 기분이 나빴을 것이다. "(마리 퀴리는) 번뜩이는 지성을 지녔고, 열정적이지만, 누군가를 아주 위험하게 할 정도로 매

29 명백히 틀린 말이다. 중등교육과정에서 배우는 미적분조차도 일반인이 이해할 수 있는 일상의 명료한 용어로 설명하기는 힘들다.

력적이진 않다." 자연의 외양이 아니라 숨겨진 법칙을 그토록 집요하게 탐구했던 사람이 여성에 대해서는 주로 겉모습을 따지곤 했다. 누구나처럼 아인슈타인도 다양한 정체성을 가지고 시대 분위기 속에서 살아간 인물이다. 어찌되었건 이 회의 간사였던 드브로이 공작은 푸앵카레와 아인슈타인이 그중에서도 군계일학이라는 인상을 받았다. 공작의 동생 루이 드브로이(Louis Victor Pierre Raymond de Broglie, 1892~1987, 1929년도 노벨 물리학상)도 역시 이때 아인슈타인의 이론들에 감동받았다. 후일 드브로이의 대표적 업적이 될 물질파 개념은 바로 이 아인슈타인이 제시한 빛의 파동-입자 이중성의 개념에서 도출되게 된다.

솔베이 회의가 끝나고 11월이 되었을 때 프라하 생활에 싫증난 아인슈타인을 또다시 친구 그로스만이 구해주었다. 그 사이 그로스만은 취리히 공대 물리학과 학과장이 되어 아인슈타인에게 교수로 와달라고 제의한 것이다.[30] 프라하를 떠날 때 아인슈타인은 최근에 막역한 친구가 된 파울 에렌페스트(Paul Ehrenfest, 1880~1933)가 자신의 후임이 되기를 원했다.[31] 하지만 에렌페스트는 프라하 대학 교수가 되지 못했다. 그는 종교란에 '무교'라고 쓴 것을 바꿀 생각이 없었기 때문이다. 타협하지 않는 정신은 에렌페스트가 아인슈타인보다 훨씬 더 강했다.

1912년 봄에 아인슈타인은 잠깐 베를린 여행을 다녀왔다. 베를린에 간 아인슈타인은 최근 이혼한 이종사촌 엘자를 만났고 돌아와 얼마간

---

30 아인슈타인이 처음 임용되었던 취리히 대학과 아인슈타인이 졸업한 취리히 공대(취리히 연방공과대학)는 다른 대학이다.

31 에렌페스트는 오스트리아 출신 유대인 물리학자로 마이트너처럼 볼츠만의 제자이고 통계역학, 양자역학 등의 연구에도 상당한 업적이 있지만 위대한 교육자로서 이름이 더 높다. 레이든 대학에 자리 잡은 뒤 앞으로의 이야기에 자주 등장하게 된다.

편지를 주고받았다. 밀레바는 의부증 속에 또 걱정을 시작했는데, 사실 밀레바의 직감은 정확했다. 아인슈타인에게는 불행이고 우리에게는 다행스럽게도 엘사는 그 당시 받은 편지를 모두 모아놓았다.[32] "나는 누군가 사랑할 사람이 필요해. 사랑할 이가 없으면 인생은 비참해. 그 누군가가 바로 너야. 난 네게 허락을 구하지 않을 거야. 나는 내 상상의 세계를 다스리는 절대군주니까." 이 오글거리는 편지를 33세에 쓴 아인슈타인은 불과 몇 주 후 발을 뺐다. "너한테 정말 미안해……우리가 서로에게 애정을 지니면 혼란과 불행만 초래할 거야." 프라하에서 마지막 편지에서 이것이 마지막 편지이니 더 이상 편지를 보내지 말라고까지 했다. 그런데 '난 우리 관계에 회의적'이라고 써놓고도 여름에 취리히로 가면 새 주소를 알려줄 테니 꼭 할 말이 있으면 그곳으로 연락하라고 써놓았다. 아인슈타인은 양자역학적 애매모호함을 연애편지에 적용하고 있었다.

그리고 1912년 6월, 불과 1년여의 프라하 생활을 정리하고 아인슈타인은 다시 취리히로 돌아왔다. 학창시절 자신이 굴욕을 당했던 학교에 정교수가 되어. 그리고 그로스만의 도움을 받아 새로운 이론을 완성하는데 필요한 수학을 만들어갔다. 이 부분은 뒤에 언급될 것이다. 평생의 벗이 된 에렌페스트도 기회가 되면 취리히로 왔는데 그때마다 그들은 물리학에 대해 다정히 이야기꽃을 피웠다. 어느 날의 에렌페스트 일기는 단 한 줄로 끝났다. "오늘은 아인슈타인을 만나지 못했다!" 취리히는 분명 프라하보다 만족스러운 도시였다. 하지만 아인슈타인은 돌아온 취리히에서도 오래 머물 수는 없었다.

---

32 막상 엘자는 자신이 아인슈타인에게 보낸 편지를 모두 없애달라고 부탁했다.

1913년 3월 14일, 아인슈타인의 34세 생일에 엘자의 생일축하 카드가 왔다. 엘자는 일반인을 위한 상대성이론 서적을 보내달라며 답장을 유도했다. 아인슈타인은 일반인을 위한 상대론 서적은 없다고 답장했다. 이로써 은밀한 관계가 다시 시작되었다. 그러면서도 부부동반으로 파리에 가서 프랑스 물리학회에서 강연했다. 랑주뱅에게 했던 약속을 지키기 위해서였다. 이때 마리 퀴리와도 훨씬 더 친해져서 두 가문은 여름휴가를 함께 보내기로 약속했다.—그 여름휴가 이야기는 '마담 퀴리' 편에서 소개했다.—취리히로 돌아왔더니 플랑크와 발터 네른스트가 찾아와 있었다. 아인슈타인을 베를린으로 데려가려고 플랑크의 표현을 빌리면 '아인슈타인이 절대 거부할 수 없는 조건'을 가지고 찾아왔다. 강의의무 없는 베를린 대학 교수, 최고 명예의 프로이센 과학 아카데미 회원, 보수 높고 행정의무 없는 연구소장직까지 겸직시켜주겠다는 파격적인 제안에 아인슈타인은 마음이 움직였다. 상대성이론을 이해하는 사람은 세계에 12명밖에 없다고 했던 랑주뱅의 과장 섞인 말을 인용하며 네른스트는 그중 8명은 베를린에 있다고 덧붙였다. 목표를 이뤘음을 확신하고 헤드헌터 둘은 베를린으로 돌아갔다.

가을에는 빈으로 가서 강연했고 돌아오는 길에 베를린에 들러 엘자와 그녀의 두 딸을 만나 며칠을 보냈다. 취리히로 돌아가는 길에 보낸 편지는 더 노골적이 되어 있었다. "지금 나한테는 누군가가 있어. 그 사람을 생각할 때마다 나는 고요한 기쁨을 느껴. 난 그 사람을 위해 살 거야." 밀레바와 함께 사는 것은 공동묘지에 사는 것 같고, 둘 사이에는 얼음장 같은 침묵이 감돌며, 침실을 따로 쓰고 있다는 자세한 설명까지 있다. 그해 말 아인슈타인은 베를린으로 가겠다고 통보했다. "아내는 끊임없이 베를린에 대해 과민반응을 하며 우리 친척들을 두려워해……그럴 만한 사정이 있긴 하지. 내 어머니는 성격이 좋은 편이지만, 시어머니로서는 악마나 다름없거든." 편지에 나타난 것처럼 밀레바는 독일을 혐오했고, 결혼 후 10년 이상 지났지만 아인슈타인의 모친은 여전히 밀레바를 받아들이지 않은 것 같다. 엘자에게 보낸 편지 내용대로 밀레바는 1914년 베를린에 왔다가 몇 달 만에 아이들과 바로 스위스로 떠나버렸다. 밀레바가 떠날 때 아인슈타인은 여러 회한이 지나갔는지 눈물을 흘렸다. 허울뿐이던 결혼생활을 하던 두 사람은 이제 자연스러운 별거에 들어갔고 그것이 부부로서 함께한 마지막이었다. 1914년 베를린은 이제 아인슈타인이 독신생활을 누리며 가끔 찾아갈 엘자가 있었고, 최고의 사회적 지위를 누릴 수 있는 이상적인 연구여건을 제공하는 공간이 되었다.

1915년, 베를린

아인슈타인의 가족은 독일에 1914년 4월에 왔다가 7월에 떠났는데 우연찮게도 8월에 전쟁이 터져버렸다. 부부간엔 소원했지만 그래도 아들은 만나보러 자주 스위스에 가려고 생각하고 있었으나 여의치 않게 되었다. 전시라 중립국 스위스로의 여행은 훨씬 힘들어졌다. 자연스럽게 부부의 관계는 더 멀어졌다. "우리가 얼마나 사악한 짐승들인지 여실히 보여준다." 애국주의의 물결이 흘러넘치고 있는 독일의 상황을 아인슈타인은 에렌페스트에게 보낸 편지에 이렇게 설명했다. 그해 가을 아인슈타인을 기쁘게 했던 일은 절친인 라우에가 노벨상을 수상하게 된 것 정도였다. 물론 이번에도 아인슈타인은 노벨상 후보에 올랐지만 노벨상 심사위원들은 특수상대성이론을 '실험으로 입증되지 않았

$$8\pi T_{\mu\nu} = R_{\mu\nu} - \frac{1}{2}Rg_{\mu\nu} + \lambda g_{\mu\nu} \qquad G_{\mu\nu} = \frac{8\pi G}{c^4}T_{\mu\nu}$$

일반상대성이론 중력장 방정식

"가슴이 고동치며 내면에서 뭔가 우지끈하는 느낌을 받았다. 뒤쫓던 답을 붙잡은 것이다. 마치 긴 어둠 속에서 빛으로 빠져 나온 것만 같았다." 텐서 형식을 사용해 내용과 형식 면에서 완벽한 자연스러움으로 압축된 이 방정식을 보고 많은 물리학자들은 기적적인 아름다움을 느낀다. 이 마법의 방정식은 물리학 전반을 뒤바꿔버렸다. 현대과학에서 일상화된 우주팽창, 블랙홀, 빅뱅, 암흑물질 같은 표현들은 일반상대성이론 전에는 상상조차 불가능한 것들이었다. 이 위대한 방정식은 대중적으로 유명해지지는 못했다. 이유는 간단하다. 엠씨스퀘어처럼 직관적으로 이해되지는 않기 때문이다. 특수상대성이론에서도 갑론을박했던 세상은 이제 어떤 반응을 보일까?

다'거나 '과대평가 받고 있는 이론'이라는 이유들로 배제시켰다. 사실 제일 중요한 이유는 그들로서는 '잘 이해되지 않는 이론'이었기 때문일 것이다.

1915년 여름, 아인슈타인은 엘자와 그녀의 두 딸과 함께 북해의 섬으로 휴가를 갔고, 여행 후에는 취리히로 아들들을 찾아가 만나고 장남과 하이킹을 하며 보냈다. 그리고 베를린으로 돌아온 지 얼마 되지 않아 그는 8년을 고민해온 연구의 어떤 돌파구를 찾은 것이 분명했다. 가을 내내 강연도, 편지도, 엘자와의 만남도 중단하고 오직 연구에만 매달렸다. 5주 이상을 끼니를 거르고 철야를 하며 연구에 매달려 건강을 많이 해쳤다. 심지어 식사시간을 아끼기 위해 재료를 한 냄비에 쏟아부어 요리를 하곤 했다. 불시에 방문했던 엘자의 딸 마고는 아인슈타인이 스프를 끓이며 그 속에 씻지도 않은 달걀을 함께 넣어 삶고 있는 것을 보았다. 결국 그는 속탈이 나서 심하게 앓았다. 그리고 11월 말, 마침내 아인슈타인은 답을 찾았다. 11월 25일, 텐서를 사용한 10개로 정리된 새로운 중력장 방정식이 발표되었다. 일반상대성이론이 모습을 드러낸 것이다……10년에 걸친 아인슈타인의 사생활을 굳이 자세히 서술한 이유를 여기서 고백하고 싶다. 참으로 놀랍고 놀라우며 놀랍고도 놀라운 것은 생업과 학술논생을 진행하고, 도시들을 옮겨 다니고, 바람을 피우고(?), 전시생활을 겪는 이 파란만장한 일상의 삶에도 불구하고 아인슈타인은 작업을 멈추지 않았다는 것이다. 마치 두 명의 아인슈타인이 있는 듯이. 어떤 전기 작가도 그 과정을 추적할 수 없는, 이 철저한 혼자만의 고독한 작업이 끝났을 때, "자연에 대한 인간 사고의 최대위업"이라 칭송된 일반상대성이론이 완성되었다.

7

일반상대성이론

일반상대성이론은 전혀 다른 철학에 기반해서 뉴턴역학을 완전히 대체하겠다는 거대한 계획의 결과물이다. 특수상대성이론을 발표하며 아인슈타인은 이미 맥스웰 방정식과 충돌하는 뉴턴역학에 문제가 있음을 보였다. 하지만 그것이 뉴턴역학을 즉각 해체시킬 수는 없었다. 뉴턴의 설명은 우리의 상식과 일치했고 대체할 다른 방법이 없었기 때문이다. 뉴턴역학에서 공간은 절대적이고 고정되어 있는 신이 주신 기본 틀이었다. 그리고 사실 사람들은 깊이 생각해보지는 않았을지라도 뉴턴과 같은 암묵적 가정하에 인생을 살아간다. 또, 시간은 경로를 '매개하기만' 한다. 공간 축과 입자들의 운동과는 독립되어 절대로 시간 자체는 영향 받지 않는다. 이 또한 대중의 상식에 잘 부합한다. 이 암묵적 가정들은 '아무런 증명 없이' 진실로 잘 받아들여졌다. 일종의 '공리'였던 것이다. 시간과 공간에 관한 뉴턴의 생각들이 옳다면, (1) 한계속도는 없을 것이다. 어린 날 필자의 생각처럼, 〈스타워즈〉 속 장면들처럼 우주선들은 광속의 10배, 100배로 움직이며 아름다운 은하수의 장관 속을 여행할 수 있을 것이다. (2) 또 빛의 속도가 일정할 수도 없을 것이다. 관찰자의 상황에 따라 광속은 계속 바뀔 것이다. 이런 가정들은 이미 특수상대성이론으로 치명타를 당했다. 하지만 그럼에도 뉴턴역학은 여전한 정확도를 과시하며 수많은 현상들을 만족스럽게 설명하고 있었다. 아인슈타인이 뉴턴역학을 완전히 무너뜨리려면 뉴턴역학이 설명하는 모든 현상을 설명할 수 있어야 했다. 나아가 뉴턴역학에서 설명할 수 없는 무엇인가도 설명할 수 있어야 했다. 그때 비로소 뉴턴역학의 시대는 끝날 수 있었다. 그것은 특수상대성이론의 가정처럼 늘어나고 줄어드는 시공간뿐만 아니라, 등가원리라는 아이디어에서 시작해서 이리저리 굽이치며 휘어지는 비유클리드적 시공간을 떠올리고 계산할 수 있을 때에, 비로소 이 원대한 계획은 완성될 수 있었다.

만유인력의 우주와 중력장의 우주

만약 어느 날 갑자기 태양이 순간적으로 사라진다면 태양계의 행성들에게는 어떤 일이 벌어지게 될까? 있을 수 없는 초자연적 사건이지만 일단 그런 사건이 발생했다고 치고 다음에 발생할 상황들을 과학에 기반해 상상해보자. 뉴턴의 만유인력에 기초해 전개된 상상은 다음과 같다. 태양계의 행성들은 태양의 질량 때문에 만들어진 인력에 매순간 이끌리며 태양 주위를 돌고 있다. 그런데 태양이 갑자기 사라졌다면 그 순간 행성들을 궤도에 잡아두던 만유인력도 사라진다. 따라서 모든 행성들은 '동시에' 모두 자신의 궤도와 접선방향으로 내팽개쳐지게 될 것이다. 태양계는 순간적으로 붕괴된다. 그렇다면 아인슈타인의 일반상대성이론으로 같은 상황을 상상해본다면 어떤 상황이 벌어지게 될까? 태양의 질량으로 인해 태양 주변의 공간은 휘어져 있다. 표현을 바꾸면 태양이 만들어낸 중력장이 태양 주변에 펼쳐져 있다. 태양계의 행성들 스스로는 공간상 최단경로인 직선운동을 하며 움직이고 있다. 하지만 공간좌표계 자체가 휘어져 있으므로 휘어진 공간을 따라 행성들은 태양 주변을 돌게 된다. 그런데 태양이 갑자기 사라진다면 태양 주변의 휘어진 공간이 펴지기 시작할 것이다. 다시 말해 태양의 중력장이 사라지기 시작한다. 휘어진 공간이 펴지는 (중력장이 사라지는) 속도는 유한하다. 바로 광속이다.

특수상대성이론에서 이미 밝힌 바 그 무엇도, 어떤 정보의 전달도 광속보다 빠를 수는 없다. 태양이 사라지고 얼마 뒤, 빛나던 태양빛이 사라졌음을 수성의 관찰자가 느끼는 순간, 중력장에 의해 휘어졌던 시공은 수성의 위치까지 펴지게 되고 이제 수성은 먼 우주로 날아가기 시작한다. 하지만 아직 나머지 행성들은 여전히 사라진 태양을 돌고(?) 있다. 좀 더 시간이 지나 금성의 궤도까지 중력장에 의한 공간왜곡이 사라지게 되면 금성이 태양계 바깥으로 날아가기 시작할 것이다. 그리고 태양빛이 지구까지 오는 데 걸리는 시간인 8분 15초 정도가 지나야 비로소 지구는 자기 궤도의 접선방향으로 날아가기 시작한다. 이런 식으로 각 행성은 태양에서 떨어져 있는 만큼 일정한 시간의 경과 뒤에야 태양이 사라졌음을 인지(?)하고 우주로 내팽개쳐지기 시작할 것이다.

이 이야기에서 두 가지를 명확히 인식할 필요가 있다. 먼저 두 이론의 기본가정, 설명법, 추정되는 결과가 명확히 다르다는 것이다. 1915년에 나온 일반상대성이론은 1687년에 나온 만유인력이론과 전혀 다른 우주의 동작구조를 상상해야만 한다. 일반상대성이론에서 만유인

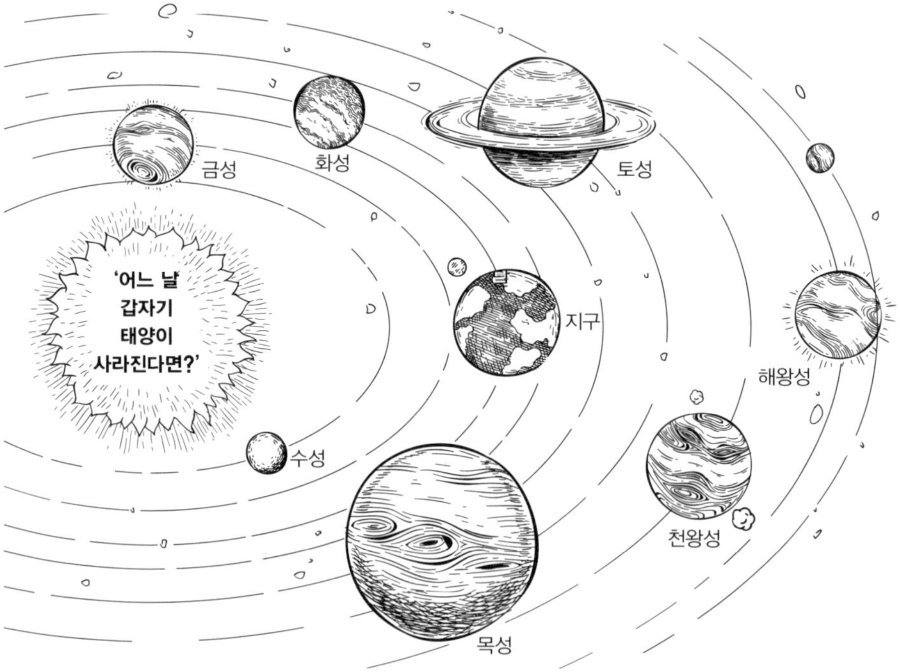

'어느 날 갑자기 태양이 사라진다면?'

태양계의 행성들은 자신이 돌던 태양이 사라졌으니 모든 행성은 자기 궤도의 접선방향으로 날아가게 될 것이다. 만유인력의 개념으로 상상해 보면 태양이 사라지자마자 태양계의 모든 행성들은 우주로 내팽개쳐지면서 태양계는 즉시적으로 붕괴된다. 하지만 일반상대성이론은 다른 결과를 도출한다. 태양이 사라지면 태양 주변에 펼쳐져 있던 중력장이 사라지기 시작할 것이다. 이 속도는 광속이다. 따라서 지구는 태양이 사라지고 휘어진 공간이 지구궤도까지 펴졌을 때 비로소 궤도의 접선방향으로 직선운동하며 날아가게 될 것이다. 수성, 금성, 지구, 화성, 목성, 토성 등의 순으로 태양에서 가까운 순서대로 시간의 격차를 두고 태양계의 행성들은 차례차례 우주공간으로 날아가게 될 것이다. 각 행성이 접선방향으로 날아가는 시점은 각 행성에서 태양이 보이지 않게 된 바로 그 시점부터다.

력은 환상에 불과한 힘이다. 태양은 결코 태양계의 행성들을 잡아당기지 않는다. 단지 자신의 '존재감(질량)'의 정도만큼 주변의 공간을 휘어놓기 때문에 휘어진 공간을 따라 각 행성은 직선경로가 아닌 휘어진 경로로 운동하게 되는 것뿐이다. 여기에는 또 하나 참으로 기이한 느낌이 드는 결론이 숨어 있다. 일반상대성이론을 따른 상상에서 지구는 언제부터 우주로 내팽개쳐지는가? 우리가 태양이 사라졌음을 관찰하게 되는 순간부터다! 우리 하늘에 태양이 빛나고 있는 동안은 지구는 여전히 태양의 존재를 느끼며(?) 태양을 돈다. 즉 우리가 태양이 사라졌음을 인지한 그때부터 우리에게 태양은 비로소 없는 것이다. 그렇게 존재하니 그렇게 인식되는 것일까? 그렇게 인식되니 그렇게 존재하는 것일까? 상대성이론은 그 설명을 듣고 어렴풋이 이해한 모든 이들을 철학자로 만드는 이론이다.—물론 후일 양자역학은 더 황당한 수준까지 관찰자의 개입을 강조하게 되지만—관찰자의 맥락을 이토록 소름끼치게 생각해보게 하는 이론도 드물 것이다. 신, 궁극원리, 존재의 근본 등 그것을 무엇이라 부르건 간에 꼬리에 꼬리를 무는 의문의 향연을 일으키고 물리학에 대한 경외감, 때에 따라 기묘한 행복감까지 선사하는 것이 바로 일반상대성이론이다.

4차원 공간

일반상대성이론을 가볍게 이해해보기 위해 먼저 알아야 할 것은 '4차원'과 '공간이 휘어졌다'는 말의 정확한 의미다. 우리가 흔히 '4차원적이다'라는 표현을 쓸 때, 그 뜻은 '너무 난해해서 거의 이해할 수 없는 것'이라는 의미다. 이 관용적 표현법의 기원이 아인슈타인의 상대성이론이다. 상대성이론은 그만큼 난해했고 시간과 공간에 대한 우리의 사고법을 돌이킬 수 없이 바꿔버렸다. 세 개의 축으로 표현되는 3차원의 좌표계는 우리에게 익숙하다. 친구에게 내가 있는 곳의 위치를 알려줘야 할 때 위도(가로), 경도(세로), 해발고도(높이)만 알려주면 된다. 그렇다면 4차원은? 이 세 개의 축에 직교되는 또 하나의 축을 상상해야 한다. 그 축은 상대성이론에서 시간 축이다. 상대론의 4차원 방정식이란 세 개의 축으로 표현되는 공간에 시간 축을 의미하는 또 하나의 좌표축을 동등하게 도입하여 계산하는 것뿐이다. 어쩌면 4차원적 표현법은 우리에게도 익숙하다. 우리는 친구와 약속할 때 '공간상 위치'와 함께 만날 '시간'도 함께 정한다. 그러니 우리가 익숙하지 않은 것은 사실 4차원 자체가 아니라 그 '수학적 표현법'일 뿐이다.

차원에 대한 기본적인 생각들을 정리해보자. 점은 0차원, 선은 1차원, 면은 2차원, 입체는 3차원이다. 형태는 2차원부터 가질 수 있고, 3차원에서는 도넛이나 매듭 같은 2차원 상에서는 존재할 수 없는 전혀 다른 형태가 가능해진다. 그렇다면 우리는 4차원 공간을 정의하고 상상해볼 수 있을까? 1884년 출간된 에드윈 A. 애벗(Edwin A. Abbott, 1838~1926)의 소설 『평면세계(Flatland)』는 2차원 세계에 살고 있는 주인공 '정사각형(square)'이 다른 차원의 존재와 만나는 이야기다. 2차원 세계는 '넓이'만 있고, 당연히 '높이'가 없다. 평면세계의 사람들은 원이나 사각형, 삼각형 등의 모양으로 구별된다. 하지만 그들은 당연히 상대방의 전체 모양을 '동시'에 볼 수는 없다. 상대방은 점이나 선으로만 인식된다. 상대방의 다른 변을 보려면 상대의 옆으로 돌아가야 한다. 물론 그 부분도 선이나 점이겠지만. 그런데 주인공 정사각형은 어느 날 3차원 세계에서 온 방문객 '공'과 만난다. 공은 정사각형에게 높이에 대해 설명하려 한다. 그러나 정사각형은 어떤 설명을 들어도 그 개념을 이해할 수 없다. 결국 공은 정사각형을 평면세계에서 떼어내 3차원 세계를 보여준다. 정사각형은 자신이 처한 상황을 이해할 수 없었고, "머리가 이상해졌나? 지옥에 온 건가?"라며 고통스런 비명을 질렀다. "이것이 3차원이다. 눈을 뜨고 확실히 바라보라."며 공이 이야기한다.

3차원의 세계를 '체험'한 정사각형은 평면세계에 돌아와 자신의 경험을 전하려 하지만 그는 광인 취급 받으며 죄수가 되고 만다. 평면세계에는 정사각형의 경험을 전할 언어적 표현조차 없었다. 오직 평면세계의 통찰력 있는 수학자만이 그것이 있을 수도 있는 일임을 수학적으로 간파할 수 있을 뿐이다. 수학적 차원에 대한 적절한 풍자적 설명인 이 소설은 우리가 4차원을 마주했을 때 어떤 한계에 부딪힐 것인지 잘 보여준다. 3차원의 존재로서 스스로의 한계로 인해 우리는 가로, 세로, 높이라는 세 축 이외에 이와 직교되는 또 다른 축을 결코 감각적으로 상상할 수 없다. 따라서 우리의 언어로서 설명할 수도 없다. 하지만 수학이라는 도구로 최소한 계산할 수는 있다. 수학자나 물리학자들은 고차원을 시각적으로 상상할 수 있는 사람들이 아니다. 단지 계산할 수 있을 뿐이며 그 계산으로부터 미래적 결과를 예측할 수 있는 사람들인 것이다. 아인슈타인은 이 소설적 상상을 실제의 세계에 적용하여 성공적 설명을 이끌어낸 물리학자다.

"입체는 완전하며, 3차원을 넘는 공간은 존재하지 않는다." 기원전 4세기에 아리스토텔레스는 이런 말을 남겼다. 차원의 기본 개념은 이미 고대 그리스 시절 완성되어 있었다. 수학적으로 이 아리스토텔레스의 말에 의문이 제기된 것은 19세기였고, 물리학적으로 3차원 이상의 공간을 설명하기 시작한 것은 20세기에 이르러서였다. 그리고 17세기에 데카르트는 '좌표'의 개념을 확립했다. 데카르트 좌표계의 도입으로 기하학은 대수적 계산의 대상이 될 수 있었다. 이제 공간상 위치는 세 개의 좌표로 표현가능해졌다. 데카르트 이후 차원은 '한 점의 위치를 결정하기 위해 필요한 수치의 개수'로 정의할 수 있게 되었다. 4차원은 네 개의 수치로 좌표가 구성되면 된다는 직관적 생각은 데카르트의 작업의 결과다. 아인슈타인은 상대성이론에서 3차원에 직교되는 또 하나의 축, 즉 시간 축을 도입했다.—이 좌표계에서는 30만 킬로미터와 1초가 같은 '거리'에 해당한다. 이런 생각에 도달하기까지 많은 수학자들의 업적이 축적되어야 했다. 특수상대성이론에서 아인슈타인의 결론과 이를 명쾌한 수학으로 정리해낸 민코프스키의 작업들로 이제 물리학에서 4차원 시공간의 개념은 일반화하기 시작했다. 하지만 그 시공의 '휘어짐'이 물리학에 도입되려면 일반상대성이론을 기다려야 했다. 그러면 휘어진 공간이라는 것은 무슨 의미일까? 처음 상대론에 대한 설명을 들으면 가장 이해하기 힘든 난관 중 하나다. 그도 그럴 것이 이 휘어짐은 우리가 흔히 쓰는 '휘어진 스푼'나 '구겨진 종이' 등의 의미와는 조금 다르기 때문이다. 상대론의 핵심인 휘어진 시공간의 아이디어는 사실 역사가 깊고 조금 긴 설명이 필요하며 그중에서도 100여 년간 괴팅겐에서 진행된 작업들에 대한 이해가 특히 중요하다.

유클리드 기하학

이 문제의 기원은 먼저 고대 그리스의 유클리드(Euclid)까지 거슬러 올라간다.[33] 유클리드의 『기하학 원론』은 한마디로 인류의 수학하는 방법론의 선언서였다. 『기하학 원론』의 내용은 땅의 넓이나 세금의 액

수 같은 '단위'들은 철저히 배제된, 수를 오로지 수로서만 다룬 추상화의 전범이었다. 오직 수에 대한 이해 그 자체만을 목표로 한 시도였다. 다른 문명권들에서 거의 발견되지 않는 대단히 그리스적이고 피타고라스적인 시도인 것은 분명했고, 그 시도들 중에서도 독보적이었다.[34] 이 책에서 유클리드는 인류가 수학하는 방법—나아가서는 논리를 전개하는—의 표준을 만들어냈다. 먼저 명시적 정의를 내리고, 공리(전제)를 밝힌다. 그리고 앞서 진술되지 않은 가정을 사용하지 않도록 면밀히 주의하며 다양한 증명들을 서술한다. 여기서 공리는 증명된 것들이 아니라 그냥 전제된 것이라는 점이 중요하다. 이 공리들이 참일 경우만 뒤의 수많은 증명들은 유효하다. 정의와 공리를 거쳐 증명으로 나아가는 이 방법은 뉴턴도 그대로 사용했고, 오늘날 최고도의 과학들도 거의 동일한 형태로 설명이 진행된다. 유클리드는 『기하학 원론』에서 점, 선, 직선, 원, 직각, 표면, 평면 등이 무엇인지 23개 정의를 서술한 뒤, 다섯 개의 공리와 부가공리(일반적 관념) 다섯 개를 제시하고, 이에 기초해서 465개의 정리를 증명해 나간다. 공리들을 전제할 때 400개가 넘는 증명들은 완벽하다. 수학이 왜 완벽한 학문으로 불리는지에 대한 표본이라 할 수 있다. 하지만 이 위대한 책에서 논쟁이 될 만한 부분이 있다. 바로 그 공리가 정말 증명이 필요 없는 참인가의 문제다. 특히 핵

---

33 유클리드 기하학으로 유명한 유클리드는 그 유명세에 비해 개인적 정보는 전하는 것이 거의 없다. 그리스인인지 이집트인인지도 사실 불분명하다. 알렉산더 대왕의 친구이자 부하장군 중 하나였던 프톨레마이오스 1세가 이집트를 통치하던 시기 알렉산드리아에서 기원전 3세기경에 활동했다는 것 정도가 알려진 전부다.

34 물론 절대 유일한 것은 아니다. 예를 들어 인도의 승려들은 수에 대한 지극히 철학적이고 종교적 사유를 수행했고 그 결과물들은 현대수학에도 일부 녹아들어 있다. 0에 대한 개념이 대표적이다.

심 논쟁은 다섯 번째 공리와 관련된 것이다.[35] 이른바 '평행선 공리'라 부르는 이 공리는 "평행선은 한 평면에 있으면서 양쪽 방향으로 무제한 연장되며 어느 방향에서도 서로 만나지 않는 직선이다." 정도로 정리된다.—유클리드의 원래 표현은 직관적이지 않아서 어렵기에 의역된 정의를 사용했다. 2000년 이상의 기간 동안 인류는 이 내용은 증명이 필요하지 않은 공리로 받아들였다. 하지만 19세기 이후 뛰어난 수학자들이 유클리드의 다섯 번째 공리에 대한 의심을 진행시켰다. 그리고 그 결과 20세기에는 전혀 새로운 수학과 물리학이 탄생할 수 있었다. 이 흐름은 가우스로부터 시작되었다.

가우스의 비유클리드 공간

카를 프리드리히 가우스(Johann Carl Friedrich Gauss, 1777~1855)는 1777년 독일 중부 지역의 브라운슈바이크의 빈민가에서 태어났다. 아버지는 공사장 잡일 등으로 생계를 유지했고, 어머니는 하녀 출신의 문맹자였다. 제대로 된 교육을 받지 못했음에도 가우스는 독학으로 글을 깨우쳤다. 수학적 재능은 어려서부터 출중해서 세 살 때부터 남들의 계산이 틀린 것을 알아봤다고 전한다. 하지만 아버지는 아들의 천재성을 알아볼 수준이 아니었다. 실 뽑는 공장에 보내 노동을 시키고 급료계산

35 공리 다섯 개 중 네 개의 공리는 우리가 들어도 충분히 당연해 보인다. 그리고 대부분의 사람들에겐 다섯 번째 공리도 그렇다. 앞선 네 가지 공리는 다음과 같다. 1. 임의의 두 점이 있으면, 그 두 점을 끝점으로 하는 한 개의 선분을 그을 수 있다. 2. 임의의 선분은 어느 방향으로나 무제한으로 연장될 수 있다. 3. 임의의 점에 대해서, 그 점을 중심으로 해서 임의의 반지름으로 원을 그릴 수 있다. 4. 모든 직각은 같다.

따위를 맡겼다. 암울한 어린 시절이었지만 다행히 어머니와 외삼촌이 아버지에게 계속 요구해서 간신히 교육을 받을 수 있게 되었다. 그러다 지역 문법학교(grammar school) 선생이 가우스의 천재성을 알아보게 된다. 그래서 아주 어려운 수학 교과서를 사주었으나 9세의 가우스는 책의 내용을 쉽게 이해했다. 그리고 불과 12세에는 『기하학 원론』에 대한 비판을 시작했다.

가우스
"수학은 과학의 여왕이고, 정수론은 수학의 여왕이다." "나는 말하는 것보다 계산하는 것을 더 먼저 배웠다." 가우스는 많은 명언을 남겼다. 완벽주의적인 성격 때문에 자신의 많은 연구들을 발표하지 않았다. 그의 모토는 '드물지만 성숙하게'('Pauca sed matura'(라틴어))였다. "만일 가우스가 그의 모든 발견들을 적시에 출판했더라면, 인류의 수학사는 50년은 당겨졌을 것이다." 가우스에 대한 수학사가들의 불만 자체가 가우스를 증명한다.

그는 거의 아무런 고민 없이 결정된 인생을 걸어간 것 같다. 아마도 '수학자는 만들어지는 것이 아니라 태어난다.'는 푸앵카레의 격언에 가장 알 맞는 사례가 가우스일 것이다. 그리고 다행히 브라운슈바이크 공작 페르디난트가 가우스의 역량을 알고 후원자가 되었다. 덕택에 무난하게 15세에 김나지움에 입학하고 1795년 18세에 괴팅겐 대학에 입학해 유명 수학자의 길을 걸어가게 된다. 세계 최고의 천재 수학자를 후원해준 브라운슈바이크 공작은 1806년 나폴레옹 군과 싸우다 부상을 입고 사망했다. 이때 나폴레옹은 '가우스가 살고 있어서' 괴팅겐을 파괴하지 않았다는 그럴 듯해 보이는 일화가 있다. 요한나라는 여성과 사랑에 빠진 가우스는 1805년에 결혼했고, 다음 해 아들 요세프, 1808년 딸 미나를 낳았다. 여기까지가 그의 인생에 행복했던 잠깐의 시간이었던 듯하다. 1809년 세 번째 아이 루이스를 낳았으나 난산으로 엄마와 아이가 모두 사망했다. 딸 미나도 어릴 때 죽었고 요세프만 살아남았다. 이후 재혼해서 세 명의 아이를 더 가졌지만 삶은 더 이상 즐겁지 않았던 것이 분명하다. 1855년 2월 23일에 가우스는 괴팅겐에서 사망했다. 수십 년을 계속했던 대학 강의는 '힘들고 보람 없다.'고 썼고, 살아생전 많은 명예를 얻었음에도 '슬픔은 기쁨보다 100배는 더 강하다.'라는 기록을 남겨놓았다. 1927년이 되어 노년의 손자가 발견한 할아버지의 메모에는 이런 글이 남아 었다. "외로움 속에서 나는 나를 둘러싼 이곳의 행복한 사람들 주위를 서성인다. 잠깐 동안 그들 덕에 내 슬픔을 잊게 되지만, 슬픔은 곧 두 배가 되어 돌아온다……맑은 하늘조차도 나를 더욱 슬프게 한다……" 이 언제나 우울했던 염세주의자를 수학의 역사는 아르키메데스와 뉴턴과 함께 인류역사상 가장 위대한 수학자 3인으로 평가한다.

나폴레옹이 몰락하던 때인 1813~1816년 즈음 가우스는 비유클리드 기하학에서 결정적 진보를 이룩했다. 그리고 1824년경 이론 전체를 완성했다. 유클리드의 다섯 번째 공리를 정면으로 부정하는 이론체계가 등장한 것이다. 하지만 가우스는 죽을 때까지 이를 발표하지 않았다. 아마도 성가신 상황이 발생할 수 있을 것으로 본 듯하다. 그가 이론을 완성했을 때는 아직 '과학'이라는 단어는 존재하지 않았고 '자연철학'이라 불리던 시기였으며, 수학자들은 17세기보다는 좋아졌지만 여전히 철학자만큼의 위상을 가지지 못했다. '유클리드가 실수했다.'는 생각은 철학자들 사이에서 받아들여지기 힘들었다. '아리스토텔레스가 실수했다.'라는 주장이 받아들여지기까지 2000년 가까운 시간이 필요했으니 어쩌면 당연한 것일 수 있었다. 특히 1804년 사망한 칸트의 추종자들은 독일 전역에 엄청난 권위를 가지고 있었고 사실상 독일 학계 전체라고 봐도 좋았다.

1781년 칸트는 『순수이성비판』에서 기하학을 분명하게 폄하했다. "기하학이 엄밀하게 논리적이라는 생각을 버리고, 우리의 직관을 수용하라."고 조언했다. 『순수이성비판』은 위대한 책이었지만, 수학자들의 입장에서는 재앙적인 책이었다. 수학에 앞서는 것이 직관이라니! 거기다 칸트는 유클리드 공간은 '사유의 불가피한 필연'이라고 했다. 독일에서 가우스가 감히 칸트 사상을 거부하는 것은 불가능했다. 그런데 그가 만든 것이 비유클리드적 공간에 대한 것이니 그것을 만든 자체가 불경한 행동이다.[36] 그래서 가우스가 죽고서야 엄청난 그의 업적이 세상에 나왔다. 코페르니쿠스는 죽기 전에 친절하게 지동설에 대한 책이라도 썼지만, 가우스는 서랍 속에 곱게 숨겨뒀었고 지지자들에 의해 간신히 빛을 볼 수 있었다. 비유클리드 기하학 혁명은 가우스가 죽으면서 시작된 것이다. 가우스도 다빈치, 갈릴레오, 뉴턴처럼 모든 기록을 꼼꼼하게 남겨놓았다. 그래서 1867년경이 되면 가우스의 기록들에 기반해서 새로운 기하학이 공론화하기 시작할 수 있었다. 이때부터 '휘어진 공간'이라는 개념이 최소한 수학에서는 쓰이기 시작했다. 뒤에 리만, 푸앵카레 등은 이 수학을 훨씬 세련되게 발전시켰다. 평행선 공리를 위반하는 체계적인 수학이 19세기 가우스에 의해 만들어지자 인류의 수학과 과학은 근본에서부터 철저한 변화를 겪게 된다. 이로부터 우리는 다섯 번째 공리가 참인 공간을 유클리드 공간, 이 공리가 거짓인 공간

---

36 칸트는 뉴턴과 가우스 등 수학과 과학에는 분명하게 적대적이었다. 하지만 넓게 보면 그의 끝없는 의심, 특히 시공간에 대한 의심의 눈길은 아인슈타인에게 이어져 과학발전의 중요한 밑거름이 되었으니 근본적인 측면에서는 과학의 자기성찰을 도와준 측면이 있다. 가우스는 『순수이성비판』을 다섯 번 읽고 이해하려고 노력했다고 전해진다. 물론 가우스는 칸트 식 글쓰기의 '애매함'에 질려버렸을 뿐이다. 수학자들이 가까이하기에는 너무 먼 책일 듯하다.

을 비유클리드 공간이라 부르게 되었다.

리만 기하학

가우스의 뒤를 이어 논의를 발전시킨 것은 게오르크 리만(Georg Friedrich Bernhard Riemann, 1826~1866)이었다. 40세로 요절했던 이 천재는 리만 기하학을 세상에 남겨놓았다. 그리고 리만의 이 업적들은 아인슈타인의 일반상대성이론의 기반이 되었다. 리만은 어릴 때 어머니를 잃었고, 자신을 포함한 5남매도 모두 단명했다. 리만이 19세 때 김나지움 교장이 『수의 이론』 책을 빌려줬다. 800쪽이 넘는 당대의 최정상급 수학책이었으나 6일 후 리만은 "재미있게 읽었습니다."라며 책을 반납했다고 한다. 가우스만큼이나 리만도 수학적 천재로서의 자질은 '뿜어져' 나오고 있었다. 리만의 아버지는 루터교 사제였고, 아버지의 영향으로 리만은 강한 사명감 속에 사제가 되기 위해 1846년 괴팅겐 대학 신학부에 입학했다.

게오르크 리만
짧은 생애였지만 리만은 리만기하학을 완성했다. 그리고 리만기하학은 수십 년 뒤 일반상대성이론을 고민하는 아인슈타인의 눈앞에 기다렸다는 듯이 나타났다.

하지만 운명적으로 가우스를 만났다. 가우스는 리만에게 수학의 강렬한 매력을 알려주었다. 하지만 사제의 길을 가야 한다는 사명감에 리만은 고민했다. 이때 가우스는 한마디 말로 리만을 수학으로 인도하는 데 성공했다고 한다. "그런데 기하학은 신이 만든 거라네." 신학부에서 수학부로 옮긴 리만은 1851년 박사학위 논문을 제출했고, 1853년

27세로 괴팅겐 강사직에 지원했다. 이때 지원자는 세 가지 공개강의 주제를 제출해야 했다. 지원자가 제출한 세 가지 주제 중 하나를 심사위원들이 고르는데 보통은 첫 번째 주제를 선택하고 지원자는 자신 있고 쉬운 주제를 앞쪽에 배치했다.—일종의 1, 2, 3지망 같은 것이었다. 그런데 심사위원인 가우스는 짓궂게도 세 번째 주제를 선택했다. 리만은 당연히 공황상태로 몇 주를 보내고서야 7주에 걸쳐 강연문을 작성했다고 전한다.

당시 리만은 스스로 자신이 왜 그런 형이상학적 주제를 세 번째에 끼워 넣었는지 후회했을 것이다. 강연제목은 '기하학의 기반에 있는 전제들에 관하여'였다. 이렇게 가우스는 수학사에 또 하나의 공적을 추가했다. 리만 기하학이 시작되도록 한 것이다. 1854년에 이루어진 공개강연에서 리만은 유클리드의 공리들에 대해 야심찬 다양한 공격을 감행했다. 이 강연에서 리만은 '안과 밖'이나 '사이' 같은 개념이 모두 애매한 것임을 언급했다! 가우스는 얼마 후 사망했고 리만은 1857년 31세로 조교수가 되었고 1859년에는 가우스 후임이었던 디리클레가 사망하자 그 자리를 계승해서 당당히 가우스의 후계자가 되었다. 1862년 36세에 결혼해서 다음 해 딸을 얻었으나 그의 행복은 너무 짧았다. 1866년 불과 39세의 나이로 리만은 늑막염과 폐결핵으로 사망한다. 1854년 리만의 강연논문은 1868년에 출판되었다. 이로써 유클리드 체계 속에는 많은 결함이 내포되어 있음이 수학자들에게 명확해졌다. 수학의 아리스토텔레스가 권위를 잃은 것이었고 어쩌면 칸트에 대한 가우스의 승리이기도 했다.

클리퍼드의 공간론

리만 강연 16년 후인 1870년, 영국에서 25세의 윌리엄 킹던 클리퍼드(William Kingdon Clifford, 1845~1879)는 리만의 생각에서 출발한 「물질의 공간이론에 관하여」라는 논문을 썼다.

"1) 공간의 작은 부분은 대체로 평평한 표면에 있는 작은 구릉과 같다."

"2) 한 부분이 휘어지거나 변형되면, 마치 파동이 전파되듯이 휘어짐과 변형이 다른 부분들로 전달된다."

"3) 우리가 물질의 움직임이라고 부르는 현상의 실상은 바로 이와 같은 공간의 곡률변화다."

이 클리퍼드의 설명 속에는 현대 초끈이론의 모태가 보인다. 너무나 앞선 놀라운 설명이었다. "모니터를 바라보면서 우리는 웅장한 블록버스터나 감미로운 로맨틱 코미디 영화를 감상한다. 하지만 실재하는 것은 전기신호의 점멸뿐이다." 마치 이런 비유를 연상시키지 않는가? 사바세계는 환상에 불과하다는 불교의 가르침과 참 비슷한 말을 수학이 던지기 시작했다. 이때 일본은 메이지 유신 전이었고, 미국은 남북전쟁을 막 끝냈으며, 독일은 방금 만들어진 국가였다. 제국주의의 시대, 입자적 결정론의 시대에는 주목받기 힘들었던 생각이다. 하지만 직관적으로 클리퍼드는 정답을 찾아냈다. 리만, 클리퍼드, 아인슈타인은 궁극적으로 동일한 수학적 발상에서 길을 찾아갔다. "자유롭게 운동하는 물체가 직선운동을 하는 것이 유클리드 공간의 특성이라면, 다른 운동들은 비유클리드 공간의 곡률로 설명할 수 있지 않겠는가?" 그렇다면 강제적으로 공간을 넘어 즉시적으로 당기는 유령 같은 힘, 만유인력 따위는 필요 없을지도 모른다. 클리퍼드는 19세기에 아인슈타인보다 45년 앞서 이 생각까지 도달했다. 하지만 불행한 클리퍼드는 아인슈타인이 태어난 1879년, 불과 33세로 사망해 리만보다도 짧은 생애를 기록했다. 물리학의 세계는 안정적으로 보였기 때문에 그의 핵심적 개념에 관심을 가진 사람은 없었고, 뉴턴역학은 여전히 그 위대함을 과시하고 있었다. 뒤이어 독일의 클라인, 프랑스의 푸앵카레, 이탈리아의 페아노 등을 거쳐 1899년 힐베르트 공리 등 새로운 세대의 수학이 차례로 발전해갔다. 그렇게 20세기 초가 되면 휘어진 공간에 대한 기하학은 이제 수학을 넘어 물리학의 혁명으로 이어질 만큼 성숙해졌다. 아인슈타인이 등장했을 때 유럽수학은 그를 위한 모든 도구를 만들어두고 있었다.

휘어진 공간

'휘어진 공간'에 대한 수학적 사유는 앞서 살펴본 것처럼 가우스, 리만, 클리퍼드 등에 이르는 오랜 숙성의 시간을 거쳤다. 그래서 20세기에 접어들면 비교적 명쾌한 설명이 가능해졌다. 비유클리드 공간이란 결국 '휘어진 유클리드 공간'이다. 예를 들어 평평한 유클리드 평면에서 정삼각형 내각의 합은 180도다. 하지만 평면 자체가 휘어져 있다면 앞의 명제는 완전히 달라진다. 지구 지표면에 북극점을 한 점으로 적도까지 정삼각형을 그려보면 이 정삼각형 내각의 합은 270도가 된다. 지표면이라는 2차원 좌표계가 지구중심점을 기준으로 3차원적으로 '휘어져' 있기 때문이다. 그렇다면 3차원적 공간이 4차원적으로 휘어져 있을 수도 있고, 4차원적 공간이 5차원적으로 휘어져 있을 수도 있을

북극점에서 그린 정삼각형

북극점을 한 꼭지점으로 적도까지 지표면에 그린 정삼각형은 내각의 합이 180도가 아니라 270도가 될 것이다. 2차원 평면 자체가 3차원적으로 휘어져 있기 때문이다.

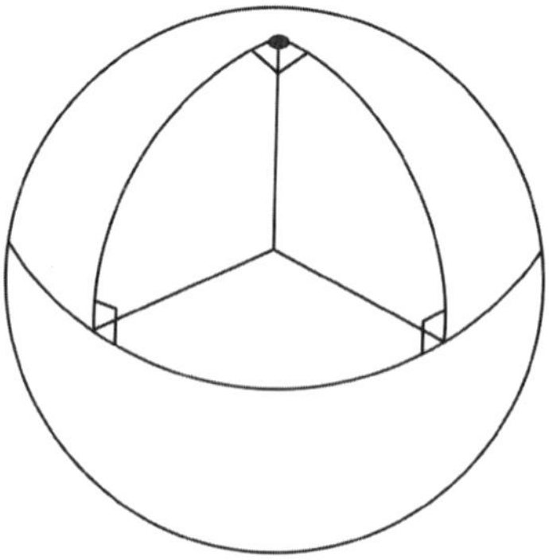

것이다. 물론 이런 상황을 3차원적 생물인 우리들이 마음속에 그릴 순 없다.[37] 그러나 수학적으로 계산하고 상상할 수는 있다. 비유클리드 기하학은 바로 그런 것을 계산하는 기하학이다.

깔때기 위의 개미

조금은 유치한 비유를 해보자. 깔때기 안으로 들어간 '수학자 개미'를 상상해보라. 개미는 자꾸만 깔때기 중심을 향해 미끄러지는 자신을 발견했다. 그래서 '높이'의 개념이 없던 개미는 '깔때기의 중심이 자신을 잡아당긴다.'라는 가설을 세웠다. 심지어 개미는 깔때기의 표면을 2차원 평면으로 간주하며 깔때기 중심점 쪽에서 인력이 작용하는 공식을 만들

37 거듭 반복해 강조하건대 물론 이것은 공간의 휘어짐에 열심히 이야기하는 물리학자들도 마찬가지다. 우리는 3차원상의 생물이기에 4차원 공간을 당연히 시각적으로 상상할 수 없다. 오직 수학에 의해 계산하고 그 결과를 추정할 수 있을 뿐이다. 그러니 '휘어진 공간'을 전혀 이해하지 못한 것 같아 낙담할 필요는 전혀 없다.

수도 있었다. 아인슈타인은 만유인력은 바로 그런 설명이라고 보았다. 뉴턴은 4차원적으로 휘어진 우리의 시공을 그 개미처럼 '평평한' 유클리드 공간이라고 전제했기 때문에 만유인력을 가정했던 것이다. 아인슈타인은 이렇게 만유인력이라는 과학의 골치 덩어리를 배제할 수 있는 아이디어를 손에 넣었다.

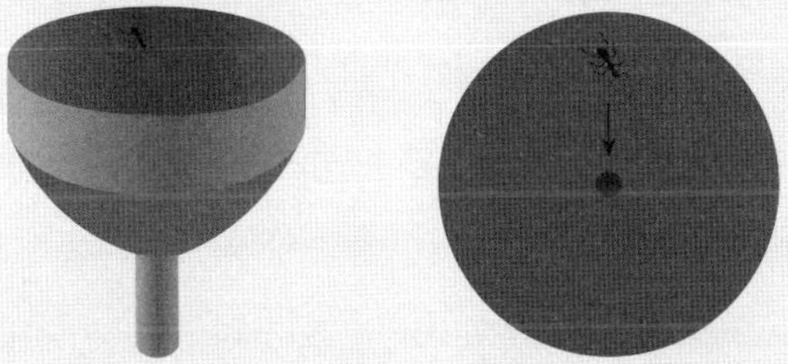

깔때기 안의 개미와 개미가 생각하는 깔때기

깔때기 속 개미는 깔때기의 중심으로 자신을 당기는 '인력'을 느낄지 모른다. 하지만 우리가 보기에 그런 인력은 존재하지 않는다. 이 상황은 지구의 인력은 모두 깔때기 표면과 무관한 다른 차원의 방향으로 작용하고 있는 가운데 깔때기의 표면이 휘어져 있고 중심이 가장 낮은 지점에 있기 때문에 발생하는 것뿐이다. 3차원을 의식하지 못하는 개미는 이 상황을 깔때기 표면이 평평하고 가운데 중심점을 향해 인력이 작용하고 있는 것으로 설명할 것이다. 만유인력은 정확히 그런 설명이다. 깔때기를 평면으로 인식한 개미는 평면의 한 점이 자신을 '당기고' 있다고 생각할 것이다.

현실 세계의 공간은 유클리드적 공간일까? 아니면 비유클리드적 공간—휘어진 공간—일까? 즉 우리가 사는 우주는 제5공리가 참인 공간인가 아닌 공간인가? 이 질문에 아인슈타인은 결론을 내릴 수 있었다. 우리가 살고 있는 땅(지구)이 비유클리드적 평면이듯, 우리 우주의 공간은 비유클리드적인 공간이다! 우리가 인식하는 3차원의 공간은 우리가 느끼지 못하지만 4차원적으로 휘어져 있다! 물리적 실제 세계에서도 좌표계 자체가 휘어져 있다고 가정하면 어떤 설명이 가능해질까? 뉴턴의 만유인력은 유클리드적 공간인 우주 속에서 질량을 가진 지구와 달이 서로를 잡아당긴다고 설명했었다. 하지만 아인슈타인은 지구가 자신의 질량에 비례하여 주변의 공간을 휘게—비유클리드적 공간으로—만들고 달은 직선운동하고 있지만 공간 자체가 휘어져 있음으로 지구 주위를 돌게 된다고 설명할 수 있었다. 그러자 유클리드 공간을 가정했던 만유인력은 필요 없게 되었다. 3차원적인 지구의 곡률처럼 4차원적인 공간적 곡률을 감안하면 무엇도 서로 당길 필요가 없다.

이번에는 이것이 아인슈타인의 핵심 아이디어였다. 아인슈타인은 이 기본 아이디어에 이르자 이 이론을 수학적으로 다룰 도구를 찾아 나섰다. 그리고 정말 운이 좋게도 리만을 만났다. 리만은 시대를 '너무나' 앞서 있었지만, 아인슈타인은 운이 좋게도 '조금만' 앞서 있었다. 그래서 불행한 수학자 리만은 아무런 반향을 불러일으키지 못했고, 물리학자 아인슈타인은 전 세계의 관심을 한 몸에 받는 행운을 누렸다. 가우스와 리만은 휘어진 공간을 기술하는 데 필요한 수학을 만들었었다. 하지만, 그것은 수학의 형이상학 안에서 주어진 해법일 뿐이었다. 우리가 사는 공간과 상관이 있을까? 우리가 사는 공간은 과연 어떤 공간일까? 그리고 과연 무엇이 우리가 사는 시공을 그런 모양으로 만들고 있는가? 이에 대한 답들은 아무것도 주어지지 않은 상태였다. 1915년 아인슈타인은 근 60년 전인 1854년 리만이 제시했던 수학적 윤곽을 실세계에 적용했다. 완성된 일반상대성이론에 따르면 실세계도 리만의 수학적 상상의 나래 속에서 만들어진 세계처럼 '휘어져' 있었다. 아인슈타인이 이 작업을 완성하기까지는 특수상대성이론 이후 10년의 시간이 필요했다.

등가원리와 일반상대성이론

아인슈타인의 회고에 의하면 그는 1907년 11월에 이른바 등가원리(equivalence principle)를 떠올렸다. 아인슈타인에게 등가원리는 '뉴턴의 사과'에 비견 가능한 아이디어다. "나는 베른의 특허청 의자에 앉아 있었는데, 갑자기 이런 생각이 떠올랐다. 사람이 자유낙하하면, 그 사람은 자신의 몸무게를 느끼지 못할 것이다." 아인슈타인은 후에 등가원리를 '내 인생에서 가장 행복했던 생각'이라고 말했다. 등가원리는 쉽게 설명해볼 수 있다. 괴기스럽겠지만 자신이 외계인에게 납치되어 바깥이 보이지 않는 밀폐된 우주선 안에 잡혀 있다고 생각해보자. 납치된 뒤 갇혀 있는 방에서 눈을 떠보니 여전히 자신이 지구와 똑같은 중력을 느끼며 서 있을 수 있다면 우리는 이 우주선이 아직 지구에 착륙해 있다고 판단할 것이다. 그리고 다시 잠든 뒤 눈을 떴을 때 자신이 방안에 둥둥 떠 있는 무중력 상태가 되어 있다면 우리는 이 우주선이 우주 공간에 나와 있다고 판단할 것이다.

그런데 정말 이런 경우만 있을까? 지구 지표면과 똑같은 중력을 느낀다 하더라도 우리는 지표면에 있는 것이 아닐 수 있다. 외계인들이 채집한 지구인 표본(?)들에 만족하면서 자신들의 우주선을 일정하게 '가속'하면서 자신들의 행성을 향해 날아가고 있다면 우리는 우주공간에서도 지구와 똑같은 중력을 느끼며 서 있을 수 있을 것이다. 또 만약 자신이 무중력 상태를 느끼고 있다 해도 우주공간이 아닐 수 있다. 어쩌면 외계인의 우주선은 기관고장이나 지구방위군의 공격으로 지구 대기권상에서 땅으로 자유낙하하며 추락중일 수도 있다. 바깥의 상황을 확인할 수 없다면 이 각 경우를 구분할 방법은 아무것도 없다. 즉 내가 지구의 중력 때문에 서 있는지, 우주선이 가속운동 중이기 때문에 서 있는지 확인할 방법은 없다. 마찬가지로 우주공간이라 무중력 상태를 느끼는지 우주선이 자유낙하 중이라 무중력 상태라 느끼는지도 확인할 방법이 없다. 차이를 느낄 어떤 물리적 방법도 없다면 그것은 물리적으로 '같은 상태'라는 말이다. 이것이 등가원리다. 이 아이디어에서 아인슈타인은 자신의 특수상대성이론에서 이끌어낸 결론들을 중력의 문제에까지 확장할 방법을 찾게 된 것이다.

지금까지 설명한 등가원리는 조금 전문적인 문장으로 바꾸면 다음과 같이 요약가능하다. "다른 물체와 비교하지 않는 한, 물체가 일정한 가속을 겪고 있는지 일정한 중력장 안에 정지해 있는지 구분할 수 없다." 그렇다면 이미 살펴본 특수상대성이론의 결과를 떠올려보자. 가속하고 있는 물체의 질량은 늘어나고, 부피는 줄어들며, 시간은 천천히 흐르는 것으로 관찰된다. 그렇다면 강한 중력장 속에서도 등가원리에 의해 마찬가지 상황이 발생할 것이다. 즉 더 강한 중력장 속에서 시간은 느리게 흐르고, 부피는 줄어들 것이며, 질량은 늘어나게 될 것이다. 예를 들어 지구표면에서보다 태양표면에서는 더 시간이 느리게 흐를 것이고, 부피는 줄어들고 질량은 늘어날 것이다. 그리고 더 큰 질량을 가진 천체일수록 그 경향성은 심해질 것이다.[38]

중력은 특수상대성이론에서처럼 시간경과와 공간 형태에 영향을 줄

---

38 등가원리에 기초한 생각을 극단까지 진행해본다면 이미 우리가 익숙한 개념에 쉽게 접근하게 될 것이다. 엄청난 질량이 아주 좁은 공간영역에 집중된 천체가 있다면 그 천체는 자신의 중력에 의해 끝없이 쪼그라들 것이고 자기 주변의 모든 것을 빨아들일 것이다. 빛조차도 그 중력장 속에서 탈출할 수 없으므로 모든 것을 삼키지만 아무것도 내놓지 않고 보이지도 않는 기이한 천체의 존재가 이론상 가능해진다. 바로 '블랙홀(Black hole)'이다.

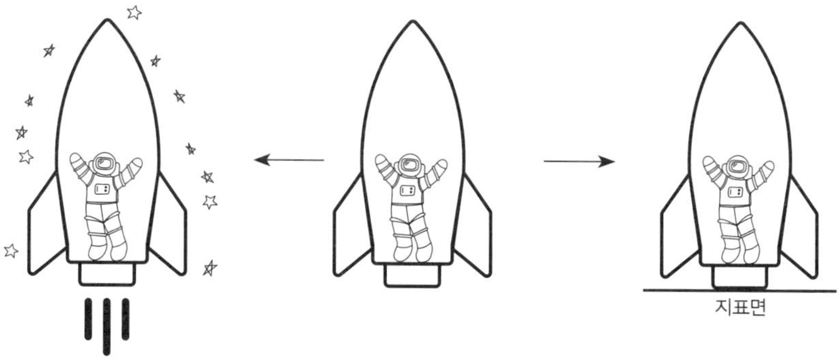

내가 우주선 안에 서 있다면 (중력을 느낀다면) 우주선은 우주 공간에서
가속 운동 중이거나, 지표면에 착륙해 있는 상태다.

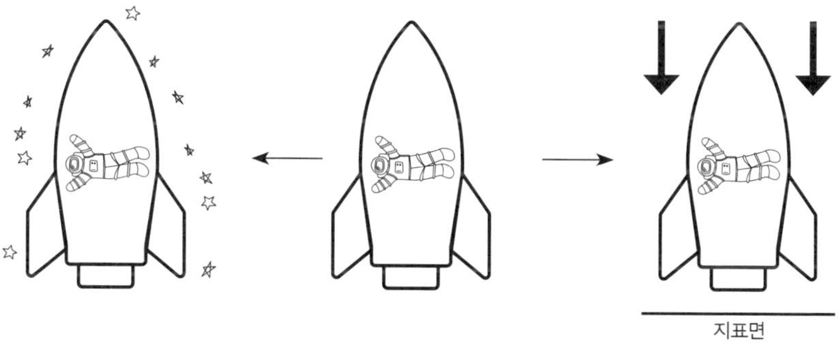

내가 우주선 안에 떠 있다면 (무중력을 느낀다면) 우주선은
우주 공간에 있거나, 지표면으로 자유낙하(추락) 중이다.
따라서, 두 가지 상황은 물리적으로 동일한 상태, 즉 '등가'이다.

바깥이 보이지 않는 우주선 내부에서의 낙하실험

밖이 보이지 않는 우주선 안에 서 있을 때, 즉 중력을 느낄 때 우리는 현재 우주선이 가속운동 중인지 중력장 속인지(지표면인지) 알 수 없다. 마찬가지로 무중력 상태처럼 우주선 안에 떠 있을 때도 우주선이 우주공간에 있는지 지표면으로 자유낙하 중인지 알 수 없다.

우주선 안에서 내가 땅위에 서 있을 때와 똑같은 중력을 느낀다면, 이 우주선은 지구 위에 착륙해 있는 것인가, 초속 9.8m/s로 가속하며 우주공간을 날아가고 있는 것일까? 이 두 상황을 구분할 방법은 존재하지 않는다! 따라서 동일한 물리적 상태다. 그렇다면 특수상대성이론에서 빠르게 움직이는 물체에서 예상되는 현상들이 중력장 속에서 그대로 발생할 수 있을 것이라는 예상이 가능하다. 즉 더 빠르게 운동하는 물체는 점점 '질량이 더 늘어나고', '부피는 더 줄어들며', '시간은 더 천천히 흐르게' 된다. 그러면 더 강한 중력장 속의 물체일수록 '질량이 더 늘어나고', '부피는 더 줄어들며', '시간은 더 천천히 흐르게' 될 것이다. 무중력 상태보다 지구에서 시간은 더 느리게 흐를 것이다. 태양 표면에서는 더더욱 시간이 느리게 흐를 것이다. 엄청난 질량이 좁은 공간 영역에 몰려 있으면? 시공간의 곡률이 극도로 커져 빛조차 빠져나올 수 없을 수도 있을 것이고 시간의 흐름은 거의 정지될 것이다!

것이다! 이번에도 시공은 중력의 문제에서조차 독립적이지 않았다. 중력이 시간의 흐름에 영향을 준다는 것을 아인슈타인은 1907년에 '등가원리'를 떠올리고 바로 깨달았다.[39] 하지만 중력이 공간의 모양 자체도 휘게 할 것이라는 것을 깨닫는 데는 자그마치 5년이 걸렸다. 우리는 최종 결과만 '쉽게' 들으니 시공의 상대성을 1905년에 이미 언급했던 학자가 이렇게 당연한 결론에 도달하는 데 너무나 오래 걸렸다고 의아하게 생각할 수 있다. 하지만 결코 쉽지 않았던 것은 그만큼 우리는 우리 주변의 공간이 비유클리드적이라는 생각을 하기 힘들기 때문이다. 1912년 여름이 되어서야 아인슈타인은 프라하에서 이 사실을 깨달으며, "그렇다면 유클리드 기하학을 버려야 한다."라는 결론을 내렸다. 그러려면 새로운 수학이 필요했고, 그래서 이때부터 처음으로 주변에 아직 완성 못한 아이디어들을 풀어놓으며 도움을 요청하기 시작했던 것이다.

한마디로 평평한 유클리드 공간을 '구겨야' 한다면 그것을 기술할 수학이 있는가? 놀랍게도 있었다. 아인슈타인에게 등가원리라는 영감만큼이나 또 하나의 거대한 행운은, 공간의 휘어짐을 기술하는 새로운 기하학을 그가 새로 만들 필요는 없었다는 점이다. 1912년까지 아인슈타인은 리만을 전혀 몰랐다. 단지 가우스의 연구까지는 알았다. 학창시절 들었던 가우스의 미분기하 수업을 떠올렸던 아인슈타인은 취리히 모

39 뉴턴이 설명한 중력(만유인력)은 신비롭고 이질적인 현상이었다. 하지만 가속운동은 다루기 쉽고 물리학의 기본이 되는 것이다. 그런데 아인슈타인의 등가원리에 따르면 가속운동과 중력은 동일한 개념이 되는 것이다. 그래서 다루기 힘든 중력을 가속운동으로 바꾸어 다룰 수 있게 되는 것이고 그러기에 '생에 가장 행복한 생각'이 될 수 있었던 것이다. 이제 중력은 물질에 의한 우주공간의 왜곡효과로 다루면 되는 것이었다.

교 교수로 오자마자 친구 그로스만에게 도움을 청했다. "그로스만, 제발 도와줘. 미칠 것 같아." 그를 보자마자 아인슈타인이 했던 얘기다. 아인슈타인의 설명을 듣고 그로스만은 이번에도 필요한 것을 찾아주었다. 불가사의하고 난해한 리만 등의 논문을 찾아내주며 조언했다. "그런 수학이 있기는 한데, 난장판이야. 물리학자는 뛰어들지 않는 게 좋겠어." 그 말 그대로였다. 이후 몇 년간 아인슈타인은 기진맥진할 지경에 이르러야 했고 가까스로 일반상대성이론을 완성해냈다. 자신만만하게 특수상대성이론에 접근해 갈 때와는 전혀 다른 모습이었다.

1912년 10월 아인슈타인은 조머펠트에게 보낸 편지에서 이렇게 적었다. "내 생애 이렇게 열심히 공부한 적은 없었습니다. 나는 수학을 매우 존경하게 되었습니다……지금 나는 중력의 문제에 몰두하고 있습니다. 확실한 것은 내 인생에서 이토록 고통스러웠던 적은 없었다는 것입니다. 이 문제에 비하면 원래 이론(특수상대성이론)은 아이들 장난에 불과합니다." 1913년 플랑크의 반응도 문제의 핵심을 정확히 짚었다. "그 연구를 그만두라고 권하고 싶습니다. 우선 성공하지 못할 것이고, 성공한다 할지라도 아무도 믿지 않을 것입니다." 이후 3년을 투자했고, 그로스만은 적극적으로 도와주었다. 수없이 아인슈타인을 도와줬고 아인슈타인을 다시 취리히로 불러줬던 그로스만은 이 문제의 결정적 해법까지 찾아주었다.[40] 이렇게 신뢰할 수 있는 친구를 두었다는 것만

---

40 이 또한 우연찮은 과정이다. 친구 그로스만이 취리히 공대에 자리를 잡았고 아인슈타인을 불렀기 때문에 둘은 다시 같은 공간에 있게 되었다. 아인슈타인이 계속 프라하 대학 교수로 머물렀다면 리만 기하학이라는 해법이 있다는 것 자체를 몰랐을 수도 있었던 것이다. 괴짜로 보이는 아인슈타인을 위대한 인물이 될 거라며 편들어주고, 노트필기를 빌려주어 낙제를 면하게 해주고, 특허국에 취업을 시켜주고, 모교 교수로 다시 불러주고, 리만 기하학까지 찾아준 사람이 모두 그로스만이었다.

으로도 풍요로운 인생이라 할 수 있을 것이다.

그로스만은 이로부터 10년쯤 뒤 일찍 사망했다. 자신은 느끼지 못했겠지만 마치 아인슈타인이라는 인공위성을 궤도에 올려놓기 위해 모든 힘을 불사른 추진 로켓 같은 인생이었다. "중력의 장방정식(The Field Equations of Gravitation)" 논문은 1915년 11월 25일 프로이센 과학아카데미에 제출되었다. 난해하고 매력적인 장방정식을 제시한 후, 아인슈타인은 "마침내 일반상대성이론이 완결된 논리 구조를 갖추었다."고 선언했다. 1912년부터 이때까지의 아인슈타인 인생은 앞서 밝힌 바대로지만, 그 3년간 그의 머릿속 여행은 아무도 글로 옮길 수 없을 것이다. 최종적 이론의 수학적 과정도 이 책의 범위를 넘어선다. 우리는 4차원, 휘어진 시공, 등가원리, 리만 기하학과의 연결과정까지를 알아본 선에서 멈추기로 한다. 그렇다면 완성된 이론의 결론적 함의로 넘어가보자.

일반상대성이론, 만유인력을 넘어서다

1905년의 상대성이론은 상대적 운동만을 다룰 수 있었고 그 설명 체계에서 뉴턴적 설명을 '배제'시켰을 뿐이다. 하지만 질량을 가진 물체들 간의 인력 즉, 뉴턴의 중력을 '포함해' 다룰 수는 없었다. 아인슈타인은 이제 더 나아가 뉴턴의 중력이론이 전혀 필요 없는 새로운 이론체계를 구상했다. 만유인력은 아무리 멀리 떨어진 곳에도 즉시적으로 전해진다. 이는 광속보다 빠른 것은 없다는 상대성이론의 전제와 충돌한다. 이 문제를 해결한 '일반'상대성이론이 1915년에 나오자, 이제 1905년의 이론은 '특수'상대성이론으로 명칭이 바뀌었다. 즉 특수상대성이론이 뉴턴역학의 '배제'라면 일반상대성이론은 뉴턴역학의 '포섭'이었다.

뉴턴의 중력이론은 "어떤 주어진 순간 일정한 거리를 떨어져 있는 두 물체 사이의 중력은 각각의 질량의 곱에 비례하고, 떨어져 있는 거리의 제곱에 반비례한다." 요약될 수 있다. 법칙은 매우 단순하지만, 이 법칙에서 도출되는 여러 결론들을 발견하는 일은 매우 복잡하다. 과학자들은 18~19세기 내내 뉴턴의 이론을 적용해보며 많은 것들을 알아냈다. 지구가 적도가 불룩한 타원형 구라는 사실과 해왕성의 존재나 핼리혜성 주기의 확실성까지 모두 뉴턴역학의 결과물들이다. 20세기에도 인류는 뉴턴의 법칙을 동원하여 달에 인간을 보내고 태양계를 탐사했다. 만유인력이론의 위대성과 실용성에도 불구하고 이 이론은 뉴턴 스스로도 의문시했던 결정적 맹점이 있었다. 만유인력은 순간적이고 즉시적으로 전달된다는 점이다. 더구나 뉴턴은 그 힘을 전달시키는 아무런 이유도 제시하지 않았다. 아인슈타인의 특수상대성이론에 의하면 그 무엇도 빛보다 빠를 수 없다. 만유인력이론과 특수상대성이론 사이에는 명백한 충돌이 발생한다. 둘 중 하나의 설명은 분명하게 틀렸다.

아인슈타인은 자신의 이론을 지키면서 이 상황을 해결하기 위해서는 뉴턴역학을 붕괴시키고 자신의 이론과 조화되는 새로운 중력이론을 찾아야 함을 잘 알고 있었다. 특수상대성이론은 등속운동을 하는 관찰자에게만 적용된다. 그렇다면 가속운동에 대해서는? 아인슈타인은 중력과 가속운동 모두에 적용되는 더 거대한 집을 지으려고 마음먹었다. 등가원리는 그 해법을 하나로 묶는 작업에 해당했다. 하지만 여전히 난제는 남았다. 일반상대성이론에 따르면 중력은 4차원 시공의 휘어짐으로 생긴다. 질량을 가진 물체가 있으면 그 질량의 크기에 따라 주변의 시공이 휘어진다. 그러면 질량을 가진 물체는 이 휘어진 시공을 따라 운동하게 된다. 이것이 우리가 중력이라 부르는 것의 정체라는

〈달은 왜 지구를 도는가?〉 역사적으로 그 답은 계속 바뀌었다.

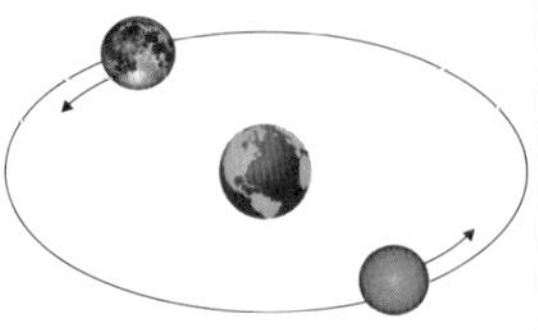	아리스토텔레스 	천상세계의 달은 영원불변한 원소인 에테르로 구성되어 있어서 영원불변한 운동인 등속원운동을 한다.(원운동은 달의 본질적 특성이다.)
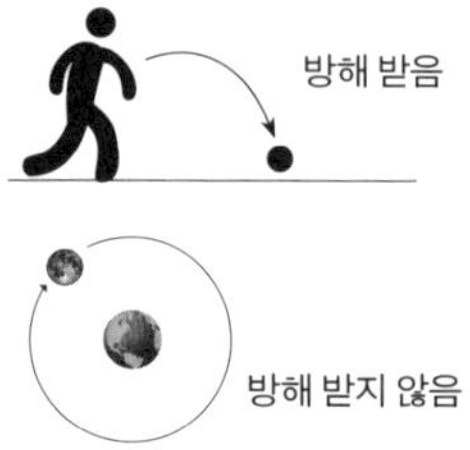	갈릴레오 	움직이는 모든 물체는 원방향의 관성을 가진다. 따라서 무언가가 운동경로를 가로막지 않는다면 모든 물체는 원운동을 계속한다.(지상의 물체들은 그 원운동을 방해 받았을 뿐이다.)
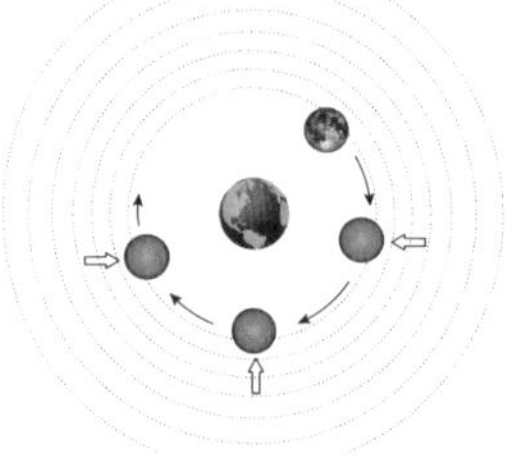	데카르트 	관성은 직선방향으로 작용한다. 따라서 달의 운동경로는 직선이어야 하지만, 우주에 가득 찬 미시적인 물질입자들의 소용돌이에 휘말려 달은 원운동하게 된다.
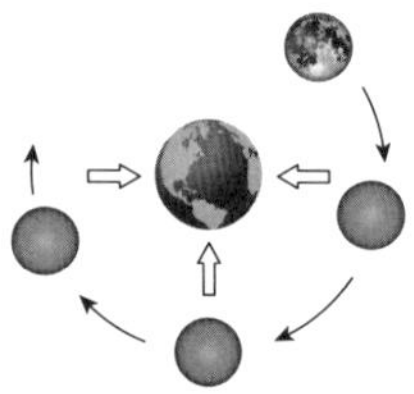	뉴턴 	우주에 가득 찬 보이지 않는 입자 따위는 없고 우주는 텅 비어 있지만, 지구가 매순간 달을 '잡아당겨서' 달은 지구를 돌게 된다.
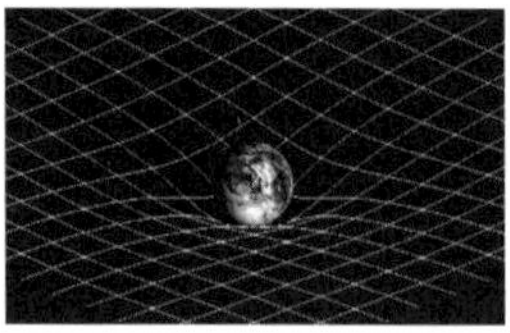	아인슈타인 	달은 관성에 의해 직선방향으로 이동중이다. 하지만 지구의 질량이 주변 공간을 '휘어놓아' 달은 휜 공간을 따라 직선운동하게 되므로 원운동하는 것으로 관찰된다.(인력이라고 생각했던 것은 단지 공간의 왜곡일 뿐이다.)

것이다. 이 설명을 위해서는 새로운 기하학을 적용해야 했는데, 다행히 그 기하학은 이미 마련되어 있었다. 리만 기하학을 만난 지 3년, 등가원리를 떠올린 지 8년, 특수상대성이론을 발표한 지 10년의 세월을 지나 아인슈타인은 결국 그 꿈을 완성해냈다.

다시 생각해보자. 지구는 달을 잡아당기는가? 도대체 무엇으로? 아무도 이 질문에 대답할 수 없다. 뉴턴 스스로도 대답한 적 없었다. 원인과 과정이 전혀 설명되지 않았음에도 만유인력은 잘 사용되었다. 완벽한 수학적 예측력을 보였기 때문이다. 하지만 만유인력은 전혀 이해할 수 없는 신비주의였고 과학에 섞여 있는 이물질 같은 것이었다. 아인슈타인이 이 이물질을 제거하려면 비유클리드적 수학이 있어야 했다. 놀랍게도 수학에서 그 방법은 극히 최근에 만들어져 있었다. 마치 아인슈타인이 의문을 가지자마자 사용할 수 있도록 급히 마련된 듯이! 그리고 아인슈타인은 이 방법을 사용해서 실세계도 비유클리드 공간으로 바라봐야 함을 역설했다. 그렇게 완성된 새 이론은 역시 패러데이와 맥스웰의 냄새가 배어났다. 중력장(gravity field)의 개념은 전자기장 개념처럼 중력에 장(field)의 개념을 도입함으로써 뉴턴의 만유인력 개념을 폐기시키는 데 멋지게 성공했다. 뉴턴역학에서 인력은 물체를 둘러싼 공간의 변화로 설명되었다. 강한 중력장이 공간을 이리저리 굽힌다는 전혀 새로운 패러다임에 기초한 중력이론이 탄생했다. 특수상대성이론으로 절대적 시공간의 개념을 붕괴시킨 지 불과 10년 만에 중력의 개념마저 완전히 재정립시킨 것이다. "중력은 우주공간에 작용하는 외부의 물리적 힘이 아니다. 그것은 질량이 있는 바로 그 공간구조의 발현이다." 우리가 느끼는 '중력'은 '있음'에 의한 공간변형의 결과다. 즉 만유인력이라 불렀던 것은 '있음의 발현' 그 자체였다. 이제 시공간을 만드는 것은 물질이 되어 시간과 공간은 물질 없이는 존재하지 않게 되었다. 이 놀라운 구조물의 기초는 물론 뉴턴역학과 특수상대론, 민코프스키의 다차원 기하학, 마흐의 비판정신, 괴팅겐의 수학적 도구들이 어우러졌다. 아인슈타인은 이번에도 무에서 창조하지는 않았다. 하지만 누가 감히 하필 그것들을 조합하여 이런 것을 만들 수 있었겠는가?

8

휘어진 우주

1916년, 슈바르츠실트 반지름

아무도 선뜻 믿기 힘든 이론임을 스스로 잘 알았던지 아인슈타인은 1916년부터는 자신의 이론을 변호하고 검증할 수 있는 사례들을 체계적으로 제시하기 시작했다. 대표적인 것은 수성 근일점 변화의 설명이었다. 이 이야기는 18세기 말로 거슬러 올라가야 한다. 뉴턴역학의 위대성을 보여주는 전설적인 이야기가 있다. 1781년 천왕성이 발견된 이후 천문학자들은 천왕성의 궤도가 뉴턴역학의 계산과 일치하지 않음을 발견했다. 하지만 과학자들은 그리 당혹해하지 않았다. 아직 발견되지 않은 행성이 천왕성 바깥에 있고, 그 행성이 적당한 질량을 가지고 일정한 궤도를 돌고 있다면 그 행성의 인력으로 천왕성의 이상 궤도는 충분히 설명될 수 있었다. 1846년 그 행성은 정말 발견되었고 해왕성이라 이름 붙여졌다. 궤도도 질량도 예측치 그대로였다.

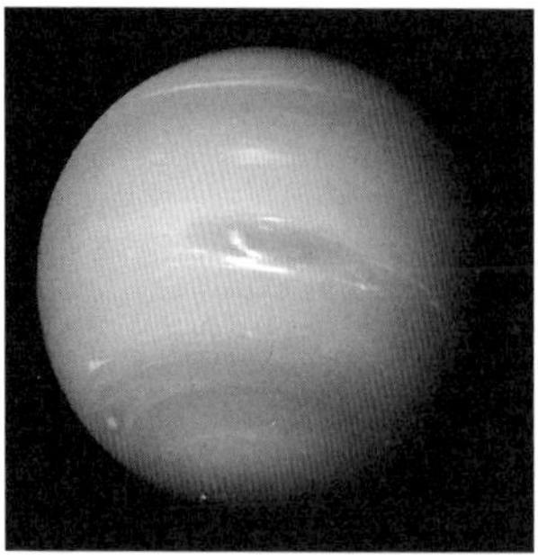

해왕성
해왕성은 천왕성의 이상한 궤도를 뉴턴역학으로 설명하려는 노력의 결과로 발견되었다.

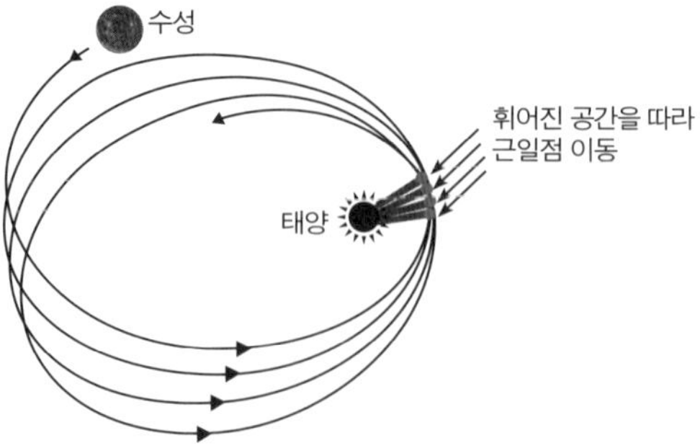

수성 근일점 이동 현상 개념도
수성 근일점 이동 현상은 가상의 행성 발견이 없다면 뉴턴역학으로 설명되지 않는다. 일반상대성이론의 휘어진 공간 개념으로만 설명가능하다.

해왕성과 수성 근일점 이동 현상
해왕성의 발견은 뉴턴역학의 위대성을 보여준 사례였다. 반면 수성 근일점 이동 현상의 설명은 뉴턴역학의 한계를 보여준 사례였다.

이 발견은 위대한 뉴턴에 대한 경외심과 뉴턴역학에 대한 신뢰를 강화시켰다. 19세기에 곧 천문학자들은 유사한 문제를 만났다. 수성의 근일점—수성이 태양에 가장 가까이 가는 지점—이 조금씩 이동 중이었다. 100년에 44각초 정도의 극미한 변화다. 이 현상 역시 뉴턴의 만유인력 방정식으로는 설명할 수 없었다. 과학자들은 해왕성 발견 때와 유사한 해결책을 시도했다. 수성의 안쪽 궤도에 아직 발견되지 않은 작은 행성이 하나 더 있다고 가정한 것이다. 학자들은 벌칸(vulcan)이라는 행성의 이름까지 붙여뒀다. 하지만 20세기에 이르기까지 이 상상 속 행성 벌칸은 발견되지 않고 있었다. 아인슈타인은 자신의 장방정식을 사용해 계산하면 행성 벌칸을 가정할 필요 없이 수성의 근일점 이동은 잘 설명됨을 보였다. 아인슈타인도 큰 성취감을 느꼈던 발견이었다. 난해한 일반상대성이론의 방정식은 분명 뉴턴역학 이상의 확장성을 갖추고 있었다.

아인슈타인은 일반상대성이론 논문을 1916년 3월에 투고한 뒤에는 『특수와 일반상대성이론에 관하여: 대중 해설』이라는 50쪽짜리 대중적 해설서를 직접 펴냈다. 아마도 특수상대성이론에 대한 물리학계 바깥의 집요한 반론을 의식했는지 모른다. 이번에 아인슈타인은 아주 쉬운 표현으로 물리학에 조예가 없는 '자칭' 지식인들을 설득하는 데 공을 들였던 것 같다. 이 해설서의 설명들은 지금도 거의 그대로 사용된다. 우주공간은 물체에 의해 휘어져 있고, 물체의 질량이 클수록 휘어진 정도도 크다. 아주 큰 질량을 가진 천체 근처에서는 공간의 휘어짐이 너무 커서 빛도 휘어진다. 아인슈타인은 자신의 이론을 검증할 직관적이고 쉬운 사례까지 제시했다. 개기일식을 이용하면 태양 뒤에 있어 보이지 않아야 할 별빛이 꺾이는 것을 관찰할 수 있을 것이다. 아인슈타인은 이번에도 자신의 이론을 증명하라며 남들(?)에게 숙제를 내줬다. 1916년 개기일식이 있었는데 전쟁 중에도 천문학자들이 이 일을 해주길 내심 기대했다. 하지만 이루어지지 못했고 실제로는 전쟁이 끝난 1919년에야 이 작업은 이루어졌다.

이 와중인 1916년 아인슈타인은 밀레바에게 정식이혼을 요구했다. 이 시기 밀레바는 심신이 모두 아팠다. 우울증과 심장발작 등으로 병원에 입원했다. 여러 정황으로 보아 밀레바는 아직도 아인슈타인을 사랑했던 듯하다. 아인슈타인의 어머니는 밀레바가 이혼을 피하기 위해 속임수를 쓰고 있다고 봤다. 아인슈타인은 적당히 이런 분위기에 편승해서 스위스에 가보지 않았다. 친구 베소가 그녀가 진짜 심각하게 아프다며 화해를 권했지만 묵살하고는, 밀레바와 함께 산다는 것은 코에 악취를 들이대는 격이라고 답장했다. 어찌되었건 이때 이혼 건은 흐지부지

아들러
자신의 정치적 신념을 따라 아들러는 빈의 번화한 카페에서 제국총리에게 세 발의 권총을 발사해 살해했다. 아들러는 교수형 선고를 받았지만 종신형으로 감형되었고 1918년 오스트리아 제국이 패전한 뒤 사면 석방되었다. 그 뒤 오스트리아 국회의원으로 당선되어 정치활동을 하다가 히틀러의 오스트리아 합병 뒤 미국으로 망명하는 등 파란만장한 인생을 살았다.

됐다. 뒤이어 오스트리아 제국군 군의관이었던 밀레바의 오빠가 러시아군에 잡혀 전쟁포로가 됐다. 1916년 10월 말에는 오스트리아에서 정치활동을 하던 그의 은인 프리드리히 아들러가 오스트리아 총리를 암살하는 충격적인 사건이 발생했다. 아인슈타인은 마음은 간절했지만 둘 모두를 도와줄 방법이 없었다. 1916년 7월에서 11월 사이에는 연합군이 불과 10킬로미터도 안 되는 거리를 진격했던 솜 전투가 있었다. 이 전투에서 영국 42만 명, 프랑스 20만 명, 독일 65만 명의 사상자를 기록했다. 수많은 개인적 비극들도 아인슈타인의 방정식도 아직은 사소할 수밖에 없었다.

하지만 그 사이 일반상대성이론의 장방정식을 활용한 연구 성과들은 계속해서 만들어졌다. 블랙홀에 대한 수학적 예언은 대표적 사례라 할 만하다. 아인슈타인의 주장대로 태양이 만들어내는 중력장에 별빛이 꺾일 수 있다면 어마어마한 질량을 가진 천체는 중력이 너무 강해 아무것도 탈출하지 못할 것이다. 심지어 빛조차도. 그렇다면 그 천체는 빛을 방출하지 않으니 우리 눈에 보이지 않을 것이다. 바로 우리에게는 너무 유명해져버린 블랙홀 이야기다. 흔히 상대성이론이 블랙홀이라는 기이한 천체를 예측했다는 이야기는 잘 알려져 있다. 하지만 정확한 이야기는 아니다. 놀랍게도 블랙홀과 유사한 개념이 제시된 것은 18세기였다. 케임브리지 출신인 존 미첼(John

Michell, 1724~1793)은 지진연구와 중력연구, 천문학 분야에서 상당한 업적을 남긴 인물이다. 미첼은 당시 '어두운 별(dark stars)'의 개념을 제시했다. 뉴턴의 주장대로 빛이 입자라면 항성의 중력에 의해 빛의 입자가 감속될 수 있고 중력이 아주 강하면 빛이 탈출할 수 없을 정도로 무거운 항성이 있을 수 있다고 봤다. 미첼은 태양의 500배 이상 정도의 질량을 가진 별이라면 그런 현상이 나타날 것으로 봤다. 재미있게도 뉴턴역학 체계에서도 블랙홀과 유사한 개념이 제시될 수 있었다. 하지만 당대에 큰 의미를 가지지는 못했다. 일반상대성이론을 이용한 현대적 블랙홀의 개념은 1916년 동부전선의 참호 속에서 만들어졌다. 포츠담 천문대장을 역임했던 카를 슈바르츠실트(Karl Schwarzschild, 1873~1916)는 제1차 세계대전이 발발하자 러시아 전선에 포병장교로 배속 받았다. 그는 탄도 계산을 하며 참호전의 삶을 살면서도 일반상대성이론을 천문학에 적용해서 특수 해를 구하는 데 성공했다. 이것을 우리는 '슈바르츠실트 반지름(Schwarzschild radius)'이라 부른다. 슈바르츠실트는 자신이 발견한 해를 아인슈타인에게 편지로 알렸고 아인슈타인은 자신이 생각도 못한 우주의 모습을 상상해낸 이 천문학자에게 경탄하며 계속 연락하기를 희망했다. 쉽게 표현해서 그가 구한 해는 어느 정도의 공간영역 내에 어느 정도의 질량이 모여 있으면 블랙홀이 될 수 있는지 알려주는 것이었다.[41] 즉 별이 자신의 중력을 지탱하지 못해서 끝없이 내부로 붕괴되게 되는—즉 '중력붕괴' 되는—반지름의 크기

슈바르츠실트
일반상대성이론이 나오고 불과 1년 뒤, 동부전선의 참호 속에서 슈바르츠실트는 블랙홀을 수학적으로 예측해냈다. 그리고 아쉽게도 곧 천포창으로 사망했다.

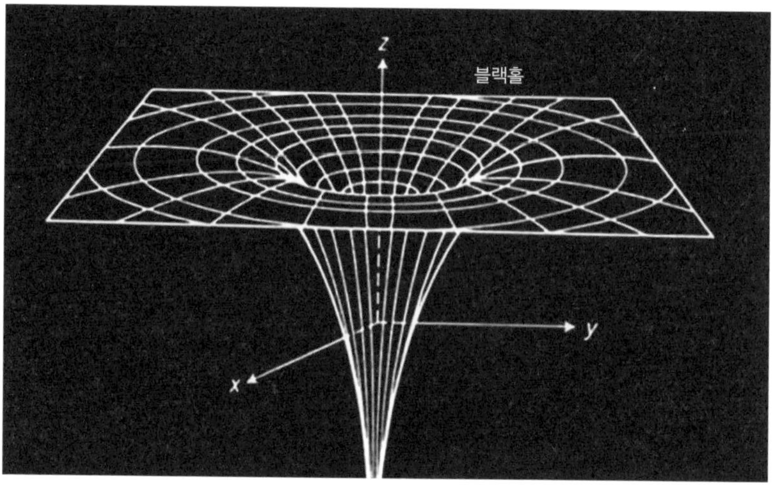

블랙홀 개념
수학적으로 블랙홀은 우리의 우주와 완전히 구분된 영역이다. 일단 그 안으로 들어간 모든 것은 끝없이 블랙홀의 중심점으로 떨어져 내릴 운명이다. 물론 실제 블랙홀은 이 그림처럼 3차원적 구멍이 아니라 '4차원적 구멍'이다.

를 계산한 것이다. 슈바르츠실트가 구한 반지름 영역 내로 들어가면 빛도 탈출할 수 없기 때문에 안에서 발생하는 어떠한 사건도 밖으로 알려질 수 없다. 내부의 모든 존재는 이 세계와 완전히 분리되어 중심점을 향해 끝없이 떨어져 내릴 뿐이다. 그래서 그 경계를 '사상(事象)의 지평선(event horizon)'이라 부르고 그 내부의 중심점에서는 우리의 물리법칙 공식들이 의미를 가지지 않아 상태에 대한 어떤 계산도 불가능한 특이점(singularity)의 존재를 예측케 했다. 향후 수많은 SF 작가들의 상상력을 자극하고 대중의 동화적 호기심의 대상이 된 블랙홀의 개념

41 예를 들어 만약 지구정도의 질량이라면 직경 1.8센티미터 정도까지 압축되어야 블랙홀이 될 수 있다. 그야말로 천문학적 상상력 속 수학의 세계였다.

은 이렇게 일반상대성이론의 장방정식이 만들어진 지 불과 1년도 되지 않아 탄생했다. 슈바르츠실트는 이 해를 구하고 몇 달 지나지 않아 죽었다. 동부전선에서 종군하던 중 천포창이 발병하여 43세 나이로 요절한 것이다.[42] 아인슈타인은 놀라운 상상력과 수학적 해법을 보이며 자신과 의미심장한 편지를 주고받은 사람이 만나볼 기회도 없이 갑자기 죽었다는 소식을 듣고 당혹해했다. 우연찮게도 수학적 방법론을 사용해서 아인슈타인을 결정적으로 도와주었던 인물들—민코프스키, 슈바르츠실트, 그로스만—은 차례로 요절했다. 슈바르츠실트의 계산에 의해 예측된 이 천체가 정말 있거나 발견될 것이라고 보는 사람들은 거의 없었지만 당시 사람들은 '얼음별(ice star)'이나 '얼어붙은 별(frozen star)'이라고 불렀다. 블랙홀이라는 매력적인 이름은 1968년에 존 휠러(John Archibald Wheeler, 1911~2008)가 붙인 이름이다.[43]

일반상대성이론의 승리, 별빛이 휘다

1917년 1월 독일은 긴 교착상태를 타개하기 위해 무제한 잠수함 작전을 선언했다. 영국으로 향하는 모든 선박은 군과 민간을 가리지 않고 격침하겠다는 이 무리수에 격분한 미국은 1917년 4월 6일 참전했다. 독일은 대규모의 미군이 서부전선에 도착하기 전 전쟁을 끝내려고 안

---

42 천포창(天疱瘡, pemphigus)은 자가면역질환의 하나로 피부와 점막에 수포가 발생하는 물집 질환이다. 스테로이드계 약물치료를 할 수 없었던 시절에는 사망률이 아주 높았다.

43 매력적인 이름이라 대중적으로 유명해졌지만 동시에 혼란스러운 이름이 됐다. 지금도 꽤 많은 사람들은 블랙홀이라는 말에 맨홀 뚜껑 같은 것을 떠올린다. 하지만 그 구멍은 '3차원적' 구멍이다. 분명히 특별한 형태지만 '구형의 별'인 것이다.

간힘을 쓰기 시작했다. 이미 3년을 끌어온 전쟁은 더 격렬해졌다. 이런 와중인 1917년 가을, 아인슈타인은 결국 쓰러졌다. 전시의 압박감과 불충분한 식사, 밀레바와 진행 중인 갈등, 아들들에 대한 그리움도 있었겠지만, 무엇보다 과로가 원인이었다.[44] 여전히 창조적이었던 1년 간 그는 대중서 하나와 논문 10편을 썼다. 격렬한 통증을 느끼며 쓰러진 두 달 후 몸무게는 25킬로그램이나 줄었다. 당시 아인슈타인은 자신이 암이라고 생각하고 죽음을 받아들이려고 했다. 의사는 담석증으로 진단했다. 아인슈타인은 엘자의 옆집으로 이사를 갔고 이후 엘자가 철저한 식이요법으로 관리해주었다. 이 시기 아인슈타인의 차남 에두아르트는 정신병 증세가 나타나고 있었다. 아인슈타인은 밀레바의 가족력 탓을 했다. 실제 밀레바의 여동생도 정신병을 앓았다. 이런 와중에도 연구는 계속되었다. 아인슈타인이 사흘간 자기 방에 틀어박혀서 건드리지 말라고 요구해 엘자는 식사를 쟁반에 담아 문밖에 두어야 했던 적도 있다. 사흘 뒤 완성된 것은 중력복사공식이었다. 1917년 노벨상 후보로 아인슈타인은 또 추천되었지만 일반상대성이론까지 나온 마당에서 노벨상 위원회는 여전히 '완전히 증명되지 못했다.'는 논리로 피해갔다. 나오자마자 적극적으로 사용되고 있는 이론체계를 노벨상위원회는 악착같이 무시하고 있었다.

이제 네덜란드의 빌렘 데 시테르(Willem de Sitter, 1872~1934) 같은 일부 천문학자들은 아인슈타인의 장방정식을 사용해 우주 팽창모델을 생각하고 있었다. 아인슈타인은 우주 팽창이라는 개념에 처음에는 화를 냈다. 그런 해석은—창세기에 나오듯—우주가 일순간에 창조된 것

---

44 여러 면에서 『프린키피아』를 쓰고 난 뒤 정신쇠약을 앓았던 뉴턴과 비슷한 상황이었다.

에딩턴과 에딩턴이 찍은 개기일식 사진

개기일식 사진 왼쪽 위의 동그라미 속 별들의 위치는 아인슈타인 이론의 예측내용을 증명한 것으로 해석되었다.

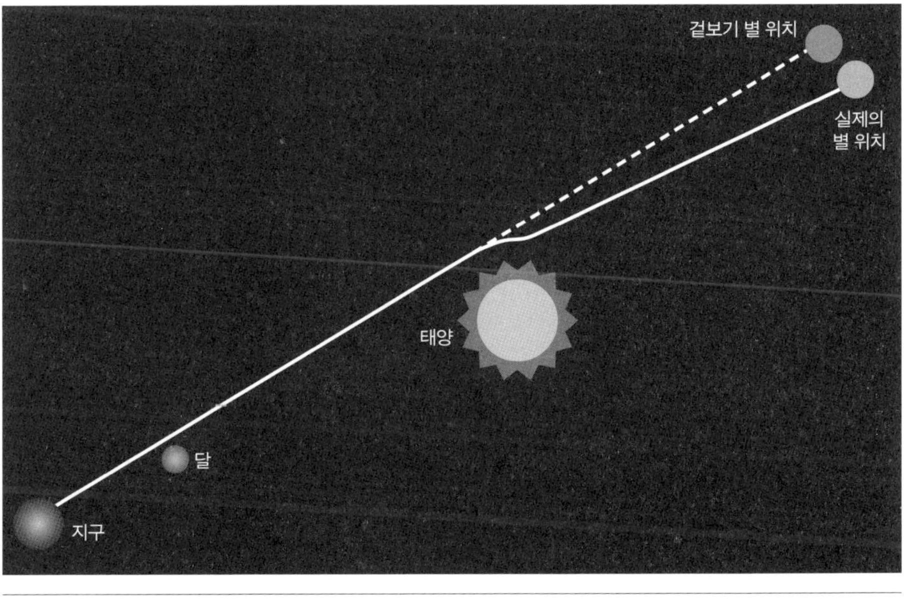

에딩턴 실험 개념도

이라는 인상을 주기 때문이었다. 하지만 1917년 말에는 그 가능성을 인정할 수밖에 없었다. 시테르는 일반상대론 논문을 영국의 아서 에딩턴(Arthur Stanley Eddington, 1882~1944)에게 보내주었다. '적국 과학자'의 논문을 철저히 분석한 에딩턴은 1918년 「상대성이론에 대한 보고」라는 걸작 논문을 썼다.

1918년 4월에 아인슈타인은 체중이 어느 정도 불어 다시 정상적인 활동을 해도 된다는 허락을 받았다. 하지만 다음 달 다시 아파졌고 이번에는 황달도 나타났다. 엘자는 아인슈타인 곁에서 계속 간호하며 추문이 돌까봐 걱정했다. 이 정도 상황이면 어쩔 수 없이 결혼을 해야 할 것 같았다. 여름에 아인슈타인은 밀레바에게 다시 이혼해달라며 매달렸다. 시간이 흘러서인지, 아인슈타인이 너무 간곡해서였던지 밀레바가 이번에는 동의했다. 밀레바의 조건에는 아인슈타인이 노벨상을 '받을 경우' 상금은 밀레바가 가진다는 것이 있었고 아인슈타인은 이에 합의했다. 1918년 11월 11일 전쟁이 끝났다. 1919년 2월에 아인슈타인의 법적이혼이 성립되었다. 신생 바이마르 공화국에서 6월에 엘자와 재혼했다. 한 번씩 이혼한 경험이 있는 부부는 서로에게 원하는 것을 명확히 했고 서로가 선을 넘지 않았다. 엘자는 '아인슈타인 부인'이라는 유명세를 즐겼고, 세상사에 무심한 아인슈타인은 엘자의 적절한 보살핌을 받았다. 둘의 결혼은 1936년 망명지인 미국에서 엘자가 사망할 때까지 지속되었다.

전쟁이 끝나자 영국의 에딩턴은 일반상대성이론을 증명하기 위한 야심찬 계획을 실행에 옮겼다. 1919년 개기일식은 북반구에서는 볼 수 없었다. 에딩턴은 영국원정대를 두 팀으로 편성해서 한 팀은 브라질 북부 도시 소브랄로, 에딩턴의 팀은 서아프리카 연안 프린시페 섬으로 떠났다. 에딩턴은 1919년 5월 29일 오후 1시 30분 개기일식 사진을 찍었다. 수많은 사진 중 하나에서 측정한 별빛이 아인슈타인 이론의 예측치와 일치했다. 뒤에 브라질 소브랄에서 도착한 자료도 이를 뒷받침하는 수치를 보여줬다.[45] 1919년 11월 6일 왕립학회와 왕립천문학회(Royal Astronomical Society) 연합학회에서 "별빛이 휘었다!"는 에딩턴의 공식발표는 일반상대성이론을 유명하게 만들었다. 특히 에딩턴이 적국과학자였던 아인슈타인의 이론을 검증한 것은 되찾은 평화의 상징으로 보여져 언론들은 이 사건을 적극적으로 다뤘다. 《뉴욕타임스》는 "하늘에서 빛이 휘다, 아인슈타인 이론의 승리", 《런던타임스》는 "과학의 혁명, 새로운 우주론이 뉴턴의 생각을 뒤엎다"라는 제목을 달았다.

두 번째 부인 엘자와 아인슈타인
엘자는 아인슈타인의 이종사촌이자 친가 쪽으로도 팔촌간이었다. 오랜 기간 차별받고 격리되어 살아온 유대인들은 친족혼이 많아 드물지 않은 경우였다. 어린시절 '엘자 아인슈타인'이었던 엘자는 첫 결혼으로 '엘자 뢰벤탈'이 되었다가 아인슈타인과 재혼하면서 다시 '엘자 아인슈타인'이 되었다. 엘자는 아인슈타인 부인으로서 유명세를 즐기면서 아인슈타인의 개인적 삶과는 적절한 거리를 지켰다. 그렇게 둘은 '친구 같은 부부관계'를 평생 동안 유지했다. 아인슈타인의 두 번째 결혼은 엘자가 사망할 때까지 잘 유지되었다.

뉴턴이 『프린키피아』를 출판한 이후 겪었던 일이 아인슈타인에게 벌어졌다. '예수 이후 가장 위대한 유대인', '인간 정신의 최고봉' 같은

45 물론 이것은 에딩턴의 입장이다. 사실 측정결과는 논쟁의 여지가 있었다. 이론상 겨우 0.00049도 휜다! 고도의 정밀측정이어야 하는데 에딩턴의 자료가 증거로서는 불충분하다고 보는 학자들은 여전히 있었다.

표현이 등장했다. 신생아들의 이름과 새 담배 브랜드에 아인슈타인의 이름이 붙기 시작했다. 그를 초자연적 존재로 바라보는 팬클럽들이 생겨났다. 뉴턴은 '그가 밥을 먹고 잠을 자는지' 질문 받았있지만, 아인슈타인은 한술 더 떠서 "당신은 정말로 존재하느냐?"는 편지를 받기도 했다. 아인슈타인이 뉴턴의 자리를 대체한 대중상징이 된 것은 이때부터였고 그 분위기는 오늘날까지도 계속되고 있다. 물론 노벨상 위원회는 1919년의 이런 분위기 속에서도 아인슈타인에게 노벨상을 주지 않았다.[46] 그리고 과학의 역사는 상대성이론 이상의 충격이 기다리고 있는 1920년대로 접어들었다.

"전 세계에서 12명 혹은 3명밖에 이해 못하는 이론"

상대성이론을 이해하는 사람은 전 세계에 12명밖에 없다거나, 3명밖에 없다는 말들이 있다. 물론 상대성이론의 난해함을 과장되게 표현하는 말이다. 사실 이 각 표현의 진원지는 따로 있다. '12명밖에 이해 못하는 이론'이라는 표현은 랑주뱅이 특수상대성이론에 대해 남긴 말이다. '12'가 특별한 의미가 있는 것은 당연히 아니다. 유럽식 어법으로 한 다스(one dozen)밖에 안 된다는 말이었다. 즉 '한줌밖에 안 되는 사람들밖에 이해 못한다.'는 의미 정도다. 어쨌든 이 말은 꽤 널리 관용적으로 퍼졌

46 이 해에는 플랑크와 하버와 슈타르크가 노벨상을 받으러 갔다. 플랑크의 노벨상 수상도 사실 너무 늦은 수상이었다. 사실 노벨상위원회는 아인슈타인보다도 플랑크에게 훨씬 더 인색했었다.

던 모양이다. 1913년에 아인슈타인을 베를린으로 데려오려고 플랑크와 함께 취리히에 갔던 네른스트는 "그 중에 8명이 베를린에 있다."는 너스레를 떨며 베를린 행을 권유했다. 그리고 일반상대성이론이 나왔을 때는 훨씬 더 난해한 이 이론의 느낌을 표현하기 위해 "3명밖에 이해 못 한다." 라는 표현으로 진화한 듯하다. 에딩턴의 일화 중 기자가 와서 "상대성이론을 세 명밖에 이해 못한다는 것이 사실입니까?"라고 물었을 때, 에딩턴은 "나는 그 세 번째 사람이 누군지 궁금하오."라고 대답했다는 이야기는 유명하다. 그 말의 의미는 물론 자신과 아인슈타인만 상대성이론을 제대로 이해하고 있다는 의미의 자랑이었다.

우주팽창

뉴턴은 우주가 무한하다고 생각했다. 우주가 유한하다면 서로 중력으로 인해 우주의 모든 질량은 한 곳으로 모일 것이기 때문이었다. 하지만 아인슈타인의 다차원을 도입하면 우주가 유한해도 우주가 4차원적 구형체라면 형태가 유지될 수 있기는 하다. 우주 내에 중심점이 없다면 모일 곳도 없기 때문이다.—지구표면으로 비유해보면 지구표면은 유한하지만 표면에 중심은 없는 것과 같다. "밤하늘은 왜 어두운가?" 1826년 올베르스(Heinrich Olbers)의 역설로 알려진 의문이 제시된다. 올베르스는 우주가 무한하면 즉 무한 개의 별들로 이루어져 있다면 하늘은 빛으로 가득 차 있을 수밖에 없다는 것을 수학적으로 보였다. 밤하늘이 어둡다는 것은 우주에 유한한 별이 있음을 의미한다. 유한하고 정적인 우주는 붕괴될 것이 분명하므로 우주는 팽창 중이어야 한다고 생각했다. 그런데 1929년 일반상대성이론이 거시우주론에 또 하나의 계시를 제공했다. 1929년 에드윈 허블(Edwin Hubble, 1889~1953)이 별들의 적색이동(red shift)의 정도를 관찰하여 멀리 있는 은하들일수록 더 빨리 멀어진다는 것을 발견한 것이다. 이것은 곧 우주 전체가 팽창 중이라는 의미였다. 이로부터 역산하여 우주가 100~120억 년 전쯤 하나의 점에서 탄생했다는 우주팽창이론이 탄생했다. 허블의 계산으로 50억 광년 정도 떨어져 있는 은하계는 우리은하로부터 초속 10만 킬로미터 속도로 멀어지고 있다. 그렇다면 150억 광년 정도 떨어진 은하는 거의 광속으로 후퇴 중일 것이다. 빛보다 빠를 것은 없으므로 그것이 우주의 나이 한계다. 이후 인플레이션 이론 등이 나오며 세부 예측치는 계속 바뀌어왔고 잡다한 반론도 생겨났지만, 이 우주팽창이라는 개념은 아직까지는 유지되고 있다. 1928년 제임스 진스 경(Sir James Jeans, 1877~1946)이 정상우주론을 제시했고 1960년대까지 상당수의 과학자들이 이 이론을 지지했다. 정상우주론은 '다른 차원으로부터 우주에 끊임없이 물질이 쏟아져 들어오고 그 위치는 성운의 중심점들'이라고 보는 이론이다. 이 경우 우주가 계속 팽창해도 밀도는 유지될 수 있고 초기의 우주 대폭발을 필요로 하지 않는다. 1948년 프레드 호일(Fred Hoyle, 1915~2001) 등이 이 개념을 수학적으로 발전시켰다. 블랙홀과 반대되는 화이트홀(white hole)의 개념은 정상우주론에서 처음 나온 것이다. 하지만 우주배경복사 발견은 초기 특이점의 대폭발에서 우주의 기원을 설명하는 빅뱅(Big Bang)론에 결정적으로 힘을 실어주었고 우주의 수소와 헬륨 질량비가 3:1인 것도 빅뱅론 계산결과와 일치한다. 새로운 반론들도 활발히 진행 중이지만 지금까지는 빅뱅론이 여전히 현대우주론의 주류에 자리하고 있다.

참고문헌

본 권의 각 장은 다음 문헌들을 참고하여 작성되었다.

1부 여명

1장. 원자시대의 시작

- 데이비드 린들리 저, 이덕환 역, 『볼츠만의 원자』, 승산, 2003.
- 이강영 저, 『불멸의 원자』, 사이언스북스, 2016.
- 폴 스트레턴 저, 예병일 역, 『멘델레예프의 꿈』, 몸과마음, 2003.
- 데니스 브라이언 저, 전대호 역, 『퀴리 가문』, 지식의숲, 2008.
- 남영, 「공학소양교육 모델로서의 막스 플랑크」, 《공학교육연구》 제24권 제6호, 한국공학 · 교육학회, 2021, 67~78쪽.

2장. 퀴리 부부

- 데니스 브라이언 저, 전대호 역, 『퀴리 가문』, 지식의숲, 2008.
- 마리 퀴리 저, 금내리 역, 『내 사랑 피에르 퀴리』, 궁리, 2000.
- 이브 퀴리 저, 조경희 역, 『마담 퀴리』, 이룸, 2006.
- 이브 퀴리 저, 안응렬 역, 『퀴리 부인』, 동서문화사, 2012.
- 박민아 저, 『(퀴리 & 마이트너) 마녀들의 연금술 이야기』, 김영사, 2008.
- 윌리엄 크로퍼 저, 김희봉 역, 『위대한 물리학자 4』, 사이언스북스, 2007.

3장. 청년 아인슈타인

- 윌리엄 크로퍼 저, 김희봉 역, 『위대한 물리학자 4』, 사이언스북스, 2007.
- 월터 아이작슨 저, 이덕환 역, 『아인슈타인: 삶과 우주』, 까치, 2007.
- 데니스 브라이언 저, 승영조 역, 『아인슈타인 평전』, 북폴리오, 2004.

· 프랑수아즈 발리바르 저, 이현숙 역, 『아인슈타인』, 시공사, 1998
· 데산카 트로부호비치-규리치 저, 모명숙 역, 『아인슈타인의 그림자, 밀레바 마리치의 비극적 삶』, 양문, 2004.
· 데이비드 보더니스 저, 김민희 역, 『E=mc²』, 생각의나무, 2005.
· 실번 S. 슈워버 저, 김영배 역, 『아인슈타인과 오펜하이머』, 시대의창, 2013.
· 김원기 저, 『폰 노이만 VS 아인슈타인』, 숨비소리, 2008.
· 이현경 저, 『지식인마을 시리즈 5: 아인슈타인과 보어』, 김영사, 2006.

4장. 특수상대성이론

· 낸시 포브스 · 배질 마혼 공저, 박찬 · 박술 공역, 『(전자기 시대를 연, 물리학의 두 거장) 패러데이와 맥스웰』, 반니, 2015.
· 월터 아이작슨 저, 이덕환 역, 『아인슈타인: 삶과 우주』, 까치, 2007.
· 데니스 브라이언 저, 승영조 역, 『아인슈타인 평전』, 북폴리오, 2004.
· 프랑수아즈 발리바르 저, 이현숙 역, 『아인슈타인』, 시공사, 1998
· 데이비드 보더니스 저, 김민희 역, 『E=mc²』, 생각의나무, 2005.
· 산더러 바이스, 김혜원, 『특, 특수상대성이론—아인슈타인, 도해로 풀다』, 에코리브르, 2008.
· 과학동아 편집부 저, 『아인슈타인 뛰어넘기』, 아카데미서적, 1998.
· 정재승 기획, 김제완 외 14인 저, 『상대성이론, 그 후 100년』, 궁리, 2005.
· 페드루 G. 페레이라 저, 전대호 역, 『완벽한 이론-일반상대성이론 100년사』, 까치, 2014.
· 피터 갤리슨 저, 김재영 · 이희은 역, 『아인슈타인의 시계, 푸앵카레의 지도』, 동아시아, 2017.
· 윌리엄 크로퍼 저, 김희봉 역, 『위대한 물리학자 4』, 사이언스북스, 2007.
· 브라이언 그린 저, 박병철 역, 『엘러건트 유니버스』, 승산, 2002.
· 레너드 서스킨드 저, 이종필 역, 『블랙홀 전쟁』, 사이언스북스, 2011.
· 존 릭던, 임영록 역, 『1905: 아인슈타인에게 무슨 일이 일어났나』, 랜덤하우스중앙, 2006.
· 과학철학교육위원회 편, 『과학기술의 철학적 이해』 제6판, 한양대학교 출판부, 2017, 172~187쪽.

· 스탠포드 대학교 철학 백과사전 (http://plato.stanford.edu)
· 닐스 보어 연구소 공식 웹 사이트 (http://www.nbl.dk)

5장. 막스 플랑크

· 에른스트 페터 피셔 저, 이미선 역, 『막스 플랑크 평전』, 김영사, 2010.
· 존 L. 하일브론 저, 정명식 · 김영식 공역, 『막스 플랑크 : 한 양심적 과학자의 딜레마』, 민음사, 1992.
· 남영, 「공학소양교육 모델로서의 막스 플랑크」, 《공학교육연구》 제24권 제6호, 한국공학교육학회, 2021, 67~78쪽.
· 데이비드 린들리 저, 이덕환 역, 『볼츠만의 원자』, 승산, 2003.
· 피터 하만 저, 김동원 · 김재영 역, 『에너지, 힘, 물질』, 성우, 2000.
· 만지트 쿠마르 저, 이덕환 역, 『양자혁명』, 까치글방, 2014.
· 짐 배것 저, 박병철 역, 『퀀텀 스토리』, 반니, 2014.
· 윌리엄 크로퍼 저, 김희봉 역, 『위대한 물리학자 4』, 사이언스북스, 2007.

6장. 다비트 힐베르트

· 콘스탄스 리드 저, 이일해 역, 『(현대수학의 아버지) 힐베르트』, 사이언스북스, 2005.
· 아포스톨로스 독시아디스 · 크리스토스 H. 파파디미트리우 저, 전대호 역, 『로지 코믹스』, 알에이치코리아, 2011.
· 이고르 보그다노프 · 그리슈카 보그다노프 저, 허보미 역, 『신의 생각』, 푸르메, 2013.

7장. 톰슨과 캐번디시 연구소

· J. L. 헤일브론 저, 고문주 역, 『러더퍼드』, 바다출판사, 2006.
· 과학철학교육위원회 편, 『과학기술의 철학적 이해』 제3판, 한양대학교 출판부, 2006, 428~466쪽.
· Dong-Won Kim, *Leadership and Creativity: A History of the Cavendish Laboratory, 1871-1919* (Dordrecht: Kluwer Academic Publishers, 2002).
· 캐번디시 연구소 공식 웹 사이트 (http://www.phy.cam.ac.uk)

8장. 제국의 시대, 도시의 공간

· 앨런 재닉 · 스티븐 툴민 저, 석기용 역, 빈, 『비트겐슈타인, 그 세기말의 풍경 :합스부르크 빈의 마지막 날들과 비트겐슈타인의 탄생』, 이제이북스, 2005.
· 조엘 코드킨 저, 윤철희 역, 『도시의 역사』, 을유문화사, 2007.
· 제바스티안 하프너 저, 안인희 역, 『비스마르크에서 히틀러까지: 독일 제국의 몰락』, 돌베개, 2016.
· 한스-울리히 벨러 저, 이대헌 역, 『독일 제2제국』, 신서원, 1996.
· 디오세기 이슈트반 저, 김지영 역, 『모순의 제국: 오스트리아-헝가리 제국의 외교사』, 한국외국어대학교 출판부, 2013.

2부 개화

1장. 마담 퀴리

· 데니스 브라이언 저, 전대호 역, 『퀴리 가문』, 지식의숲, 2008.
· 이브 퀴리 저, 조경희 역, 『마담 퀴리』, 이룸, 2006.
· 이브 퀴리 저, 안응렬 역, 『퀴리 부인』, 동서문화사, 2012.
· 윌리엄 크로퍼 저, 김희봉 역, 『위대한 물리학자 4』, 사이언스북스, 2007.
· 샘 킨 저, 이충호 역, 『사라진 스푼 : 주기율표에 얽힌 광기와 사랑, 그리고 세계사』, 북하우스, 2011.

2장. 러더퍼드

· J. L. 헤일브른 저, 고문주 역, 『러더퍼드』, 바다출판사, 2006.
· 윌리엄 크로퍼 저, 김희봉 · 곽주영 역, 『위대한 물리학자 5』, 사이언스북스, 2007.
· 과학철학교육위원회 편, 『과학기술의 철학적 이해』 제3판, 한양대학교 출판부, 2006, 428~466쪽.
· 샘 킨 저, 이충호 역, 『사라진 스푼 : 주기율표에 얽힌 광기와 사랑, 그리고 세계사』, 북하우스, 2011.
· Dong-Won Kim, *Leadership and Creativity: A History of the Cavendish Laboratory, 1871-1919* (Dordrecht: Kluwer Academic Publishers, 2002).
· 캐번디시 연구소 공식 웹 사이트 (http://www.phy.cam.ac.uk)

3장. 1910년대의 플랑크

· 에른스트 페터 피셔 저, 이미선 역, 『막스 플랑크 평전』, 김영사, 2010.
· 존 L. 하일브론 저, 정명식 · 김영식 공역, 『막스 플랑크 : 한 양심적 과학자의 딜레마』, 민음사, 1992.
· 남영, 「공학소양교육 모델로서의 막스 플랑크」, 《공학교육연구》 제24권 제6호, 한국공학교육학회, 2021, 67~78쪽.
· 데이비드 린들리 저, 이덕환 역, 『볼츠만의 원자』, 승산, 2003.
· 아포스톨로스 독시아디스 · 크리스토스 H. 파파디미트리우 저, 전대호 역, 『로지 코믹스』, 알에이치코리아, 2011.
· 윌리엄 크로퍼 저, 김희봉 역, 『위대한 물리학자 4』, 사이언스북스, 2007.
· 막스 플랑크 협회 공식 웹 사이트(https://www.mpg.de)
· 월터 아이작슨 저, 이덕환 역, 『아인슈타인: 삶과 우주』, 까치, 2007.
· 데니스 브라이언 저, 승영조 역, 『아인슈타인 평전』, 북폴리오, 2004.

4장 여성, 리제 마이트너

· 샤를로테 케르너 저, 이필렬 역, 『리제 마이트너, 양문, 2009.
· 윌리엄 크로퍼 저, 김희봉 · 곽주영 역, 『위대한 물리학자 5』, 사이언스북스, 2007.
· 막스 플랑크 협회 공식 웹 사이트(https://www.mpg.de)

5장 1차 세계대전과 독일 과학자들

· J. L. 헤일브른 저, 고문주 역, 『러더퍼드』, 바다출판사, 2006.
· 여인형 저, 『공기로 빵을 만든다고요?』, 생각의힘, 2013.
· 에른스트 페터 피셔 저, 이미선 역, 『막스 플랑크 평전』, 김영사, 2010.
· 존 L. 하일브론 저, 정명식 · 김영식 공역, 『막스 플랑크 : 한 양심적 과학자의 딜레마』, 민음사, 1992.
· 남영, 「공학소양교육 모델로서의 막스 플랑크」, 《공학교육연구》 제24권 제6호, 한국공학교육학회, 2021, 67~78쪽.
· 콘스탄스 리드 저, 이일해 역, 『(현대수학의 아버지) 힐베르트』, 사이언스북스, 2005.
· 존 콘웰 저, 김형근 역, 『히틀러의 과학자들』, 웅진씽크빅, 2008.
· 윌리엄 크로퍼 저, 김희봉 역, 『위대한 물리학자 4』, 사이언스북스, 2007.

· 막스 플랑크 협회 공식 웹 사이트(https://www.mpg.de)

6장. 방랑자 아인슈타인

· 월터 아이작슨 저, 이덕환 역, 『아인슈타인: 삶과 우주』, 까치, 2007.
· 데니스 브라이언 저, 승영조 역, 『아인슈타인 평전』, 북폴리오, 2004.
· 프랑수아즈 발리바르 저, 이현숙 역, 『아인슈타인』, 시공사, 1998
· 짐 브리숍트 저, 이영아 역, 『30분에 읽는 아인슈타인』, 랜덤하우스중앙, 2004.
· 데이비드 보더니스 저, 김민희 역, 『$E=mc^2$』, 생각의나무, 2005.
· 실번 S. 슈워버 저, 김영배 역, 『아인슈타인과 오펜하이머』, 시대의창, 2013.
· 김원기 저, 『폰 노이만 VS 아인슈타인』, 숨비소리, 2008.
· 이현경 저, 『지식인마을 시리즈 5: 아인슈타인과 보어』, 김영사, 2006.
· 과학동아 편집부 저, 『아인슈타인 뛰어넘기』, 아카데미서적, 1998.
· 정재승 기획, 김제완 외 14인 저, 『상대성이론, 그 후 100년』, 궁리, 2005.
· 페드루 G. 페레이라 저, 전대호 역, 『완벽한 이론: 일반상대성이론 100년사』, 까치, 2014.

7장. 일반상대성이론

· 월터 아이작슨 저, 이덕환 역, 『아인슈타인: 삶과 우주』, 까치, 2007.
· 데니스 브라이언 저, 승영조 역, 『아인슈타인 평전』, 북폴리오, 2004.
· 프랑수아즈 발리바르 저, 이현숙 역, 『아인슈타인』, 시공사, 1998
· 짐 브리숍트 저, 이영아 역, 『30분에 읽는 아인슈타인』, 랜덤하우스중앙, 2004.
· 데이비드 보더니스 저, 김민희 역, 『$E=mc^2$』, 생각의나무, 2005.
· 실번 S. 슈워버 저, 김영배 역, 『아인슈타인과 오펜하이머』, 시대의창, 2013.
· 김원기 저, 『폰 노이만 VS 아인슈타인』, 숨비소리, 2008.
· 이현경 저, 『지식인마을 시리즈 5: 아인슈타인과 보어』, 김영사, 2006.
· 과학동아 편집부 저, 『아인슈타인 뛰어넘기』, 아카데미서적, 1998.
· 정재승 기획, 김제완 외 14인 저, 『상대성이론, 그 후 100년』, 궁리, 2005.
· 페드루 G. 페레이라 저, 전대호 역, 『완벽한 이론: 일반상대성이론 100년사』, 까치, 2014.
· 에드윈 A. 애벗 저, 서민아 · 강국진 역, 『주석 달린 플랫랜드』, 필로소픽, 2017.

· 토드 홀 저, 이우영 · 신항균 · 이홍렬 공역, 『(수학의 황제)가우스』, 일공일공일, 2000.
· 이고르 보그다노프 · 그리슈카 보그다노프 저, 허보미 역, 『신의 생각』, 푸르메, 2013.
· 브라이언 그린 저, 박병철 역, 『엘러건트 유니버스』, 승산, 2002.
· 레너드 서스킨드 저, 이종필 역, 『블랙홀 전쟁』, 사이언스북스, 2011.
· 과학철학교육위원회 편, 『과학기술의 철학적 이해』 제6판, 한양대학교 출판부, 2017, 172~187쪽.
· 리 스몰린, 김낙우 역, 『양자중력의 세 가지 길』, 사이언스북스, 2007.
· 브라이언 그린, 박병철 역, 『우주의 구조』, 승산, 2005.
· 알베르트 아인슈타인, 강주영 역, 『교실밖의 상대성 원리』, 눈과마음, 2006.
· 스탠포드 대학교 철학 백과사전 (http://plato.stanford.edu)

8장. 휘어진 우주

· 페드루 G. 페레이라 저, 전대호 역, 『완벽한 이론: 일반상대성이론 100년사』, 까치, 2014.
· 데니스 브라이언 저, 승영조 역, 『아인슈타인 평전』, 북폴리오, 2004.
· 월터 아이작슨 저, 이덕환 역, 『아인슈타인: 삶과 우주』, 까치, 2007.
· 프랑수아즈 발리바르 저, 이현숙 역, 『아인슈타인』, 시공사, 1998
· 데이비드 보더니스 저, 김민희 역, 『$E=mc^2$』, 생각의나무, 2005.
· 이고르 보그다노프 · 그리슈카 보그다노프 저, 허보미 역, 『신의 생각』, 푸르메, 2013.
· 브라이언 그린 저, 박병철 역, 『엘러건트 유니버스』, 승산, 2002.
· 레너드 서스킨드 저, 이종필 역, 『블랙홀 전쟁』, 사이언스북스, 2011.
· 리 스몰린, 김낙우 역, 『양자중력의 세 가지 길』, 사이언스북스, 2007.
· 브라이언 그린, 박병철 역, 『우주의 구조』, 승산, 2005.
· 과학철학교육위원회 편, 『과학기술의 철학적 이해』 제6판, 한양대학교 출판부, 2017, 172~187쪽.
· 스탠포드 대학교 철학 백과사전 (http://plato.stanford.edu)

찾아보기

휘어진 시대 1

1판 1쇄 펴냄 2023년 4월 25일
1판 2쇄 펴냄 2023년 6월 20일

지은이 남 영

주간 김현숙 | **편집** 김주희, 이나연
디자인 이현정, 전미혜
영업·제작 백국현 | **관리** 오유나

펴낸곳 궁리출판 | **펴낸이** 이갑수

등록 1999년 3월 29일 제300-2004-162호
주소 10881 경기도 파주시 회동길 325-12
전화 031-955-9818 | **팩스** 031-955-9848
홈페이지 www.kungree.com
전자우편 kungree@kungree.com
페이스북 /kungreepress | **트위터** @kungreepress
인스타그램 /kungree_press

ISBN 978-89-5820-823-5 93400
ISBN 978-89-5820-826-6 (세트)

책값은 뒤표지에 있습니다.
파본은 구입하신 서점에서 바꾸어 드립니다.